目次

教科書ぴったりトレーニング
啓林館版 **数学3年**

▌成績アップのための学習メソッド ▶ 2〜5

▌学習内容

▌定期テスト予想問題 ▶ 161〜176

▌解答集 ▶ 別冊

成績アップのための 学習メソッド

start!

この問題集をどう使う？　　A 予習+復習　　B 復習

\ ファイト！ /

A　　　**B**

A

時間をどれだけかけられるかな？

A じっくり時間をかけて，しっかり学習したい
（1日45分,週2日）

B 部活動などで忙しいので，効率的に学習したい

C テスト直前で時間がない

C

B

これから取り組む学習について,自信がある？

A

A 自信がない

B なんとなくある

B

C 自信がある

\ ガンバレ！ /

C

予 習

ぴたトレ0		**ぴたトレ1**		**ぴたトレ1**		**ぴたトレ2**
要点を読んで，問題を解く	→	左ページの**例題を解く**	→	右ページの**問題を解く**	→	**問題を解く**

わからない時は…学校の授業をしっかり聞いて解決！　→　残りのページを　復 習　として解く

復習

目安の時間には，丸付けや見直しの時間も含まれているよ。

じっくり
コース
（1日45分，週2日）

ぴたトレ**0**	ぴたトレ**1** 45分
要点を読んで，問題を解く	左ページの**例題**を解く ↳ 解けないときは 考え方 を見直す ／ 右ページの**問題**を解く ↳ 解けないときは ●キーポイント を読む

定期テスト予想問題や別冊mini bookなども活用しましょう。

教科書のまとめ	ぴたトレ**3** 45分	ぴたトレ**2** 45分
まとめを読んで，学習した内容を確認する	テストを解く ↳ 解けないときは ぴたトレ1 ぴたトレ2 に戻る	問題を解く ↳ 解けないときは ヒント を見る ／ ぴたトレ1 に戻る

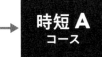
時短 A
コース

ぴたトレ**1** 45分	ぴたトレ**2** 30分	ぴたトレ**3**
問題を解く	**よく出る** だけ解く	時間があれば取り組もう！

時短 B
コース

ぴたトレ**1** 20分	ぴたトレ**2** 45分	ぴたトレ**3** 45分
右ページの **よく出る** 絶対理解 だけ解く	問題を解く	テストを解く

時短 C
コース

ぴたトレ**1**	ぴたトレ**2** 45分	ぴたトレ**3** 45分
省略	問題を解く	テストを解く

日常学習

＼ めざせ，点数アップ！ ／

テスト直前
コース

5日前 ぴたトレ**1**	3日前 ぴたトレ**2**	1日前 定期テスト予想問題	当日 別冊mini book
右ページの **よく出る** 絶対理解 だけ解く	**よく出る** だけ解く	テストを解く	赤シートを使って最終確認する

コースがきまったら，4〜5ページを見てみよう ➡

成績アップのための **学習メソッド**

≪ ぴたトレの構成と使い方 ≫

教科書ぴったりトレーニングは,おもに,「ぴたトレ1」,「ぴたトレ2」,「ぴたトレ3」で構成されています。それぞれの使い方を理解し,効率的に学習に取り組みましょう。

なお,「ぴたトレ3」「定期テスト予想問題」では学校での成績アップに直接結びつくよう,通知表における観点別の評価に対応した問題を取り上げています。

学校の通知表は以下の観点別の評価がもとになっています。

一緒にがんばろう!

知識 技能	思考力 判断力 表現力	主体的に 学習に 取り組む態度

ぴたトレ0

スタートアップ

各章の学習に入る前の準備として,これまでに学習したことを確認します。

> **学習メソッド**
> この問題が難しいときは,以前の学習に戻ろう。あわてなくても大丈夫。苦手なところが見つかってよかったと思おう。

↓

ぴたトレ1

要点チェック

基本的な問題を解くことで,基礎学力が定着します。

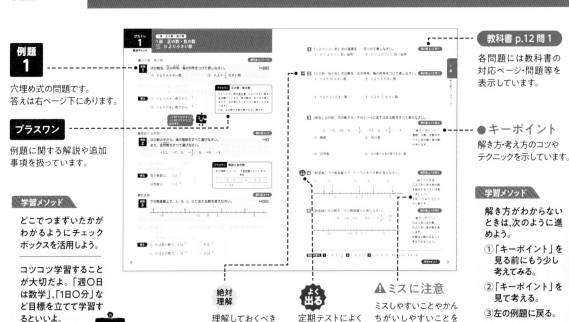

例題 1

穴埋め式の問題です。
答えは右ページ下にあります。

プラスワン

例題に関する解説や追加事項を扱っています。

> **学習メソッド**
> どこでつまずいたかがわかるようにチェックボックスを活用しよう。
>
> ―――――――
>
> コツコツ学習することが大切だよ。「週○日は数学」,「1日○分」など目標を立てて学習するといいよ。

教科書 p.12 問1

各問題には教科書の対応ページ・問題等を表示しています。

● キーポイント

解き方・考え方のコツやテクニックを示しています。

> **学習メソッド**
> 解き方がわからないときは,次のように進めよう。
> ① 「キーポイント」を見る前にもう少し考えてみる。
> ② 「キーポイント」を見て考える。
> ③ 左の例題に戻る。

絶対理解

理解しておくべき重要な問題です。

よく出る

定期テストによく出る問題です。

⚠ミスに注意

ミスしやすいことやかんちがいしやすいことを確認できます。

理解力・応用力をつける問題です。
解答集の「理解のコツ」では実力アップに欠かせない内容を示しています。

学習メソッド

解き方がわからないと
きは,下の「ヒント」を
見るか,「ぴたトレ1」に
戻ろう。
間違えた問題があった
ら,別の日に解きなお
してみよう。

ヒント

問題を解く
手がかりです。

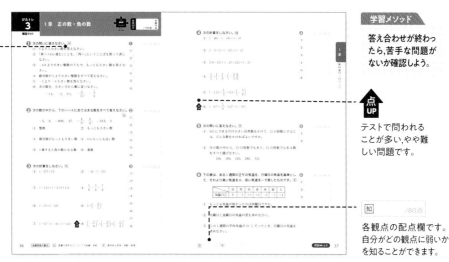

定期テスト
予報

テストに出そうな
内容を重点的に
示しています。

よく
出る

定期テストによく出る
問題です。

学習メソッド

同じような問題に
繰り返し取り組む
ことで,本当の力が
身につくよ。

ぴたトレ**3**

確認テスト

どの程度学力がついたかを自己診断するテストです。

問題ごとに「知識・技能」
「思考力・判断力・表現力」の
評価の観点が示してあります。

学習メソッド

テスト本番のつもりで
何も見ずに解こう。

• 解けたけど答えを間違えた
　→ぴたトレ2の問題を解い
　てみよう。
• 解き方がわからなかった
　→ぴたトレ1に戻ろう。

学習メソッド

答え合わせが終わっ
たら,苦手な問題が
ないか確認しよう。

点
UP

テストで問われる
ことが多い,やや難
しい問題です。

知　　　　/80点

各観点の配点欄です。
自分がどの観点に弱いか
を知ることができます。

教科書の
まとめ

各章の最後に,重要事項を
まとめて掲載しています。

学習メソッド

重要事項をしっかり見直したいときは「教科書のまとめ」,
短時間で確認したいときは「別冊minibook」を使うといいよ。

定期テスト
予想問題

定期テストに出そうな問題を取り上げています。
解答集に「出題傾向」を掲載しています。

学習メソッド

ぴたトレ3と同じように,テスト本番のつもりで解こう。
テスト前に,学習内容をしっかり確認しよう。

1章　式の展開と因数分解

次の学習に入る前に取り組もう。

□**分配法則**　　　　　　　　　　　　　　　　　　　　←中学1年

a, b, c がどんな数であっても，次の式が成り立ちます。

$$(a+b)\times c = ac+bc$$
$$c\times(a+b) = ca+cb$$

① 次の計算をしなさい。　　　　　　　　　　　　　←中学1, 2年〈多項式の加法と減法〉

(1)　$(2x-3)+(5x+6)$　　　(2)　$(x-5)+(6x+4)$

ヒント

多項式をひくときは，符号に注意して……

(3)　$(3x-1)-(2x-5)$　　　(4)　$(2a-4)-(-a-8)$

(5)　$(4a-8b)+(3a+7b)$　　　(6)　$(-x-9y)+(5x-2y)$

(7)　$(6x-y)-(y+4x)$　　　(8)　$(7a+2b)-(8a-3b)$

② 次の2つの式をたしなさい。　　　　　　　　　　←中学2年〈多項式の加法と減法〉
また，左の式から右の式をひきなさい。

(1)　$2x^2-3x$, $4x^2+5x$

ヒント

x^2 と x は同類項ではないから……

(2)　$-3x^2+8x$, x^2-7x

3 次の計算をしなさい。

(1)　$5(2x+3)$

(2)　$(4x-7)\times(-3)$

(3)　$-6(3x+4)$

(4)　$10\left(\dfrac{3}{2}x-1\right)$

(5)　$2(5x-9y)$

(6)　$-4(a+8b)$

(7)　$(12x+21y)\times\dfrac{1}{3}$

(8)　$(20x-15y)\times\left(-\dfrac{2}{5}\right)$

◀ 中学1，2年〈多項式の乗法〉

分配法則を使って
……

4 次の計算をしなさい。

(1)　$(6x+9)\div3$

(2)　$(16x-8)\div(-8)$

(3)　$(4x-24)\div\dfrac{4}{3}$

(4)　$(-12x-10)\div\left(-\dfrac{2}{5}\right)$

(5)　$(15x+20y)\div5$

(6)　$(7a+21b)\div(-7)$

(7)　$(6x-18y)\div\dfrac{6}{5}$

(8)　$(24x-12y)\div\left(-\dfrac{3}{2}\right)$

◀ 中学1，2年〈多項式の除法〉

分数でわるときは，
逆数を考えて……

1節　式の展開と因数分解
① 式の乗法，除法 ── ①

●多項式×単項式　　　　　　　　　　　　　　　　　　　　　教科書 p.12

例題 1 次の計算をしなさい。　　　　　　　　　　　　▶▶ **1**

(1) $(3x+y) \times 2x$　　　　　　　　(2) $(2a-b) \times (-3a)$

考え方　多項式×単項式の計算では，分配法則 $(a+b)c=ac+bc$ を用いることができます。
うしろの単項式を，前の多項式の各項にかけあわせます。

答え (1) $3x \times 2x + y \times 2x =$ 　①　　　　←分配法則 $(a+b)c=ac+bc$ を使う

(2) $2a \times (-3a) - b \times (-3a) =$ 　②

●単項式×多項式　　　　　　　　　　　　　　　　　　　　教科書 p.12

例題 2 次の計算をしなさい。　　　　　　　　　　　　▶▶ **2**

(1) $4x(x-3y)$　　　　　　　　(2) $-3a(-a+2b)$

考え方　単項式×多項式の計算では，分配法則 $c(a+b)=ca+cb$ を用いて，前の単項式を，
うしろの多項式の各項にかけあわせます。

答え (1) $4x \times x + 4x \times (-3y) =$ 　①　　　　←分配法則 $c(a+b)=ca+cb$ を使う

(2) $-3a \times (-a) + (-3a) \times 2b =$ 　②

●多項式÷単項式①　　　　　　　　　　　　　　　　　　　教科書 p.13

例題 3 次の計算をしなさい。　　　　　　　　　　　　▶▶ **3**

(1) $(8a^2-12a) \div 4a$　　　　　　(2) $(4x^2+6x) \div (-2x)$

考え方　多項式÷単項式の計算では，多項式÷数の場合と同じように計算することができます。
多項式の各項をそれぞれ，うしろの単項式でわります。

答え (1) $\dfrac{8a^2}{4a} - \dfrac{12a}{4a} =$ 　①　　　　←$(A+B) \div C = \dfrac{A}{C} + \dfrac{B}{C}$

(2) $\dfrac{4x^2}{-2x} + \dfrac{6x}{-2x} =$ 　②

除法を乗法にして
計算してもよいです。
$(8a^2-12a) \div 4a$
$=(8a^2-12a) \times \dfrac{1}{4a}$

●多項式÷単項式②　　　　　　　　　　　　　　　　　　　教科書 p.13

例題 4 次の計算をしなさい。　　　　　　　　　　　　▶▶ **4**

(1) $(2a^2+3a) \div \dfrac{a}{3}$　　　　　　(2) $(6x^2-3xy) \div \left(-\dfrac{3}{4}x\right)$

考え方　多項式÷分数は，逆数のかけ算になおして計算します。

答え (1) $(2a^2+3a) \times \dfrac{3}{a} =$ 　①

(2) $(6x^2-3xy) \times \left(-\dfrac{4}{3x}\right) =$ 　②　　　　←$-\dfrac{3}{4}x = -\dfrac{3x}{4}$

1 【多項式×単項式】次の計算をしなさい。

教科書 p.12 例1

□(1) $(4x+y)×4x$　　　　　□(2) $(3x-5y)×7x$

□(3) $(a+5b)×(-6a)$　　　□(4) $(3a-4b)×(-3a)$

●キーポイント
多項式のすべての項に
かけあわせます。
$(a+b)×c=ac+bc$

2 【単項式×多項式】次の計算をしなさい。

教科書 p.12 例2

□(1) $3x(3x+7y)$　　　　　□(2) $5x(2x-9y)$

□(3) $-7x(5x+3y)$　　　　□(4) $-4a(-5a-8b)$

●キーポイント
$c(a+b)=ca+cb$

符号にも注意しよう。

3 【多項式÷単項式①】次の計算をしなさい。

教科書 p.13 例3

□(1) $(8x^2+6x)÷2x$　　　□(2) $(9x^2-12x)÷3x$

□(3) $(4x^2+10x)÷(-2x)$　□(4) $(-28a^2-14a)÷(-7a)$

4 【多項式÷単項式②】次の計算をしなさい。

教科書 p.13 例4

□(1) $(3x^2+2x)÷\dfrac{x}{3}$　　　□(2) $(5x^2-2x)÷\dfrac{1}{2}x$

□(3) $(25a^2+15a)÷\left(-\dfrac{5}{4}a\right)$　□(4) $(12x^2-24x)÷\left(-\dfrac{4}{9}x\right)$

⚠ミスに注意
$(ax^2+bxy)÷\dfrac{d}{c}x$ は
$(ax^2+bxy)×\dfrac{c}{d}x$
ではないことに注意し
ましょう。
$\dfrac{d}{c}x=\dfrac{dx}{c}$

例題の答え **1** ①$6x^2+2xy$　②$-6a^2+3ab$　**2** ①$4x^2-12xy$　②$3a^2-6ab$　**3** ①$2a-3$　②$-2x-3$
4 ①$6a+9$　②$-8x+4y$

1章　式の展開と因数分解

1節　式の展開と因数分解
1 式の乗法，除法 ── ②

● 式の展開

教科書 p.14

例題 1　次の計算をしなさい。　▶▶ 1

(1) $(a-b)(c+d)$ (2) $(x+2)(y-4)$

考え方　(1) $c+d$ を M として計算します。
(2) $y-4$ を N として計算します。

プラスワン　式の展開

積の形で書かれた式を計算して，和の形で表すことを，もとの式を展開するといいます。

答え (1) $(a-b)M=aM-bM=a(c+d)-b(c+d)=$ ①

分配法則　　M を $c+d$ にもどす　　分配法則

(2) $(x+2)N=xN+2N=x(y-4)+2(y-4)=$ ②

分配法則　　N を $y-4$ にもどす　　分配法則

● 同類項があるとき

教科書 p.15

例題 2　次の計算をしなさい。　▶▶ 2

(1) $(x-3)(x-5)$ (2) $(a+7)(a-9)$

考え方　展開した式に同類項があるときは，まとめて簡単にします。

(1) $x^2 \underline{-5x} \underline{-3x} +15$

(2) $a^2 \underline{-9a} \underline{+7a} -63$

答え (1) $x^2+(-5-3)x+15=$ ①

(2) $a^2+(-9+7)a-63=$ ②

x^2 と $-5x$，x^2 と $-3x$ はまとめることができないね。

例題 3　次の計算をしなさい。　▶▶ 3

(1) $(2a+5b)(3a-b)$ (2) $(3x-4y)(2x+5y)$

考え方　文字が2つあるときも，同じように展開し，同類項をまとめます。

(1) $6a^2 \underline{-2ab} \underline{+15ab} -5b^2$

(2) $6x^2 \underline{+15xy} \underline{-8xy} -20y^2$

答え (1) $6a^2+(-2+15)ab-5b^2=$ ①

(2) $6x^2+(15-8)xy-20y^2=$ ②

例題 4　次の計算をしなさい。　▶▶ 4

(1) $(2x-3y)(x-2y+1)$ (2) $(a-2b+5)(3a-2b)$

考え方　項が3つあるときも，同じように展開し，同類項をまとめます。

(1) $2x^2 \underline{-4xy} +2x \underline{-3xy} +6y^2 -3y$

(2) $3a^2 \underline{-2ab} \underline{-6ab} +4b^2 +15a -10b$

答え (1) $2x^2-$ ① $+2x+6y^2-3y$

(2) $3a^2-$ ② $+4b^2+15a-10b$

プラスワン　項が3つある式の展開

2通りの展開ができます。

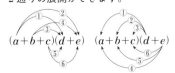

絶対 **1** 【式の展開】次の計算をしなさい。

教科書 p.14 例5

- □(1)　$(a-b)(c-d)$
- □(2)　$(a+2)(b+1)$

- □(3)　$(x+3)(y-7)$
- □(4)　$(x-8)(y-3)$

●キーポイント
$(a+b)(c+d)$ で,
$c+d$ を M とすると,
$(a+b)M$
$=aM+bM$
$=a(c+d)+b(c+d)$
$=ac+ad+bc+bd$

よく **2** 【同類項があるとき】次の計算をしなさい。
でる

教科書 p.15 例6

- □(1)　$(a+5)(a+2)$
- □(2)　$(4a+7)(2a-3)$

- □(3)　$(5x-4)(6x-1)$
- □(4)　$(3y-7)(2y+5)$

●キーポイント
$(a+b)(c+d)$ は,

$=\underset{①}{ac}+\underset{②}{ad}+\underset{③}{bc}+\underset{④}{bd}$
と直接展開すること も
できます。

3 【同類項があるとき】次の計算をしなさい。

教科書 p.15 例7

- □(1)　$(a+b)(a+2b)$
- □(2)　$(2a+7b)(2a-3b)$

- □(3)　$(3x-8y)(x-4y)$
- □(4)　$(5x-6y)(4x+3y)$

4 【同類項があるとき】次の計算をしなさい。

教科書 p.15 例8

- □(1)　$(a+1)(a+2b+3)$
- □(2)　$(2a+3b+5)(3a-b)$

- □(3)　$(a-4b)(5a-3b-6)$
- □(4)　$(3x-7y+4)(2x-y)$

●キーポイント
a^2 と $3a$, $6x^2$ と $8x$
などは, 同類項では な
いので, まとめること
はできません。

例題の答え **1** ①$ac+ad-bc-bd$　②$xy-4x+2y-8$　**2** ①$x^2-8x+15$　②$a^2-2a-63$
3 ①$6a^2+13ab-5b^2$　②$6x^2+7xy-20y^2$　**4** ①$7xy$　②$8ab$

1章　式の展開と因数分解

1節　式の展開と因数分解
2 乗法の公式 —— ①

● $(x+a)(x+b)$ の展開

教科書 p.16

例題 1　次の計算をしなさい。　　　▶▶ **1**

(1)　$(x+3)(x+4)$　　　　　　　　(2)　$(x+2)(x-4)$

考え方　$(x+a)(x+b)$ の展開　$(x+a)(x+b)=x^2+(a+b)x+ab$

(1)　x の係数は，$3+4$，　　数の項は，$3×4$

(2)　x の係数は，$2+(-4)$，数の項は，$2×(-4)$

$(x+a)(x+b)$ の展開の公式で，a，b には負の数がはいることもあるよ。

答え　(1)　$(x+3)(x+4)=x^2+\boxed{①}\ x+\boxed{②}$
　　　　　　　　　　　　　　　$\overset{3+4}{}$　　　$\overset{3×4}{}$

　　　(2)　$(x+2)(x-4)=x^2-\boxed{③}\ x-\boxed{④}$
　　　　　　　　　　　　　　$\underset{2+(-4)}{}$　　$\underset{2×(-4)}{}$

● $(a+b)^2$，$(a-b)^2$ の展開

教科書 p.17

例題 2　次の計算をしなさい。　　　▶▶ **2**

(1)　$(a+6)^2$　　　　　　　　　　(2)　$(x-3)^2$

考え方　平方の公式　$(a+b)^2=a^2+2ab+b^2$
　　　　　　　　　　$(a-b)^2=a^2-2ab+b^2$

(1)　$(a+b)^2=a^2+2ab+b^2$ で，b に 6 をあてはめます。

(2)　$(a-b)^2=a^2-2ab+b^2$ で，a に x，b に 3 をあてはめます。

答え　(1)　$(a+6)^2=a^2+\overset{2×a×6}{\boxed{①}}+\overset{6^2}{\boxed{②}}$

　　　(2)　$(x-3)^2=x^2-\underset{2×x×3}{\boxed{③}}+\underset{3^2}{\boxed{④}}$

例題 3　次の計算をしなさい。　　　▶▶ **3**

(1)　$(x+2y)^2$　　　　　　　　　(2)　$(2a-5b)^2$

考え方　平方の公式　$(a+b)^2=a^2+2ab+b^2$
　　　　　　　　　　$(a-b)^2=a^2-2ab+b^2$

(1)　$(a+b)^2=a^2+2ab+b^2$ で，a に x，　b に $2y$ をあてはめます。

(2)　$(a-b)^2=a^2-2ab+b^2$ で，a に $2a$，b に $5b$ をあてはめます。

答え　(1)　$(x+2y)^2=x^2+\overset{2×x×2y}{\boxed{①}}+\overset{(2y)^2}{\boxed{②}}$　←$2y$ をひとまとまりとみる

　　　(2)　$(2a-5b)^2=4a^2-\underset{2×2a×5b}{\boxed{③}}+\underset{(5b)^2}{\boxed{④}}$　←$2a$，$5b$ をひとまとまりとみる

1 【$(x+a)(x+b)$ の展開】次の計算をしなさい。

□(1) $(x+3)(x+5)$　　　　□(2) $(x+4)(x+2)$

□(3) $(x-7)(x-3)$　　　　□(4) $(x-6)(x-1)$

□(5) $(x+5)(x-2)$　　　　□(6) $(x-8)(x+3)$

教科書 p.16 例 1

●キーポイント
$(x-a)(x-b)$ の展開
は，
$\{x+(-a)\}\{x+(-b)\}$
と考えると，公式が使
えます。

2 【$(a+b)^2$，$(a-b)^2$ の展開】次の計算をしなさい。

□(1) $(x+4)^2$　　　　□(2) $(x+7)^2$

□(3) $(a+2)^2$　　　　□(4) $(x-1)^2$

□(5) $(x-5)^2$　　　　□(6) $(y-3)^2$

教科書 p.17 例 2

⚠ミスに注意
$(x+3)^2=x^2+3^2$
としたり，
$(x-2y)^2=x^2-(2y)^2$
としたりしないように
注意しましょう。

3 【$(a+b)^2$，$(a-b)^2$ の展開】次の計算をしなさい。

□(1) $(x-6y)^2$　　　　□(2) $(3a+b)^2$

□(3) $(5a+2b)^2$　　　　□(4) $(4x-3y)^2$

□(5) $\left(x+\dfrac{3}{2}y\right)^2$　　　　□(6) $(-a+3b)^2$

教科書 p.17 例 3

●キーポイント
(5) $(a+b)^2$ で，
　　a を x，
　　b を $\dfrac{3}{2}y$
　　と考えます。
(6) $(a+b)^2$ で，
　　a を $-a$，
　　b を $3b$
　　と考えます。

例題の答え **1** ①7 ②12 ③2 ④8 **2** ①$12a$ ②36 ③$6x$ ④9 **3** ①$4xy$ ②$4y^2$ ③$20ab$ ④$25b^2$

1節 式の展開と因数分解
② 乗法の公式 —— ②

● $(a+b)(a-b)$ の展開

教科書 p.18

例題 1 次の計算をしなさい。　　　　　　　　　　　　　　　　▶▶**1**

(1)　$(x+4)(x-4)$ 　　　　　　　　　　(2)　$(2x+3y)(2x-3y)$

考え方　和と差の積　$(a+b)(a-b)=a^2-b^2$

この公式で,

(1)　a に x,　b に 4 を,　あてはめます。

(2)　a に $2x$,　b に $3y$ を,　あてはめます。

答え　(1)　$(x+4)(x-4)=x^2-\boxed{①\qquad}$ 　　$\overset{4^2}{}$

(2)　$(2x+3y)(2x-3y)=\underset{(2x)^2}{\boxed{②\qquad}}-\underset{(3y)^2}{\boxed{③\qquad}}$

● 乗法の公式を使って式を計算すること

教科書 p.19

例題 2 次の計算をしなさい。

$(x-3)^2-(x-2)(x+4)$ 　　　　　　　　　　　　　▶▶**2**

考え方　まず, $(x-3)^2$ と $(x-2)(x+4)$ のそれぞれを, 乗法の公式を使って展開します。

答え　　$(x-3)^2-(x-2)(x+4)$

$=(x^2-6x+9)-(x^2+2x-8)$ 　　$(x-a)^2=x^2-2ax+a^2$
　　　　　　　　　　　　　　　　　$(x+a)(x+b)=x^2+(a+b)x+ab$

かっこをはずす

$=x^2-6x+9-x^2-2x+8$ 　　同類項をまとめる

$=\boxed{①\qquad}x+\boxed{②\qquad}$

かっこをはずすとき, 符号に注意しよう。

● いろいろな式の計算

教科書 p.19

例題 3 次の計算をしなさい。

$(x-y+2)(x-y-2)$ 　　　　　　　　　　　　　　▶▶**3**

考え方　式の中の共通な部分 $x-y$ を, 1つの文字におきかえると, 乗法の公式が使える式の形になります。

答え　$x-y$ を M とすると,

$(x-y+2)(x-y-2)$

$=(M+2)(M-2)$ 　　$(a+b)(a-b)=a^2-b^2$

$=M^2-4$ 　　M をもとにもどす

$=(x-y)^2-4$

$=x^2-\boxed{①\qquad}+\boxed{②\qquad}-4$

対解

1 【$(a+b)(a-b)$ の展開】次の計算をしなさい。

教科書 p.18 例 4

□(1)　$(x+6)(x-6)$　　　　□(2)　$(2-a)(2+a)$

□(3)　$(3a+5)(3a-5)$　　　□(4)　$(3x-4y)(3x+4y)$

2 【乗法の公式を使って計算すること】次の計算をしなさい。

教科書 p.19 例題 1

□(1)　$(x-5)^2+(x-2)(x-5)$

●キーポイント
まず，乗法の公式を使
える部分を見つけて，
それぞれ展開します。

□(2)　$(3x+5)(x-3)-4x(x-8)$

□(3)　$(x-3)(x-7)+(x+6)(x-4)$

□(4)　$(x+4)^2-(x-4)^2$

3 【いろいろな式の計算】次の計算をしなさい。

教科書 p.19 例題 2

□(1)　$(a+b+4)(a+b-3)$

●キーポイント
(2)　$a+2b$ を M とし
ます。
(3)　$x+y$ を M としま
す。

□(2)　$(a+2b+3)(a+2b-3)$

□(3)　$(x+y-5)^2$

例題の答え **1** ①16　②$4x^2$　③$9y^2$　**2** ①-8　②17　**3** ①$2xy$　②y^2

1節　式の展開と因数分解　$\boxed{1}$, $\boxed{2}$

 1 次の計算をしなさい。

$\Box$(1)　$(3x-2y)\times 4x$

$\Box$(2)　$-3a(-5a+3b-7c)$

$\Box$(3)　$12x\left(\dfrac{1}{4}x-\dfrac{5}{6}y+\dfrac{2}{3}\right)$

$\Box$(4)　$(-2a+4b-6c)\times\left(-\dfrac{5}{2}a\right)$

2 次の計算をしなさい。

$\Box$(1)　$(8a^2b-12ab^2+8ab)\div 4ab$

$\Box$(2)　$(6a^2b-3ab^2-2ab)\div(-6ab)$

$\Box$(3)　$(-8x^2y+12xy-4xy^2)\div\dfrac{4}{3}xy$

$\Box$(4)　$(-14x+35xy-28y)\div\left(-\dfrac{7}{xy}\right)$

3 次の計算をしなさい。

$\Box$(1)　$(-2a-7)(b-2)$

$\Box$(2)　$(ax+4)(3b-x)$

$\Box$(3)　$(5x-3)(-3x-7)$

$\Box$(4)　$(4+3x)(6x-5)$

$\Box$(5)　$(2a-5b)(4a-3b)$

$\Box$(6)　$(6a-4b+5c)(3b-2a)$

$\Box$(7)　$\left(4x+\dfrac{1}{3}y\right)\left(3x-\dfrac{1}{2}y\right)$

$\Box$(8)　$\left(\dfrac{x}{3}-\dfrac{y}{2}\right)(12x+6y-18)$

ヒント **2** (3)$\dfrac{4}{3}xy=\dfrac{4xy}{3}$ より，$\dfrac{4}{3}xy$ の逆数は $\dfrac{3}{4xy}$ となります。

● 4つの乗法の公式を正確に覚え，使いこなせるようにしよう。
符号に注意して，前の項から順にかけて展開していきます。特に，乗法の公式の4つのパターンはよく出るので，展開前とあとの形をしっかり覚えて利用しましょう。

4 次の計算をしなさい。

□(1) $(a-9b)(a+4b)$

□(2) $(m-9)^2$

□(3) $(4x+7)(4x-7)$

□(4) $(y-7)(8+y)$

□(5) $(3x-4y)^2$

□(6) $(3+5x)(-5x+3)$

□(7) $(3a+8x)(3a-7x)$

□(8) $(0.2a+0.3b)(0.2a-0.3b)$

□(9) $(-5x-2y)^2$

□(10) $\left(a+\dfrac{1}{2}b\right)\left(a+\dfrac{1}{3}b\right)$

□(11) $\left(3x+\dfrac{1}{2}y\right)\left(3x-\dfrac{1}{2}y\right)$

□(12) $\left(\dfrac{1}{3}a+3\right)^2$

5 次の計算をしなさい。

□(1) $(2x-5)^2+(x+6)(x-6)$

□(2) $(3a-5)(3a+1)-3(a+3)^2$

□(3) $(x-y)(x-y+6)$

□(4) $(2a-3b-4)(2a-3b+5)$

ヒント　4 (4)$(y-7)(8+y)=(y-7)(y+8)$　　(6)$(3+5x)(-5x+3)=(3+5x)(3-5x)$
5 乗法の公式を使って，それぞれの式を展開し，同類項があればまとめます。

● 共通因数をくくり出す

教科書 p.22

例題 **1**　次の式を因数分解しなさい。　　　　　　　　　　▶▶**1**

(1)　$mx+my$　　　　　　　　　(2)　$6ax+4ay$

考え方　多項式をいくつかの<ruby>因数<rt>いんすう</rt></ruby>の積の形に表すことを，
その多項式を<ruby>因数分解<rt>いんすうぶんかい</rt></ruby>するといいます。
各項に共通な因数をもつ多項式は，共通因数を
見つけてくくり出します。
$Ma+Mb=M(a+b)$

プラスワン　**因数**

数や式が，いくつかの数や式の積
の形に表されるとき，積の形に表
したそれぞれの数や式を，もとの
数や式の **因数** といいます。

答え　(1)　共通因数は m
　　　　　$mx+my$
　　　　$=m\times x+m\times y$　　　共通因数 m を
　　　　$=m\left(\boxed{①}\right)$　　　　　　くくり出す

(2)　共通因数は $2a$
　　　$6ax+4ay$
　　$=2a\times 3x+2a\times 2y$　　共通因数 $2a$ を
　　$=2a\left(\boxed{②}\right)$　　　　　　くくり出す

● 和と差の積の利用

教科書 p.22

例題 **2**　次の式を因数分解しなさい。　　　　　　　　　　▶▶**2**

(1)　m^2-9　　　　　　　　　(2)　$4x^2-25$

考え方　式が（何かの2乗）−（何かの2乗）であることを確認します。

プラスワン　**和と差の積**

答え　(1)　$m^2-9=m^2-3^2$
　　　　　　　　$=\left(\boxed{①}\right)\left(\boxed{②}\right)$

(2)　$4x^2-25=(2x)^2-5^2$
　　　　　$=\left(\boxed{③}\right)\left(\boxed{④}\right)$

● 平方の公式の利用

教科書 p.22〜23

例題 **3**　次の式を因数分解しなさい。　　　　　　　　　　▶▶**3 4**

(1)　x^2+6x+9　　　　　　　　(2)　$4x^2-28x+49$

考え方　式が〔（何か）の2乗〕+〔（何か）の2乗〕
　　　　+〔2×（　）×（　）〕であることを確認します。

プラスワン　**平方の公式**

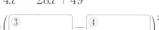

答え　(1)　$x^2=x^2$,　$9=3^2$
　　　　　$6x=2\times x\times 3$
　　　　　x^2+6x+9
　　　　$=\left(\boxed{①}+\boxed{②}\right)^2$

(2)　$4x^2=(2x)^2$,　$49=7^2$
　　　$28x=2\times 2x\times 7$
　　　$4x^2-28x+49$
　　$=\left(\boxed{③}-\boxed{④}\right)^2$

2x を a，7 を b
とみよう。

1 【共通因数をくくり出す】次の式を因数分解しなさい。

教科書 p.22 例 1

□(1) $3ax - 6ay$　　　　□(2) $6x^2y + 18y^2$

⚠ミスに注意
$12x^2 - 6x = x(12x - 6)$
などで終わりとしない
ようにしましょう。
$12x - 6$ は，さらに因
数分解できます。

□(3) $ax - bx + 3x$　　　　□(4) $12x^2 + 4xy - 16xy^2$

2 【和と差の積の利用】次の式を因数分解しなさい。

教科書 p.22 例 2

□(1) $m^2 - n^2$　　　　□(2) $x^2 - 36$

●キーポイント
何の 2 乗になっている
かを見つけましょう。

□(3) $y^2 - 1$　　　　□(4) $9x^2 - 16$

□(5) $25x^2 - y^2$　　　　□(6) $4x^2 - 49y^2$

3 【平方の公式の利用】次の式を因数分解しなさい。

教科書 p.22 例 3, p.23 例 4

□(1) $x^2 - 6x + 9$　　　　□(2) $x^2 + 12x + 36$

●キーポイント
$\underset{\text{2乗}}{a^2} + \underset{a \times b}{2ab} + \underset{\text{2乗}}{b^2}$
　　　　の 2 倍
の形になっているかを
確認しましょう。

□(3) $x^2 - 10x + 25$　　　　□(4) $x^2 - 18x + 81$

□(5) $4x^2 + 20x + 25$　　　　□(6) $16x^2 - 56x + 49$

4 【平方の公式の利用】次の ☐ にあてはまる正の数を求めなさい。

教科書 p.23 問 5

□(1) $x^2 + \boxed{}x + 64 = \left(x + \boxed{}\right)^2$

□(2) $x^2 - 20x + \boxed{} = \left(x - \boxed{}\right)^2$

□(3) $9x^2 + \boxed{}x + 4 = \left(\boxed{}x + \boxed{}\right)^2$

例題の答え **1** ①$x + y$　②$3x + 2y$　**2** ①$m + 3$　②$m - 3$　③$2x + 5$　④$2x - 5$　（①と②，③と④は順不同可）
3 ①x　②$3$　③$2x$　④$7$

1章　式の展開と因数分解

1節　式の展開と因数分解
③ 因数分解 —— ②

● $x^2+(a+b)x+ab$ の因数分解

教科書 p.23〜24

☐ 例題 **1**　x^2+6x+8 を因数分解しなさい。　▶▶ **1**

考え方　$x^2+(a+b)x+ab$ の形の式を因数分解する
ときは，まず，積が ab になる 2 数を考え，
その 2 数の和が x の係数になるときの a と
b を見つけます。

プラスワン　$x^2+(a+b)x+ab$ の因数分解

$$x^2+(a+b)x+ab=(x+\boxed{a})(x+\boxed{b})$$

（積）（和）

答え▶　表より，積が $+8$，和が $+6$ の 2 数は，
2 と 4

$$x^2+6x+8=\boxed{}$$

積が $+8$	和が $+6$
1 と　8	
-1 と -8	
2 と　4	○
-2 と -4	

☐ 例題 **2**　$x^2-7x+10$ を因数分解しなさい。　▶▶ **2**

考え方　積が $+10$，和が -7 となる 2 数を見つけます。

答え▶　表より，積が $+10$，和が -7 の 2 数は，
-2 と -5

$$x^2-7x+10=\boxed{}$$

積が $+10$	和が -7
1 と　10	
-1 と -10	
2 と　5	
-2 と -5	○

積が正の数だから，2 数は同符号だよ。

☐ 例題 **3**　次の式を因数分解しなさい。　▶▶ **3**
(1) $x^2-4x-12$　(2) $x^2+6x-16$

考え方　(1) 積が -12，和が -4 となる 2 数を見つけます。
(2) 積が -16，和が $+6$ となる 2 数を見つけます。

答え▶　(1) 表より，積が -12，和が -4 の
2 数は，2 と -6

$$x^2-4x-12=\boxed{^① }$$

積が -12	和が -4
1 と -12	
-1 と　12	
2 と -6	○
-2 と　6	
3 と -4	
-3 と　4	

(2) 表より，積が -16，和が $+6$ の
2 数は，-2 と 8

$$x^2+6x-16=\boxed{^② }$$

積が -16	和が $+6$
1 と -16	
-1 と　16	
2 と -8	
-2 と　8	○
4 と -4	

積が負の数だから，2 数は異符号だよ。

1 【$x^2+(a+b)x+ab$ の因数分解】次の式を因数分解しなさい。

教科書 p.23 例 5

□(1) x^2+4x+3 □(2) x^2+5x+4

□(3) $x^2+12x+27$ □(4) $x^2+13x+42$

□(5) $x^2+15x+56$ □(6) $x^2+17x+72$

●キーポイント
x^2+mx+n では，
$a+b=m$，$ab=n$
となる2数 a，b を見
つけます。

2 【$x^2+(a+b)x+ab$ の因数分解】次の式を因数分解しなさい。

教科書 p.24 例 6

□(1) x^2-6x+8 □(2) x^2-7x+6

□(3) $x^2-10x+21$ □(4) $x^2-12x+32$

□(5) $x^2-14x+48$ □(6) $x^2-15x+54$

●キーポイント
(1) 積が $+8$，
和が -6 となる
2数を見つけます。
積が正の数となる
2数は同符号です。

3 【$x^2+(a+b)x+ab$ の因数分解】次の式を因数分解しなさい。

教科書 p.24 例 7

□(1) x^2+3x-4 □(2) $x^2+3x-28$

□(3) $x^2+2x-63$ □(4) x^2-x-6

□(5) $x^2-4x-32$ □(6) $x^2-5x-36$

●キーポイント
(1) 積が -4，
和が $+3$ となる
2数を見つけます。
積が負の数となる
2数は異符号です。

例題の答え **1** $(x+2)(x+4)$ **2** $(x-2)(x-5)$ **3** ①$(x+2)(x-6)$ ②$(x-2)(x+8)$

●いろいろな因数分解

教科書 p.26

例題 1 次の式を因数分解しなさい。 ▶▶**1**

(1) $mx^2+4mx+3m$　　(2) $2x^2y+12xy+18y$　　(3) $16ax^2-ay^2$

考え方 まず，共通因数をくくり出し，さらに，公式を使って因数分解できるかどうかを考えます。

答え (1) $mx^2+4mx+3m$ ←共通因数は m

$=m(\underline{x^2+4x+3})$ ← $x^2+(a+b)x+ab=(x+a)(x+b)$

$=m\left(x+\boxed{①}\right)\left(x+\boxed{②}\right)$

(2) $2x^2y+12xy+18y$ ←共通因数は $2y$

$=2y(\underline{x^2+6x+9})$ ← $a^2+2ab+b^2=(a+b)^2$

$=2y\left(x+\boxed{③}\right)^2$

(3) $16ax^2-ay^2$ ←共通因数は a

$=a(\underline{16x^2-y^2})$ ← $a^2-b^2=(a+b)(a-b)$

$=a\left(\boxed{④}\right)\left(\boxed{⑤}\right)$

例題 2 次の式を因数分解しなさい。 ▶▶**2**

(1) $a(x+1)-b(x+1)$　　　　　　(2) $(x-1)^2-5(x-1)+6$

考え方 式の中の共通な部分を，1つの文字におきかえて考えます。

答え (1) 式の中の共通な部分 $\boxed{①}$ を M とすると，

$a(x+1)-b(x+1)$

$=aM-bM$

$=M(a-b)$ ←共通因数は M

$=\left(\boxed{①}\right)(a-b)$ ← M をもどす

(2) 式の中の共通な部分 $\boxed{②}$ を M とすると，

$(x-1)^2-5(x-1)+6$

$=\underline{M^2-5M+6}$ ← $x^2+(a+b)x+ab=(x+a)(x+b)$

$=(M-2)(M-3)$

$=\left(\boxed{②}-2\right)\left(\boxed{②}-3\right)$ ← M をもどす

$=\left(\boxed{③}\right)\left(\boxed{④}\right)$

式の中に共通因数や共通部分がないかどうか確かめよう。

1 【いろいろな因数分解】次の式を因数分解しなさい。

教科書 p.26 例題 1

□(1) $3x^2 - 9x + 6$

□(2) $bx^2 + 8bx + 15b$

⚠ミスに注意
因数分解は，これ以上
因数分解できない式に
なるまで分解します。
共通因数でくくり出し
たあと，さらに公式を
使って因数分解できな
いか確認しましょう。

□(3) $ax^2 + 4ax + 4a$

□(4) $2a^2b - 16ab + 32b$

□(5) $-2x^2y + 2xy + 24y$

□(6) $4a^3b - 9ab^3$

2 【いろいろな因数分解】次の式を因数分解しなさい。

教科書 p.26 例題 2

□(1) $x(a+3) - 5(a+3)$

□(2) $(x+7)^2 + 6(x+7) + 8$

●キーポイント
(5)，(6)のように，共通
因数がないような式の
形でも，式を工夫して
変形すると，共通因数
が見つかる場合もあり
ます。

(6) $xy - x - y + 1$
$= x(y-1) - (y-1)$

□(3) $(a-1)^2 - 2(a-1) + 1$

□(4) $(x+y)^2 - z^2$

□(5) $3x(y-5) - 5 + y$

□(6) $xy - x - y + 1$

例題の答え **1** ①1 ②3 ③3 ④$4x+y$ ⑤$4x-y$ （①と②，④と⑤は，それぞれ順不同可）
2 ①$x+1$ ②$x-1$ ③$x-3$ ④$x-4$

ぴたトレ 2 練習

1節　式の展開と因数分解　③

① 次の式を因数分解しなさい。

☐(1)　$xy^2 - x^2y$

☐(2)　$12a^2b + 16ab$

☐(3)　$-x + 4xy$

☐(4)　$ax - bx + cx$

☐(5)　$3abc - 15ab + 9bc$

☐(6)　$4x^2y - 8xy^2 + 12xy$

② 次の式を因数分解しなさい。

☐(1)　$4b^2 - c^2$

☐(2)　$1 - 9x^2$

☐(3)　$a^2 - \dfrac{1}{9}b^2$

☐(4)　$0.36x^2 - y^2$

☐(5)　$4x^2 + 12x + 9$

☐(6)　$9a^2 + 6a + 1$

☐(7)　$x^2 - x + \dfrac{1}{4}$

☐(8)　$a^2 + \dfrac{2}{3}a + \dfrac{1}{9}$

③ 次の式を因数分解しなさい。

☐(1)　$x^2 + 7x - 30$

☐(2)　$13a + 40 + a^2$

☐(3)　$x^2 - 9x - 36$

☐(4)　$84 - 19x + x^2$

☐(5)　$a^2 - 3a - 70$

☐(6)　$x^2 - 40 + 3x$

ヒント　**②** (1)～(4)(何の2乗)ー(何の2乗)かを考えます。　(5)～(8)平方の公式を利用します。
　　　　　③ (2), (4), (6)式を整理して，公式にあてはめます。

●まず共通因数を見つけ出そう。それに加えて公式も覚え，正確に使えるようにしておこう。
因数分解の基本は，まず共通因数を見つけ出すことです。その次に，公式が使えないかを考えてみましょう。式の形から，どの公式が使えるかを判断できるようにしておきましょう。

 次の式を因数分解しなさい。

□(1) a^2b-ab^2+ab

□(2) $m^2-10m+25$

□(3) $x^2+11x-42$

□(4) $49y^2-64$

□(5) $a^2+16a+64$

□(6) $2x^2-6x+2$

□(7) $x^2-7x+12$

□(8) $16a^2-72a+81$

□(9) $3x^2-6x$

□(10) $81a^2-b^2$

□(11) $x^2-0.01$

□(12) $9x^2y-6xy+12xy^2$

□(13) a^2-a-72

□(14) $1+16x+64x^2$

 次の式を因数分解しなさい。

□(1) $50x^2-32y^2$

□(2) $x(y+2)-y(y+2)$

□(3) $(y+1)x^2-(y+1)y^2$

□(4) $2a^2x-12ax+18x$

□(5) $(a+b)^2-2(a+b)-24$

□(6) $(x-1)^2-y^2$

□(7) $3bx^2-18bx-48b$

□(8) $2x(x-3)-3y(3-x)$

ヒント 共通因数(1), (6), (9), (12)　和と差の積(4), (10), (11)　平方の公式(2), (5), (8), (14)　積と和の2数(3), (7), (13)
⑤(8)$2x(x-3)-3y(3-x)=2x(x-3)+3y(x-3)$

解答▶▶ p.7　25

2節　式の計算の利用
① 式の計算の利用

●整数の問題

教科書 p.29〜30

例題
1

連続する3つの整数で，もっとも大きい数の2乗から，もっとも小さい数の2乗を
ひいた差は，中央の数の4倍に等しくなります。このことを証明しなさい。▶▶1 2

考え方　連続する3つの整数を文字式で表し，等しい関係を式で
示します。

証明　n を整数とすると，連続する3つの整数は

$n-1$, n, $\boxed{①}$ と表されるから，

$$\left(\boxed{①}\right)^2 - \left(\boxed{②}\right)^2 = 4n$$

これは，中央の数 n の4倍に等しくなっている。

> **プラスワン** 連続する整数
>
> n は整数とします。
> 連続する3つの整数
> ❶ n, $n+1$, $n+2$
> ❷ $n-1$, n, $n+1$
> 連続する2つの偶数
> 　$2n$, $2n+2$
> 連続する2つの奇数
> ❶ $2n+1$, $2n+3$
> ❷ $2n-1$, $2n+1$

●因数分解，展開を利用した計算

教科書 p.30

例題
2

式の因数分解や展開を利用して，次の計算をしなさい。　▶▶3

(1) $62^2 - 38^2$　　　(2) 51^2　　　(3) 38×42

考え方　因数分解や式の展開を利用すると，数の計算が簡単にできることがあります。

(1) 和と差の積 $a^2 - b^2 = (a+b)(a-b)$ を利用します。

(2) 平方の公式 $(a+b)^2$ を利用します。

(3) 和と差の積 $(a+b)(a-b) = a^2 - b^2$ を利用します。

答え (1) $62^2 - 38^2 = (62+38) \times (62-38) = 100 \times \boxed{①} = \boxed{②}$

(2) $51^2 = (50+1)^2 = 50^2 + 2 \times 50 \times 1 + 1^2 = \boxed{③}$

(3) $38 \times 42 = (40-2) \times (40+2) = \boxed{④}^2 - 2^2 = \boxed{⑤}$

●式の値の計算

教科書 p.31

例題
3

次の式の値を求めなさい。　▶▶4

(1) $x=19$, $y=21$ のとき，$x^2 + 2xy + y^2$ の値

(2) $x=8$, $y=-3$ のとき，$(x-y)^2 - (x+y)^2$ の値

考え方　式の展開や因数分解を利用して式を簡単にしてから，式の値を求めます。

(1) 因数分解できるときは，因数分解してから代入します。

(2) 式を展開し，式を簡単にしてから代入します。

答え (1) $x^2 + 2xy + y^2 = (x+y)^2 = \boxed{①}^2 = \boxed{②}$

(2) $(x-y)^2 - (x+y)^2 = -4\boxed{③} = \boxed{④}$

1 【整数の問題】連続する 2 つの奇数の積に 1 をたした数は，4 の倍数になります。このことを証明しなさい。

教科書 p.29

2 【図形の問題】下の図のように，上底，下底，高さが，$n-1$，n，$n+1$ の 3 つの長さで表される台形を 3 つつくりました。それぞれの面積を n の式で表しなさい。
また，面積がもっとも大きい台形を答えなさい。ただし，n は 2 以上の整数です。

教科書 p.31～32

（台形）

(A)

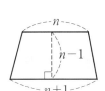

(B)

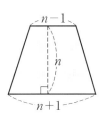

(C)

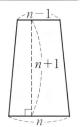

3 【因数分解，展開を利用した計算】くふうして，次の計算をしなさい。

教科書 p.30 例 1, 例 2

□(1)　$28^2 - 22^2$

□(2)　48^2

□(3)　71×69

●キーポイント
(2)　48^2 は $(40+8)^2$ や $(50-2)^2$ などとみることができますが，計算が簡単になるものを選ぶとよいでしょう。

4 【式の値の計算】次の式の値を求めなさい。

教科書 p.31 例題 1

□(1)　$x=67$，$y=33$ のとき，x^2-y^2 の値

□(2)　$a=15$，$b=-4$ のとき，$(a-4b)(a-16b)-(a-8b)^2$ の値

●キーポイント
式の値を求めるとき，式に直接代入する前に式を簡単にします。式を簡単にするには，
①式を展開，整理する
②因数分解する
の 2 通りがあります。

例題の答え **1** ①$n+1$　②$n-1$　**2** ①24　②2400　③2601　④40　⑤1596　**3** ①40　②1600　③xy　④96

1 連続する2つの整数について，それぞれを2乗した数の和から1をひいた数は，もとの2数の積の2倍に等しくなります。このことを証明しなさい。

2 十の位の数が同じで，一の位の数の和が10になる2つの2けたの数の積は，もとの2数の(十の位の数)×(十の位の数+1)をその末位が百の位になるように書き，
(一の位の数)×(一の位の数)をその末位が一の位になるように書くと表せることを証明しなさい。

　　(例)　$\overset{\text{和が10}}{\underline{7}6\times\underline{7}4}=\underline{56}\,\underline{24}$

　　　　　　　$\underline{56}=\underline{7}\times(\underline{7}+1)$

　　　　　　　$\underline{24}=6\times4$

3 右の図は，半径29cmの半円と半径19cmの半円を組みあわせたものです。色のついた部分の面積をくふうして求めなさい。ただし，円周率はπとします。

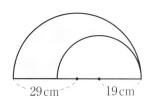

4 縦の長さがp，横の長さがqの長方形の花だんのまわりに，右の図のように幅aの道がついています。
道のまん中を通る線の長さをℓとすると，この道の面積は$a\ell$に等しいことを証明しなさい。

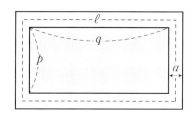

ヒント　**2** 十の位の数がa，一の位の数がbの2けたの数は，$10a+b$で表されます。
　　　　4 道の面積をp，q，aを用いて表し，それが$a\ell$に等しいことを示します。

●因数分解，展開の公式を利用して，式の値，数や図形の性質も解けるようにしておこう。
式の値を求める，数の性質を証明する，図形の性質などを調べるときにも，因数分解，展開の
公式を利用できることがあるので，しっかりと使いこなせるようにしておきましょう。

定期テスト
予報

 次の問いに答えなさい。

□(1) 180 にできるだけ小さい自然数をかけて，ある自然数の 2 乗にするには，どのような
数をかければよいですか。

□(2) 504 をできるだけ小さい自然数でわって，ある自然数の 2 乗にするには，どのような
数でわればよいですか。

 式の因数分解や展開を利用して，次の計算をしなさい。

□(1)　$47 \times 56 + 44 \times 47$　　　□(2)　$5.2^2 - 4.8^2$　　　□(3)　2.1×1.9

□(4)　0.99^2　　　□(5)　$45^2 - 44^2 + 43^2 - 42^2$　　　□(6)　$7.6^2 \times 0.6 - 7.4^2 \times 0.6$

7　次の問いに答えなさい。

□(1)　$a = 3x - 1,\ b = -2x + 3,\ c = 4x - 5$ のとき，$a^2 + bc$ を計算しなさい。

□(2)　$xy = 8$ のとき，$(x - 2y)^2 - (x - y)(x - 4y)$ の値を求めなさい。

□(3)　$x + y = 7,\ x - y = 4$ のとき，$x^2 - y^2$ の値を求めなさい。

□(4)　$x + y = 12,\ a - b = 5$ のとき，$a(x + y) - b(x + y)$ の値を求めなさい。

ヒント　　5　自然数を素因数分解したとき，各素因数が偶数個ならば，その数はある自然数の 2 乗です。

7　(2)式を展開，整理して代入します。　(3)，(4)因数分解して，因数分解した式に代入します。

1章　式の展開と因数分解

❶ 次の計算をしなさい。知

(1) $12x\left(\dfrac{3}{4}x - \dfrac{2}{3}y\right)$

(2) $\dfrac{3}{4}a(8a - 4b - 12)$

(3) $(14a^2b + 21ab^2) \div (-7ab)$

(4) $(15x^2y - 25xy^2) \div \dfrac{5}{2}x$

❶	点/12点（各3点）
(1)	
(2)	
(3)	
(4)	

❷ 次の計算をしなさい。知

(1) $(2x + 1)(3x - 8)$

(2) $\left(a + \dfrac{1}{2}\right)\left(a - \dfrac{1}{3}\right)$

(3) $\left(3a - \dfrac{1}{5}b\right)^2$

(4) $\left(x + \dfrac{1}{3}\right)\left(x - \dfrac{1}{3}\right)$

(5) $(-0.1x + 0.7)(0.1x + 0.7)$

(6) $(3a - b + 5)(2a - 3b)$

❷	点/18点（各3点）
(1)	
(2)	
(3)	
(4)	
(5)	
(6)	

❸ 次の計算をしなさい。知

(1) $(x - 3y)(x - y) - (y - 3x)(3x + y)$

(2) $(3a - 2b)^2 - 5(a - 3b)(a + 2b)$

(3) $\left(a - \dfrac{1}{2}\right)\left(a + \dfrac{3}{2}\right) - \left(a - \dfrac{1}{4}\right)^2$

(4) $\left(\dfrac{x}{2} + y\right)^2 - \left(\dfrac{x}{2} - y\right)^2$

❸	点/12点（各3点）
(1)	
(2)	
(3)	
(4)	

❹ 次の式を因数分解しなさい。知

(1) $8axy - 12bxy - 24cxy$

(2) $x^2 - 16x + 64$

(3) $4a^2 - 49$

(4) $a^2 - 19a + 88$

(5) $49x^2 - 14x + 1$

(6) $16a^2 - \dfrac{b^2}{81}$

❹	点/24点（各4点）
(1)	
(2)	
(3)	
(4)	
(5)	
(6)	

成績評価の観点　知…数量や図形などについての知識・技能　考…数学的な思考・判断・表現

⑤ 次の式を因数分解しなさい。知

(1) $3x^2y-48y$

(2) $a(c+3)-b(c+3)$

(3) $(a-b)c^2+(b-a)d^2$

(4) $(x-7)^2+(x-7)-56$

⑤	点/16点(各4点)
(1)	
(2)	
(3)	
(4)	

⑥ 次の問いに答えなさい。知

(1) 399^2 をくふうして計算しなさい。

(2) $x=17$ のとき，$x^2-4x-21$ の値を求めなさい。

⑥	点/8点(各4点)
(1)	
(2)	

⑦ 連続する3つの自然数で，最小の数の2乗と最大の数の2乗の和から中央の数の2乗をひいた差は，中央の数の2乗より2だけ大きい数となることを証明しなさい。考

⑦	点/5点

⑧ 下の図は，AD∥BC の台形 ABCD で，M，N はそれぞれ辺 AB，CD の中点です。この台形の面積を S，高さを h とします。線分 MN の長さを ℓ とすると，

$\ell=\dfrac{AD+BC}{2}$ という関係があることが

わかっています。このとき，$S=h\ell$ となることを証明しなさい。考

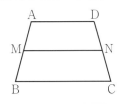

⑧	点/5点

●単項式と多項式の乗法，除法

・多項式×単項式，単項式×多項式 の計算では，分配法則

$$(a+b)c=ac+bc, \quad c(a+b)=ca+cb$$

を使って計算することができます。

（例） $2x(x-3y)=2x \times x+2x \times(-3y)$
$$=2x^2-6xy$$

・多項式÷単項式 の計算では，分数の形にするか，乗法に直して計算します。

（例） 方法1 $(4x^2-6xy)÷2x$
$$=\dfrac{4x^2-6xy}{2x}$$
$$=\dfrac{4x^2}{2x}-\dfrac{6xy}{2x}$$
$$=2x-3y$$

方法2 $(4x^2-6xy)÷2x$
$$=(4x^2-6xy) \times \dfrac{1}{2x}$$
$$=4x^2 \times \dfrac{1}{2x}-6xy \times \dfrac{1}{2x}$$
$$=2x-3y$$

●式の展開

・単項式と多項式の積や，多項式どうしの積の形で表された式を計算して，和の形で表すことを，もとの式を展開するといいます。

・$(a+b)(c+d)=ac+ad+bc+bd$

[注意] 式を展開して，同類項があれば，分配法則 $mx+nx=(m+n)x$ を使って1つの項にまとめます。

●乗法の公式

・公式(1) $(x+a)(x+b)$
$$=x^2+(a+b)x+ab$$
・公式(2) $(a+b)^2=a^2+2ab+b^2$
・公式(3) $(a-b)^2=a^2-2ab+b^2$
・公式(4) $(a+b)(a-b)=a^2-b^2$

●いろいろな式の展開

多項式の乗法では，複雑な式でも，共通する式の一部をひとまとまりにみると，乗法の公式が使える場合があります。

●因数分解

・1つの数や式が，いくつかの数や式の積の形に表されるとき，積の形に表したそれぞれの数や式を，もとの数や式の因数といいます。

・多項式をいくつかの因数の積の形に表すことを，もとの多項式を因数分解するといいます。

・因数分解は，式の展開を逆にみたものです。

・各項に共通因数をもつ多項式は，共通因数をくくり出して，因数分解することができます。

$$Ma+Mb=M(a+b)$$

[注意] 因数分解ができなくなるまで共通因数をくくり出します。

（例） $3ab-6b^2=3b(a-2b)$

●乗法の公式を利用する因数分解

・公式(1)' $x^2+(a+b)x+ab$
$$=(x+a)(x+b)$$
・公式(2)' $a^2+2ab+b^2=(a+b)^2$
・公式(3)' $a^2-2ab+b^2=(a-b)^2$
・公式(4)' $a^2-b^2=(a+b)(a-b)$

●計算の工夫

乗法の公式や因数分解の公式を利用して，工夫して計算することができます。

（例） $201^2=(200+1)^2$
$$=200^2+2 \times 200 \times 1+1^2$$
$$=40401$$
$$28^2-22^2=(28+22) \times(28-22)$$
$$=50 \times 6$$
$$=300$$

次の学習に
入る前に
取り組もう。

□ **乗法の公式**　　　　　　　　　　　　　　　　　　　◀ 中学3年

①$(x+a)(x+b)=x^2+(a+b)x+ab$

②$(a+b)^2=a^2+2ab+b^2$

③$(a-b)^2=a^2-2ab+b^2$

④$(a+b)(a-b)=a^2-b^2$

2
章

① 次の計算をしなさい。　　　　　　　　　　　　　◀ 中学1年〈同じ数の積〉

(1)　2^2　　　　　　　　　(2)　5^2

ヒント

$a^2=a\times a$ なので,
指数の数だけかける
と……

(3)　$(-4)^2$　　　　　　　(4)　$(-10)^2$

(5)　0.1^2　　　　　　　　(6)　$(-1.3)^2$

(7)　$\left(\dfrac{2}{3}\right)^2$　　　　　　　(8)　$\left(-\dfrac{3}{4}\right)^2$

② 次の分数を小数で表しなさい。　　　　　　　　　◀ 小学5年〈分数と小数〉

(1)　$\dfrac{2}{5}$　　　　　　　　(2)　$\dfrac{3}{4}$

ヒント

分数を小数で表すに
は, 分子を分母で
わって……

(3)　$\dfrac{5}{8}$　　　　　　　　(4)　$\dfrac{3}{20}$

(5)　$\dfrac{16}{5}$　　　　　　　(6)　$\dfrac{6}{25}$

●いろいろな数の平方根

教科書 p.40

例題 1 次の数の平方根(へいほうこん)を答えなさい。　▶▶**1**

(1) 9　　　　　　　(2) 49　　　　　　　(3) $\dfrac{9}{25}$

考え方　2乗すると a になる数を，a の平方根といいます。
a の平方根は，$x^2 = a$ にあてはまる x の値のことです。

プラスワン 平方根

正の数 a の平方根は，正の数と負の数の2つあって，その絶対値は等しくなります。

答え (1) $3^2 = 9$，$(-3)^2 = 9$ より，9の平方根は，正の数では $\boxed{①}$ ，　負の数では $\boxed{②}$

(2) 49の平方根は，正の数では $\boxed{③}$ ，負の数では $\boxed{④}$

(3) $\dfrac{9}{25}$ の平方根は，正の数では $\boxed{⑤}$ ，負の数では $\boxed{⑥}$

●$\sqrt{}$ を使って平方根を表す

教科書 p.41

例題 2 次の数の平方根を，$\sqrt{}$ を使って表しなさい。　▶▶**2**

(1) 6　　　　　　(2) 0.5　　　　　　(3) $\dfrac{2}{3}$

考え方　正の数 a の平方根を，記号 $\sqrt{}$ を使って，正の方は $\sqrt{a}$，負の方は $-\sqrt{a}$ のように
表します。記号 $\sqrt{}$ を根号といい，$\sqrt{a}$ と書いて，ルート a と読みます。

平方根は
2つあります

答え (1) 6の平方根のうち，正の方は $\boxed{①}$ ，負の方は $\boxed{②}$

(2) 0.5の平方根のうち，正の方は $\boxed{③}$ ，負の方は $\boxed{④}$

(3) $\dfrac{2}{3}$ の平方根のうち，正の方は $\boxed{⑤}$ ，負の方は $\boxed{⑥}$

●平方根の2乗

教科書 p.41

例題 3 次の値を求めなさい。　▶▶**3**

(1) $(\sqrt{7})^2$　　　　　(2) $(-\sqrt{2})^2$　　　　　(3) $-(-\sqrt{5})^2$

考え方

平方根　　$x^2 = a$　　平方

　　$x = \sqrt{a}$，$-\sqrt{a}$

$\begin{cases} (\sqrt{a})^2 = a \\ (-\sqrt{a})^2 = a \end{cases}$　　（a は正の数）

答え (1) $(\sqrt{a})^2 = a$ より，$(\sqrt{7})^2$ は $\boxed{①}$ である。

$\sqrt{a}$　2乗（平方）
$-\sqrt{a}$　　a
　　平方根

(2) $(-\sqrt{a})^2 = a$ より，$(-\sqrt{2})^2$ は $\boxed{②}$ である。

(3) $-(-\sqrt{a})^2 = -a$ より，$-(-\sqrt{5})^2$ は $\boxed{③}$ である。

1 【いろいろな数の平方根】次の数の平方根を求めなさい。

教科書 p.40 例 1

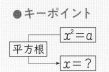

●キーポイント

平方根 → $x^2 = a$ → $x = ?$

- □(1) 4
- □(2) 64
- □(3) 81

- □(4) $\dfrac{4}{25}$
- □(5) $\dfrac{1}{16}$
- □(6) $\dfrac{49}{100}$

- □(7) 0.25
- □(8) 0.04
- □(9) 0.81

2 章 教科書 40～41 ページ

2 【$\sqrt{}$ を使って平方根を表す】次の数の平方根を，$\sqrt{}$ を使って表しなさい。

教科書 p.41 例 2

- □(1) 3
- □(2) 8
- □(3) 19

⚠ミスに注意

正の数 a の平方根には正の数と負の数の 2 つあります。
特に，負の方を忘れがちです。注意しましょう。

- □(4) 0.9
- □(5) 2.7
- □(6) 8.5

- □(7) $\dfrac{3}{7}$
- □(8) $\dfrac{7}{10}$
- □(9) $\dfrac{11}{15}$

3 【平方根の 2 乗】次の値を求めなさい。

教科書 p.41 問 3

- □(1) $\left(\sqrt{2}\right)^2$
- □(2) $\left(-\sqrt{3}\right)^2$
- □(3) $\left(\sqrt{6}\right)^2$

- □(4) $\left(-\sqrt{0.5}\right)^2$
- □(5) $\left(\sqrt{2.3}\right)^2$
- □(6) $-\left(-\sqrt{3.7}\right)^2$

- □(7) $\left(\sqrt{\dfrac{4}{5}}\right)^2$
- □(8) $\left(-\sqrt{\dfrac{2}{7}}\right)^2$
- □(9) $-\left(-\sqrt{\dfrac{3}{8}}\right)^2$

例題の答え **1** ① 3 ② −3 ③ 7 ④ −7 ⑤ $\dfrac{3}{5}$ ⑥ $-\dfrac{3}{5}$

2 ① $\sqrt{6}$ ② $-\sqrt{6}$ ③ $\sqrt{0.5}$ ④ $-\sqrt{0.5}$ ⑤ $\sqrt{\dfrac{2}{3}}$ ⑥ $-\sqrt{\dfrac{2}{3}}$ **3** ① 7 ② 2 ③ −5

● $\sqrt{a^2}$, $-\sqrt{a^2}$

教科書 p.42

例題1 次の数を，$\sqrt{}$ を使わずに表しなさい。　▶▶**1**

(1) $\sqrt{25}$　　　　　　　　　　　　(2) $-\sqrt{0.04}$

[考え方] 正の数 a について，$\sqrt{a^2}=a$, $-\sqrt{a^2}=-a$ となります。

答え (1) $\sqrt{25}=\sqrt{\boxed{①}^2}=\boxed{①}$

(2) $-\sqrt{0.04}=-\sqrt{\boxed{②}^2}=-\boxed{②}$

●記号±を使って平方根を表す

教科書 p.42

例題2 次の数の平方根を，記号±を使って表しなさい。　▶▶**2**

(1) 3　　　　　　　　　　　　(2) $\dfrac{5}{8}$

[考え方] 正の数 a の平方根は $\sqrt{a}$ と $-\sqrt{a}$ です。これをまとめて，$\pm\sqrt{a}$ と表します。

答え (1) 3 の平方根は，$\pm\boxed{①}$

(2) $\dfrac{5}{8}$ の平方根は，$\pm\boxed{②}$

$\pm\sqrt{a}$ とは，
$+\sqrt{a}$ と $-\sqrt{a}$
のことだよ。

●平方根の大小

教科書 p.43

例題3 次の各組の数の大小を，不等号を使って表しなさい。　▶▶**3 4**

(1) $\sqrt{2}$ と $\sqrt{3}$　　　　　　　　　　(2) 2 と $\sqrt{5}$

[考え方] $\sqrt{a}$ と b の大小をくらべるには，a, b がともに正の数のとき，$\sqrt{a}$ と $\sqrt{b^2}$，つまり，a と b^2 の大小をくらべるとよいことになります。

答え (1) $2<3$　　　　　　よって，$\sqrt{2}\boxed{①}\sqrt{3}$

(2) $\underset{\underset{2=\sqrt{2^2}}{\uparrow}}{2=\sqrt{4}}$, $4<5$　　　　よって，$2\boxed{②}\sqrt{5}$

プラスワン 平方根の大小

正の数 a, b について，
$a<b$ ならば，$\sqrt{a}<\sqrt{b}$

●平方根の値

教科書 p.44

例題4 $\sqrt{3}$ を小数で表したときの小数第2位の数を求めなさい。　▶▶**5**

[考え方] 2数の大小関係を調べていき，およその値をしぼっていきます。

答え $1.5^2=2.25$, $1.6^2=2.56$, $1.7^2=2.89$, $1.8^2=3.24$ より，$1.7<\sqrt{3}<1.8$

さらに，$1.71^2=2.9241$, $1.72^2=2.9584$, $1.73^2=2.9929$, $1.74^2=3.0276$ より，

$\boxed{①}<\sqrt{3}<\boxed{②}$

よって，$\sqrt{3}$ の小数第2位の数は $\boxed{③}$

1 【$\sqrt{a^2}$, $-\sqrt{a^2}$】 次の数を, $\sqrt{}$ を使わずに表しなさい。

教科書 p.42 例3

□(1) $\sqrt{9}$　　　　□(2) $\sqrt{64}$　　　　□(3) $-\sqrt{1}$

□(4) $-\sqrt{49}$　　　□(5) $\sqrt{0.09}$　　　□(6) $-\sqrt{\dfrac{49}{81}}$

●キーポイント
根号の中の数が, ある数の2乗になっていると, $\sqrt{}$ がはずせます。小数のときは, 小数のまま考えても, 分数に直して考えてもよいです。

2 【記号±を使って平方根を表す】 次の数の平方根を, 記号±を使って表しなさい。

教科書 p.42 例4

□(1) 7　　　　□(2) 10　　　　□(3) 0.35

□(4) 0.16　　　□(5) $\dfrac{2}{7}$　　　□(6) $\dfrac{25}{64}$

3 【平方根の大小】 次の各組の数の大小を, 不等号を使って表しなさい。

教科書 p.43 例5

□(1) $\sqrt{5}$, $\sqrt{6}$　　　　　　□(2) 7, $\sqrt{50}$

□(3) 0.9, $\sqrt{0.9}$　　　　　　□(4) $-\sqrt{8}$, -3

⚠ミスに注意
負の数どうしの大小をくらべるとき, 絶対値の大きい方が小さい数になることに注意しましょう。

4 【平方根の大小】 $\sqrt{a} < 3$ となる素数 a を, すべて求めなさい。

教科書 p.43 練習問題5

□

5 【平方根の値】 次の問いに答えなさい。

教科書 p.44 問1

□(1) $\sqrt{8}$ の値を小数で表したときの整数部分を求めなさい。

□(2) $\sqrt{17}$ の値を小数で表したときの小数第1位の数を求めなさい。

例題の答え ①5　②0.2　①$\sqrt{3}$　②$\sqrt{\dfrac{5}{8}}$　**3**①<　②<　①1.73　②1.74　③3

●有理数と無理数

教科書 p.46〜47

例題
1

次の数のうち，有理数をすべて答えなさい。　　　▶▶ **1**

ⓐ 5　　　ⓑ $\dfrac{1}{3}$　　　ⓒ $\sqrt{7}$　　　ⓓ $\sqrt{16}$　　　ⓔ $\sqrt{20}$

考え方　整数 m と，0 でない整数 n を使って，分数 $\dfrac{m}{n}$ の形に表される数を有理数といいます。有理数でない数を無理数といいます。

答え　分数で表せないのは ① ⬚ だから，有理数は ② ⬚ である。

例題
2

次の数を循環小数で表しなさい。　　　▶▶ **2**

(1) $\dfrac{5}{9}$　　　　　　　　　(2) $\dfrac{3}{11}$

考え方　分数を小数で表し，決まった数字のくり返しを見つけます。

答え　(1) $\dfrac{5}{9} = 0.555\cdots\cdots$ より，　$\dfrac{5}{9} =$ ① ⬚

(2) $\dfrac{3}{11} = 0.2727\cdots\cdots$ より，　$\dfrac{3}{11} =$ ② ⬚

わり切れない分数を
小数で表すとき，
循環小数となるよ。

●真の値と近似値

教科書 p.48〜49

例題
3

ある数 a の小数第 2 位を四捨五入したところ，近似値は 3.1 となりました。ある数 a の真の値の範囲を求めなさい。　　　▶▶ **3**

考え方　真の値に近い値のことを近似値といいます。

答え　① ⬚ $\leqq a <$ ② ⬚

プラスワン　**誤差**

近似値から真の値をひいた差を**誤差**といいます。
誤差＝近似値−真の値

例題
4

2400 m が，次の位までの測定値のとき，$a \times 10^n$ の形で表しなさい。　　　▶▶ **4 5**

(1) 1 m の位まで　　　(2) 10 m の位まで　　　(3) 100 m の位まで

考え方　近似値を表す数で意味のある数字を有効数字といい，その数字の個数を有効数字のけた数といいます。有効数字は (整数部分が 1 けたの小数)×(10 の何乗) の形で表します。

答え　(1) 有効数字は 2, 4, 0, 0 だから，① ⬚ m

(2) 有効数字は 2, 4, 0 だから，② ⬚ m

(3) 有効数字は 2, 4 だから，③ ⬚ m

プラスワン　**有効数字**

有効数字をはっきり表すには，
$a \times 10^n$
└ 整数部分が 1 けたの小数
の形で表します。

1 【有理数と無理数】次の数のうち，無理数を，すべて答えなさい。　教科書 p.46 問1

□　$\dfrac{5}{8}$，　7.4，　2.31，　$\sqrt{45}$，　$\sqrt{64}$，　π

2 【循環小数】次の分数を，循環小数で表しなさい。　教科書 p.47

□(1)　$\dfrac{16}{9}$　　　　□(2)　$\dfrac{34}{11}$　　　　□(3)　$\dfrac{105}{37}$

3 【真の値の範囲】ある数 a の小数第1位を四捨五入して，近似値を求めると，27 となりました。ある数 a の範囲を，不等号を使って表しなさい。　教科書 p.48 例1

□

4 【誤差】次の誤差を求めなさい。　教科書 p.48

□(1)　387 g を約 400 g としたときの誤差

□(2)　0.754 の小数第3位を四捨五入して 0.75 としたときの誤差

□(3)　$\dfrac{4}{7}$ の近似値を 0.6 としたときの誤差

□(4)　1.4286 の小数第3位を四捨五入して得た値を近似値としたときの誤差

5 【有効数字】次の値は四捨五入して得た近似値です。何の位で四捨五入しましたか。　教科書 p.49

□(1)　6.5（g）　　　　　　　□(2)　7.2×10（cm）

□(3)　9.9×10^2（kg）　　　　□(4)　4.28×10^3（m）

⚠ミスに注意
近似値の 1.2×10^2 と
近似値の 1.20×10^2
では，同じ値を表して
いるとは限りません。
$1.2 \times 10^2 = 120$　←不明
$1.20 \times 10^2 = 120$　←確か

例題の答え **1** ①⑦，⑦　②⑦，④，⑤　**2** ①0.5̇　②0.27̇　**3** ①3.05　②3.15
4 ①2.400×10³　②2.40×10³　③2.4×10³

2章　平方根

1節　平方根　①〜④

 ① 次の数の平方根を求めなさい。

　□(1)　16　　　　　　　　　□(2)　60　　　　　　　　　□(3)　2500

　□(4)　$\dfrac{121}{81}$　　　　　　　　□(5)　0　　　　　　　　　□(6)　0.1

 ② 次の数を，$\sqrt{}$ を使わずに表しなさい。

　□(1)　$\sqrt{100}$　　　　　　　□(2)　$\sqrt{169}$　　　　　　　□(3)　$-\sqrt{36}$

　□(4)　$\sqrt{0.16}$　　　　　　　□(5)　$\sqrt{\dfrac{9}{49}}$　　　　　　　□(6)　$-\sqrt{\dfrac{1}{81}}$

 ③ 次の(1)〜(4)で，正しいものには○，誤りがあれば，＿＿の部分を正しなさい。

　□(1)　3 の平方根は，$\underline{\sqrt{3}}$ である。　　　　　□(2)　$\sqrt{25}$ は，$\underline{\pm 5}$ である。

　□(3)　$-\sqrt{16}$ は，$\underline{-4}$ である。　　　　　□(4)　$\left(-\sqrt{13}\right)^{2}$ は，$\underline{-13}$ である。

 ④ 次の大小関係にあてはまる自然数 a を，すべて求めなさい。

　□(1)　$3 < \sqrt{a} < 4$　　　　　□(2)　$7 < \sqrt{a} < 7.3$　　　　　□(3)　$-2 < -\sqrt{a}$

 ⑤ 次の数を，小さい方から順に並べなさい。

　□(1)　$\sqrt{5}$，　$-\sqrt{3}$，　0，　$-\sqrt{7}$，　$\sqrt{2}$

　□(2)　$\sqrt{10}$，　5，　$\sqrt{13}$，　4，　$\sqrt{19}$

ヒント　④ (1)$3 = \sqrt{3^{2}} = \sqrt{9}$, $4 = \sqrt{4^{2}} = \sqrt{16}$
　　　　⑤ (2)$5 = \sqrt{5^{2}} = \sqrt{25}$, $4 = \sqrt{4^{2}} = \sqrt{16}$

●√ の中の数が a^2 の形になっているときには，√ を使わずに表されることを覚えておこう。大きさをくらべるときには，すべての数を √ を使って表して √ の中の数でくらべることや，有理数とはどのような数か，無理数とはどのような数かを理解しておきましょう。

6 次の問いに答えなさい。

☐(1) $\sqrt{80}$ の値を小数で表したとき，小数第1位の数を求めなさい。

☐(2) $\sqrt{50}$ の値を，小数第1位まで求めなさい。

 7 体積が $600\ \mathrm{cm}^3$ で，高さが $15\ \mathrm{cm}$ の正四角柱があります。この正四角柱の底面の1辺の
☐ 長さを，電卓を使って mm の単位まで求めなさい。

8 次の数のうち，無理数を答えなさい。
☐
$\sqrt{189}$，$\sqrt{225}$，0，π，$\sqrt{\dfrac{9}{7}}$，$\sqrt{1\dfrac{7}{9}}$

9 次の分数を循環小数で表しなさい。

☐(1) $\dfrac{44}{15}$　　　　　　　　☐(2) $\dfrac{116}{111}$

10 次の問いに答えなさい。

☐(1) ある数 x の小数第3位を四捨五入して，近似値を求めると，1.69 となりました。ある数 x の値の範囲を，不等号を使って表しなさい。

☐(2) ある畑の面積を有効数字3けたで表した近似値は $26000\ \mathrm{m}^2$ となりました。このとき，$a\times10^n$ の形に表しなさい。

ヒント **6** 正の数 a，b について，$a<b$ ならば $\sqrt{a}<\sqrt{b}$ を利用して，その値の範囲をしぼります。
8 無理数は，循環しない無限小数で，分数で表すことはできない数です。

解答▶▶ p.12　41

2章　平方根

2節　根号をふくむ式の計算
1　根号をふくむ式の乗法，除法 ── ①

● $\sqrt{}$ のついた数の積と商

教科書 p.51〜52

例題	次の計算をしなさい。
1	

▶▶ 1

(1)　$\sqrt{7} \times \sqrt{5}$　　　　　　(2)　$\sqrt{28} \div \sqrt{7}$

考え方　$\sqrt{}$ の中で，積，商の計算をします。

正の数 a，b について，$\sqrt{a} \times \sqrt{b} = \sqrt{a \times b}$，$\dfrac{\sqrt{a}}{\sqrt{b}} = \sqrt{\dfrac{a}{b}}$

プラスワン　乗法，除法

$a>0$，$b>0$
$\sqrt{a} \times \sqrt{b} = \sqrt{a \times b}$
　どちらも，ルート
$\sqrt{a} \div \sqrt{b} = \sqrt{\dfrac{a}{b}}$
　どちらも，ルート

答え　(1)　$\sqrt{7} \times \sqrt{5} = \sqrt{7 \times 5} = \sqrt{\boxed{①}}$

(2)　$\sqrt{28} \div \sqrt{7} = \sqrt{\dfrac{28}{7}} = \sqrt{4} = \sqrt{\boxed{②}^2} = \boxed{②}$

● $\sqrt{a}$ の形にする

教科書 p.52

例題	次の数を変形して，$\sqrt{a}$ の形にしなさい。
2	

▶▶ 2

(1)　$3\sqrt{5}$　　　　　　　　　　(2)　$\dfrac{\sqrt{12}}{2}$

考え方　整数と平方根の積は，$\sqrt{a}$ の形に変形することができます。

正の数 a，b について，$a\sqrt{b} = \sqrt{a^2 \times b}$

(1)　$3\sqrt{5} = \sqrt{3^2} \times \sqrt{5} = \sqrt{\boxed{①} \times 5} = \sqrt{\boxed{②}}$

　　　$3 = \sqrt{3^2}$

(2)　$\dfrac{\sqrt{12}}{2} = \dfrac{\sqrt{12}}{\sqrt{\boxed{③}}} = \sqrt{\dfrac{12}{\boxed{③}}} = \sqrt{\boxed{④}}$

● $\sqrt{}$ の中を簡単な数にする

教科書 p.53

例題	次の数を変形して，$\sqrt{}$ の中をできるだけ簡単な数にしなさい。
3	

▶▶ 3

(1)　$\sqrt{28}$　　　　　　　　　　(2)　$\sqrt{\dfrac{3}{49}}$

考え方　$\sqrt{a}$ を変形して，$\sqrt{}$ の中を簡単な数にできる場合があります。

正の数 a，b について，$\sqrt{a^2 \times b} = a\sqrt{b}$

答え　(1)　$\sqrt{28} = \sqrt{4 \times 7} = \sqrt{2^2 \times 7} = \boxed{①}\sqrt{7}$

ここがポイント　できるだけ小さな数にする

プラスワン　$a\sqrt{b}$ の形に変形

$\sqrt{a^2 \times b} = \sqrt{a^2} \times \sqrt{b}$
$= a\sqrt{b}$

(2)　$\sqrt{\dfrac{3}{49}} = \dfrac{\sqrt{3}}{\sqrt{49}} = \dfrac{\sqrt{3}}{\sqrt{\boxed{②}^2}} = \dfrac{\sqrt{3}}{\boxed{②}}$

1 【√ のついた数の積と商】次の計算をしなさい。　　　　　　　　教科書 p.52 例1

☐(1)　$\sqrt{2} \times \sqrt{5}$　　　　　☐(2)　$\sqrt{3} \times \sqrt{12}$　　　　　☐(3)　$-\sqrt{5} \times \sqrt{3}$

☐(4)　$\sqrt{7} \times (-\sqrt{3})$　　　　☐(5)　$\sqrt{30} \div \sqrt{6}$　　　　　☐(6)　$\sqrt{35} \div (-\sqrt{5})$

☐(7)　$(-\sqrt{56}) \div \sqrt{8}$　　　☐(8)　$(-\sqrt{32}) \div (-\sqrt{8})$　　　☐(9)　$\sqrt{21} \div (-\sqrt{18})$

対解 2 【$\sqrt{a}$ の形にする】次の数を変形して，$\sqrt{a}$ の形にしなさい。　　教科書 p.52 例2

☐(1)　$2\sqrt{5}$　　　　　☐(2)　$2\sqrt{7}$　　　　　☐(3)　$4\sqrt{6}$

●キーポイント
$a>0,\ b>0$ のとき，
$a\sqrt{b} = \sqrt{a^2 b}$

☐(4)　$\dfrac{\sqrt{8}}{2}$　　　　　☐(5)　$\dfrac{\sqrt{63}}{3}$　　　　　☐(6)　$\dfrac{\sqrt{250}}{5}$

☐(7)　$-2\sqrt{3}$　　　　☐(8)　$-5\sqrt{2}$　　　　☐(9)　$-\dfrac{\sqrt{147}}{7}$

3 【√ の中を簡単な数にする】次の数を変形して，√ の中をできるだけ簡単な数にしなさい。

教科書 p.53 例3, 例4

☐(1)　$\sqrt{27}$　　　　　☐(2)　$\sqrt{56}$　　　　　☐(3)　$\sqrt{80}$

●キーポイント
$a>0,\ b>0$ のとき，
$\sqrt{a^2 b} = a\sqrt{b}$

☐(4)　$\sqrt{128}$　　　　☐(5)　$\sqrt{147}$　　　　☐(6)　$\sqrt{396}$

☐(7)　$\sqrt{\dfrac{5}{49}}$　　　　☐(8)　$\sqrt{\dfrac{7}{81}}$　　　　☐(9)　$\sqrt{\dfrac{11}{36}}$

例題の答え **1** ①35　②2　**2** ①9　②45　③4　④3　**3** ①2　②7

2 章　平方根

2 節　根号をふくむ式の計算
1　根号をふくむ式の乗法，除法 ── ②

●くふうして積を計算する

教科書 p.53

例題 1 次の計算をしなさい。　▶▶**1**

(1) $\sqrt{28} \times \sqrt{32}$　　　　(2) $\sqrt{6} \times \sqrt{15}$

考え方　$\sqrt{}$ の中を素因数分解して，くふうできるかどうかを考えます。

答え　(1) $\sqrt{28} \times \sqrt{32} = 2\sqrt{7} \times 4\sqrt{2} = \boxed{①}\underset{2\times4}{}\sqrt{\boxed{②}}\underset{7\times2}{}$

(2) $\sqrt{6} \times \sqrt{15} = \sqrt{2\times3} \times \sqrt{3\times5}$

$\qquad = \sqrt{\boxed{③}^2 \times 2\times5} = \boxed{③}\sqrt{\boxed{④}}$

●分母を有理化する

教科書 p.54

例題 2 次の数の分母を有理化しなさい。　▶▶**2**

(1) $\dfrac{\sqrt{2}}{\sqrt{7}}$　　　　(2) $\dfrac{\sqrt{5}}{\sqrt{27}}$

考え方　分母に $\sqrt{}$ をふくむ数は，分母と分子に同じ数をかけて，分母に $\sqrt{}$ をふくまない形に変えることができます。

このように変形することを，分母を有理化するといいます。

分母を有理化するには，分母の $\sqrt{}$ の数と同じ数を，分母，分子にかけます。

答え　(1) $\dfrac{\sqrt{2}}{\sqrt{7}} = \dfrac{\sqrt{2} \times \boxed{①}}{\sqrt{7} \times \boxed{①}} = \boxed{②}$

(2) $\dfrac{\sqrt{5}}{\sqrt{27}} = \dfrac{\sqrt{5}}{3\sqrt{3}} = \dfrac{\sqrt{5} \times \boxed{③}}{3\sqrt{3} \times \boxed{③}} = \boxed{④}$

> 分母を有理化するときは，$\sqrt{}$ の中をできるだけ簡単にしておこう。

●$\sqrt{}$ をふくむ式の値

教科書 p.55

例題 3 $\sqrt{3} = 1.732$ として，次の値を求めなさい。　▶▶**3**

(1) $\sqrt{12}$　　　　(2) $\dfrac{15}{\sqrt{3}}$

考え方　$\sqrt{}$ の中をできるだけ簡単な数にしたり，分母を有理化したりしてから計算します。

答え　(1) $\sqrt{12} = 2\sqrt{3} = 2 \times 1.732 = \boxed{①}$　　←$\sqrt{a^2 \times b} = a\sqrt{b}$

(2) $\dfrac{15}{\sqrt{3}} = \dfrac{15 \times \sqrt{3}}{\sqrt{3} \times \sqrt{3}} = \dfrac{15\sqrt{3}}{3}$　　←分母を有理化する

$\qquad = 5\sqrt{3} = \boxed{②}$

1 【くふうして積を計算する】次の計算をしなさい。

教科書 p.53 例 5

- □(1) $\sqrt{12} \times \sqrt{20}$
- □(2) $\sqrt{18} \times \sqrt{28}$

- □(3) $\sqrt{6} \times \sqrt{14}$
- □(4) $\sqrt{21} \times \sqrt{15}$

- □(5) $\sqrt{42} \times \sqrt{35}$
- □(6) $\sqrt{30} \times \sqrt{70}$

- □(7) $2\sqrt{3} \times 3\sqrt{3}$
- □(8) $8\sqrt{6} \times 3\sqrt{3}$

●キーポイント
$\sqrt{}$ の中の数をできるだけ簡単な数で計算できるように考えることです。

2 【分母を有理化する】次の数の分母を有理化しなさい。

教科書 p.54 例 6

- □(1) $\dfrac{1}{\sqrt{2}}$
- □(2) $\dfrac{3}{\sqrt{5}}$
- □(3) $\dfrac{\sqrt{5}}{\sqrt{7}}$

- □(4) $\dfrac{2}{\sqrt{2}}$
- □(5) $\dfrac{3}{\sqrt{6}}$
- □(6) $\dfrac{3}{\sqrt{15}}$

- □(7) $\dfrac{\sqrt{7}}{\sqrt{12}}$
- □(8) $\dfrac{\sqrt{5}}{\sqrt{18}}$
- □(9) $\dfrac{100}{\sqrt{50}}$

●キーポイント
$$\frac{\sqrt{a}}{\sqrt{b}} = \frac{\sqrt{a} \times \sqrt{b}}{\sqrt{b} \times \sqrt{b}}$$
$$= \frac{\sqrt{ab}}{b}$$

3 【$\sqrt{}$ をふくむ式の値】$\sqrt{2} = 1.414$ として，次の値を求めなさい。

教科書 p.55 例題 1

- □(1) $\sqrt{8}$
- □(2) $\sqrt{98}$
- □(3) $\sqrt{200}$

- □(4) $\dfrac{4}{\sqrt{2}}$
- □(5) $\dfrac{1}{2\sqrt{2}}$
- □(6) $\dfrac{30}{\sqrt{50}}$

●キーポイント
$\sqrt{a}$ の値があたえられているときは，
　整数×$\sqrt{a}$
の形に変形していきます。

---

 1 ①8 ②14 ③3 ④10 ①$\sqrt{7}$ ②$\dfrac{\sqrt{14}}{7}$ ③$\sqrt{3}$ ④$\dfrac{\sqrt{15}}{9}$ **3** ①3.464 ②8.66

2章　平方根
2節　根号をふくむ式の計算
2　根号をふくむ式の計算 ── ①

● $\sqrt{}$ をふくむ式の和と差

教科書 p.56

例題 **1**　次の計算をしなさい。　　　　　　　　　　　　▶▶**1**

(1)　$3\sqrt{2} + 5\sqrt{2}$　　　　　　　　　(2)　$9\sqrt{5} - 2\sqrt{5}$

考え方　$\sqrt{}$ の部分が同じときは，$ma+na=(m+n)a$，$ma-na=(m-n)a$ と同じように考えて，$a>0$ のとき，$m\sqrt{a}+n\sqrt{a}=(m+n)\sqrt{a}$ のようにまとめることができます。

答え　(1)　$3\sqrt{2} + 5\sqrt{2} = (3+5)\sqrt{2}$

$= \boxed{①}\sqrt{2}$

(2)　$9\sqrt{5} - 2\sqrt{5} = (9-2)\sqrt{5}$

$= \boxed{②}\sqrt{5}$

(1)は，$3a+5a=8a$
(2)は，$9a-2a=7a$
の計算と似ているね。

● $\sqrt{}$ のついた項をまとめること

教科書 p.56〜57

例題 **2**　次の計算をしなさい。　　　　　　　　　　　　▶▶**2**

(1)　$\sqrt{48} + \sqrt{12}$　　　　　　　　　(2)　$\sqrt{50} - \sqrt{8}$

考え方　$\sqrt{}$ の部分が異なる数では，$\sqrt{}$ の中の数が簡単になるように変形してみます。

答え　(1)　$\sqrt{48} + \sqrt{12} = 4\sqrt{3} + 2\sqrt{3}$　← $48=4^2\times3,\ 12=2^2\times3$

$= \boxed{①}\sqrt{3}$

プラスワン　$a\sqrt{b}$ の形に変形

大きな数は，素因数分解を使うとわかりやすくなります。

(2)　$\sqrt{50} - \sqrt{8} = 5\sqrt{2} - 2\sqrt{2}$

$= \boxed{②}\sqrt{2}$

$a\sqrt{b}$ の形にする
分配法則を使ってまとめる　**ここがポイント**

● $\sqrt{}$ をふくむ式の計算

教科書 p.57

例題 **3**　次の計算をしなさい。　　　　　　　　　　　　▶▶**3**

(1)　$4\sqrt{3} + \dfrac{6}{\sqrt{3}}$　　　　　　　　　(2)　$6\sqrt{5} - \dfrac{10}{\sqrt{5}}$

考え方　分母に $\sqrt{}$ をふくむ式は，分母を有理化してから計算します。

答え　(1)　$4\sqrt{3} + \dfrac{6}{\sqrt{3}} = 4\sqrt{3} + \dfrac{6\times\sqrt{3}}{\sqrt{3}\times\sqrt{3}} = 4\sqrt{3} + \boxed{①}\sqrt{3}$　← $\dfrac{\overset{2}{\cancel{6}}\sqrt{3}}{\underset{1}{\cancel{3}}}$

$= \boxed{②}$

(2)　$6\sqrt{5} - \dfrac{10}{\sqrt{5}} = 6\sqrt{5} - \dfrac{10\times\sqrt{5}}{\sqrt{5}\times\sqrt{5}} = 6\sqrt{5} - \boxed{③}\sqrt{5}$　← $\dfrac{\overset{2}{\cancel{10}}\sqrt{5}}{\underset{1}{\cancel{5}}}$

$= \boxed{④}$

1 【√ をふくむ式の和と差】次の計算をしなさい。 教科書 p.56 例 1

□(1)　$4\sqrt{7} + 2\sqrt{7}$　　　　　□(2)　$\sqrt{5} + 3\sqrt{5}$

□(3)　$5\sqrt{2} - 2\sqrt{2}$　　　　　□(4)　$2\sqrt{3} - 10\sqrt{3}$

□(5)　$8\sqrt{5} - 10\sqrt{5} + 3\sqrt{5}$　　　□(6)　$8\sqrt{2} - 5\sqrt{3} - 2\sqrt{2}$

2 【√ のついた項をまとめること】次の計算をしなさい。 教科書 p.56 例題 1

□(1)　$\sqrt{27} + \sqrt{48}$　　　　　□(2)　$\sqrt{18} + \sqrt{98}$

□(3)　$\sqrt{20} - \sqrt{5}$　　　　　□(4)　$-\sqrt{54} + \sqrt{24}$

□(5)　$\sqrt{125} + \sqrt{20} + \sqrt{45}$　　　□(6)　$\sqrt{63} - \sqrt{175} + \sqrt{28}$

●キーポイント
まず，√ の中の数を
簡単にできないかを考
えましょう。

3 【√ をふくむ式の計算】次の計算をしなさい。 教科書 p.57 例題 2

□(1)　$3\sqrt{5} + \dfrac{10}{\sqrt{5}}$　　　　□(2)　$2\sqrt{2} + \dfrac{18}{\sqrt{2}}$

□(3)　$4\sqrt{3} - \dfrac{9}{\sqrt{3}}$　　　　□(4)　$5\sqrt{7} - \dfrac{49}{\sqrt{7}}$

□(5)　$\sqrt{12} + \dfrac{3}{\sqrt{3}}$　　　　□(6)　$\dfrac{\sqrt{6}}{3} - \dfrac{\sqrt{2}}{\sqrt{3}}$

●キーポイント
分母に√ をふくむ
ときは分母を有理化，
√ の中の数が簡単に
なるときは簡単にしま
す。

例題の答え **1** ①8 ②7 **2** ①6 ②3 **3** ①2 ②$6\sqrt{3}$ ③2 ④$4\sqrt{5}$

2章　平方根
2節　根号をふくむ式の計算
② 根号をふくむ式の計算 —— ②

● $\sqrt{}$ をふくむ式の積と商

教科書 p.57

例題 1 次の計算をしなさい。　▶▶**1**

(1) $\sqrt{5}(\sqrt{5}+3)$ 　　　(2) $(\sqrt{10}-\sqrt{15})\div\sqrt{5}$

考え方 (1) 分配法則 $m(a+b)=ma+mb$ を使います。

(2) 分配法則 $(a+b)\div m=\dfrac{a}{m}+\dfrac{b}{m}$ を使います。

答え (1) $\sqrt{5}(\sqrt{5}+3)=(\sqrt{5})^2+\sqrt{5}\times3=\boxed{①}+\boxed{②}\sqrt{5}$ ←分配法則を使う

(2) $(\sqrt{10}-\sqrt{15})\div\sqrt{5}=\dfrac{\sqrt{10}}{\sqrt{5}}-\dfrac{\sqrt{15}}{\sqrt{5}}$

$=\boxed{③}-\boxed{④}$ ← $\dfrac{\sqrt{10}}{\sqrt{5}}=\sqrt{\dfrac{10}{5}}$, $\dfrac{\sqrt{15}}{\sqrt{5}}=\sqrt{\dfrac{15}{5}}$

● $\sqrt{}$ をふくむ式の展開

教科書 p.58

例題 2 次の計算をしなさい。　▶▶**2**
$(\sqrt{3}+2)(\sqrt{5}-3)$

考え方 $\sqrt{}$ をふくむ式の計算でも，次の式の展開を使うことができます。

$(a+b)(c+d)=ac+ad+bc+bd$

$\sqrt{15}$，$-3\sqrt{3}$，$2\sqrt{5}$ は
これ以上まとめられないね。

答え $(\sqrt{3}+2)(\sqrt{5}-3)=\sqrt{3}\times\sqrt{5}-\sqrt{3}\times3+2\times\sqrt{5}-6$

$=\boxed{①}-\boxed{②}\sqrt{3}+2\boxed{③}-6$

●乗法の公式を使った式の計算

教科書 p.58

例題 3 次の計算をしなさい。　▶▶**3**

(1) $(\sqrt{5}+2)(\sqrt{5}+4)$ 　(2) $(\sqrt{7}-\sqrt{5})^2$ 　(3) $(\sqrt{6}+\sqrt{2})(\sqrt{6}-\sqrt{2})$

考え方 $\sqrt{}$ をふくむ式の計算でも，乗法の公式を使うことができます。

答え (1) $(\sqrt{5}+2)(\sqrt{5}+4)=5+\boxed{①}\sqrt{5}+8$ ← $(x+a)(x+b)=x^2+(a+b)x+ab$

$=\boxed{②}+\boxed{①}\sqrt{5}$

(2) $(\sqrt{7}-\sqrt{5})^2=7-2\times\boxed{③}+5$ ← $(a-b)^2=a^2-2ab+b^2$

$=\boxed{④}$

(3) $(\sqrt{6}+\sqrt{2})(\sqrt{6}-\sqrt{2})=\boxed{⑤}-\boxed{⑥}$ ← $(a+b)(a-b)=a^2-b^2$

$=\boxed{⑦}$

1 【√ をふくむ式の積と商】次の計算をしなさい。

教科書 p.57 例 2

□(1) $\sqrt{3}(\sqrt{3}+2)$ 　　　　□(2) $\sqrt{2}(\sqrt{8}-3)$

□(3) $\sqrt{5}(1-\sqrt{20})$ 　　　　□(4) $\sqrt{6}(4-\sqrt{2})$

□(5) $(\sqrt{14}+\sqrt{35})\div\sqrt{7}$ 　　　□(6) $(\sqrt{6}-\sqrt{3})\div\sqrt{3}$

□(7) $(\sqrt{8}+\sqrt{6})\div\sqrt{2}$ 　　　□(8) $(\sqrt{18}-\sqrt{12})\div\sqrt{2}$

● キーポイント

式の展開

$$(\sqrt{a}+c)(\sqrt{b}+d)$$
$$= \underset{①}{\sqrt{ab}}+\underset{②}{d\sqrt{a}}+\underset{③}{c\sqrt{b}}+\underset{④}{cd}$$

2 【√ をふくむ式の展開】次の計算をしなさい。

教科書 p.58 例 3

□(1) $(\sqrt{2}-3)(\sqrt{3}+2)$ 　　　□(2) $(\sqrt{7}-4)(\sqrt{5}-2)$

□(3) $(2\sqrt{7}+1)(\sqrt{7}+2)$ 　　　□(4) $(2\sqrt{3}+3)(\sqrt{6}-5)$

3 【乗法の公式を使った式の計算】次の計算をしなさい。

教科書 p.58 例 4

□(1) $(\sqrt{3}+2)(\sqrt{3}+3)$ 　　　□(2) $(\sqrt{7}+1)(\sqrt{7}-3)$

□(3) $(\sqrt{6}+2)^2$ 　　　　□(4) $(\sqrt{6}-\sqrt{5})^2$

□(5) $(\sqrt{6}-\sqrt{3})^2$ 　　　□(6) $(\sqrt{5}-2)(\sqrt{5}+2)$

□(7) $(4+\sqrt{7})(4-\sqrt{7})$ 　　　□(8) $(\sqrt{10}-\sqrt{6})(\sqrt{6}+\sqrt{10})$

● キーポイント

乗法の公式を使って展開します。

$(x+a)(x+b)$
$=x^2+(a+b)x+ab$
$(a+b)^2=a^2+2ab+b^2$
$(a-b)^2=a^2-2ab+b^2$
$(a+b)(a-b)=a^2-b^2$

例題の答え **1** ①5 ②3 ③$\sqrt{2}$ ④$\sqrt{3}$ **2** ①$\sqrt{15}$ ②3 ③$\sqrt{5}$
3 ①6 ②13 ③$\sqrt{35}$ ④$12-2\sqrt{35}$ ⑤6 ⑥2 ⑦4

2章　平方根
3節　平方根の利用
① 平方根の利用

●平方根の利用

教科書 p.60〜61

例題 1 半径が 3 cm の円の 2 倍の面積になる円の半径は，何 cm ですか。
$\sqrt{2}=1.41$ として，小数第 1 位まで求めなさい。　　▶▶①〜④

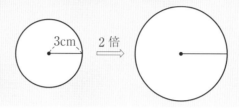

考え方　身のまわりの問題も，平方根を利用すると解決できるものがあります。
見通しを立てて，問題を解決しましょう。
まず，半径が 3 cm の円の面積を求めます。
次に，求める円の面積を求め，その半径を求めます。

答え 半径が 3 cm の円の面積は，

$$\pi \times \boxed{①} \quad {}^2 = \boxed{②} \quad \pi \, (cm^2)$$

この円の 2 倍の面積になる円の面積は，

$$\boxed{②} \quad \pi \times 2 = \boxed{③} \quad \pi \, (cm^2)$$

求める円の半径は，

$$\sqrt{\boxed{③} \quad} = \boxed{④} \quad \sqrt{2} = \boxed{⑤} \quad (cm)$$

面積が 2 倍になっても
半径は 2 倍にはならないよ。

例題 2 直径 10 cm の円にちょうどはいる正方形 ABCD の 1 辺の長さは
何 cm ですか。
$\sqrt{2}=1.41$ として，小数第 1 位まで求めなさい。　　▶▶①〜④

考え方　まず，正方形 ABCD の面積を求めます。

答え 正方形 ABCD の面積は，

$$\boxed{①} \quad \times \boxed{①} \quad \times \frac{1}{2} = \boxed{②} \quad (cm^2)$$

正方形 ABCD の 1 辺の長さは，この値の正の平方根になるから，

$$\sqrt{\boxed{②} \quad} = \boxed{③} \quad \sqrt{2} = \boxed{④} \quad (cm)$$

正方形の面積
＝(対角線の長さ)²×$\frac{1}{2}$

1 【平方根の利用】縦の長さが 12 cm，横の長さが 15 cm の長方形と面積が等しい正方形の
□　1 辺の長さは何 cm ですか。$\sqrt{5} = 2.236$ として小数第 1 位まで求めなさい。

教科書 p.61 練習問題 1

2 【平方根の利用】1 辺の長さが 2 cm の正方形と，1 辺の長さが 6 cm の正方形があります。

教科書 p.60〜61

□(1)　周の長さが，この 2 つの正方形のそれぞれの周の長さの和になる正方形をつくるとき，
　　その 1 辺の長さは何 cm になりますか。

□(2)　面積が，この 2 つの正方形の面積の和になる正方形をつくるとき，その 1 辺の長さは
　　何 cm になりますか。$\sqrt{10} = 3.16$ として小数第 1 位まで求めなさい。

3 【平方根の利用】図 1 のような 1 辺が 8 cm の正方形 ABCD を，図 2 のように 3 枚つなぎ
合わせます。のりをつける部分も正方形になるようにして，全体の長さを 24 cm にします。
正方形の対角線の長さを $\mathrm{BD} = a$ cm，のりをつける部分の正方形の対角線の長さを b cm
として，次の問いに答えなさい。

教科書 p.61 練習問題 2

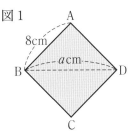
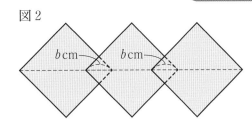

図 1　　　　　図 2

□(1)　a の値を求めなさい。

□(2)　$\sqrt{2} = 1.4$ として，b の値を小数第 1 位まで求めなさい。

4 【平方根の利用】右の図のように，直径 3 cm の円形の板を
重ならないように並べました。4 枚の板の中心 A，B，C，D
は正方形の頂点になっています。

教科書 p.60 問 2,3

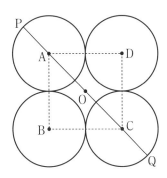

□(1)　対角線 AC の長さを求めなさい。

□(2)　線分 PQ の長さを求めなさい。

□(3)　直径 8 cm の円の中に 4 枚の板を重ならないように並べ
　　ることができますか。

例題の答え **1** ①3　②9　③18　④3　⑤4.2　**2** ①10　②50　③5　④7.1

① 次の数を変形して，$\sqrt{}$ の中をできるだけ簡単な数にしなさい。

□(1)　$\sqrt{117}$ 　　　　　□(2)　$\sqrt{\dfrac{20}{81}}$ 　　　　　□(3)　$\sqrt{675}$

② $\sqrt{3} = 1.732$, $\sqrt{30} = 5.477$ として，次の値を求めなさい。

□(1)　$\sqrt{300}$ 　　　　　□(2)　$\sqrt{0.3}$ 　　　　　□(3)　$\sqrt{108}$

③ 次の数の分母を有理化しなさい。

□(1)　$\dfrac{30}{\sqrt{12}}$ 　　　　　□(2)　$\dfrac{2\sqrt{3}}{5\sqrt{2}}$ 　　　　　□(3)　$\dfrac{\sqrt{15}}{\sqrt{54}}$

④ 次の計算をしなさい。

□(1)　$2\sqrt{3} \times \sqrt{15}$ 　　　□(2)　$\sqrt{48} \div (-\sqrt{28})$ 　　　□(3)　$3\sqrt{2} \div \sqrt{10}$

□(4)　$\sqrt{35} \times \sqrt{15} \times \sqrt{21}$ 　　　□(5)　$\sqrt{20} \times (-\sqrt{15}) \div \sqrt{3}$ 　　　□(6)　$\sqrt{90} \div \sqrt{2} \div (-\sqrt{6})$

⑤ 次の計算をしなさい。

□(1)　$\sqrt{125} - \sqrt{45}$ 　　　□(2)　$4\sqrt{10} + \sqrt{7} - 5\sqrt{7}$ 　　　□(3)　$\sqrt{12} - \sqrt{27} - \sqrt{75}$

□(4)　$6\sqrt{3} - \sqrt{5} - 2\sqrt{5} + 7\sqrt{3}$ 　　　　　□(5)　$\dfrac{30}{\sqrt{2}} + \sqrt{50}$

□(6)　$\sqrt{\dfrac{6}{5}} - \sqrt{\dfrac{5}{6}}$ 　　　　　□(7)　$\dfrac{4\sqrt{3}}{\sqrt{2}} - \sqrt{150} + \dfrac{6}{\sqrt{6}}$

ヒント　**③** $\sqrt{}$ の中をできるだけ簡単な数に表して有理化すると計算がしやすくなります。
　　　　⑤ (5)〜(7)まず，分母の有理化をすることがポイントです。

●平方根の計算は，基本的に文字式と同じ方法で計算できることを確認しておこう。

分母に $\sqrt{}$ をふくむ式はかならず分母を有理化して計算すること，$\sqrt{}$ の中の数をもっとも簡単な数にして計算すること，分配法則や乗法の公式を使って計算することなどを理解しておきましょう。

6 次の計算をしなさい。

□(1) $\sqrt{5}(\sqrt{5}+\sqrt{15})$

□(2) $(\sqrt{10}-\sqrt{6})\div\sqrt{2}$

□(3) $(2\sqrt{2}+\sqrt{3})(\sqrt{2}-2\sqrt{3})$

□(4) $(\sqrt{5}+2)(\sqrt{5}-1)$

□(5) $(\sqrt{5}+2)^2$

□(6) $(\sqrt{7}-\sqrt{2})^2$

□(7) $(\sqrt{6}+4)(\sqrt{6}-4)$

□(8) $\sqrt{10}(\sqrt{2}+\sqrt{10})-6\sqrt{5}$

7 $x=\sqrt{10}+2$，$y=\sqrt{10}-2$ のとき，次の式の値を求めなさい。

□(1) xy

□(2) x^2-y^2

□(3) x^2+y^2

8 半径 $6\sqrt{2}$ cm と $10\sqrt{2}$ cm の 2 つの円があります。

□(1) 周の長さが，この2つの円の周の差になる円をつくるとき，その半径を求めなさい。

□(2) この2つの円の面積の差に等しい面積となる円をつくるとき，その半径を求めなさい。

 6 分配法則や乗法の公式などを使って計算します。

7 (2)因数分解してから代入すると，計算がしやすくなります。

時間30分　／100点　合格70点

❶ 次の問いに答えなさい。知

(1) $\dfrac{25}{64}$ の平方根を求めなさい。

(2) $-\sqrt{0.81}$ を，$\sqrt{}$ を使わないで表しなさい。

(3) $\sqrt{(-14)^2}$ の値を答えなさい。

(4) $\sqrt{5} = 2.236$ として，$\sqrt{125}$ の値を求めなさい。

(5) -4 と $-\sqrt{17}$ の大小を，不等号を使って表しなさい。

(6) $8 < \sqrt{a} < 8.3$ となる自然数 a をすべて求めなさい。

❶　点/30点（各5点）

(1)	
(2)	
(3)	
(4)	
(5)	
(6)	

❷ 次の数の分母を有理化しなさい。知

(1) $\dfrac{6}{\sqrt{12}}$　　　　(2) $\dfrac{\sqrt{35}}{2\sqrt{10}}$

❷　点/10点（各5点）

(1)	
(2)	

❸ 次の計算をしなさい。知

(1) $\sqrt{6} \div (-\sqrt{3}) \times \sqrt{2}$　　(2) $-3\sqrt{3} + 5\sqrt{3} - 9\sqrt{3}$

(3) $\sqrt{50} - \sqrt{98} + \sqrt{18}$　　(4) $2\sqrt{5} - \dfrac{15}{\sqrt{5}}$

❸　点/20点（各5点）

(1)	
(2)	
(3)	
(4)	

成績評価の観点　知…数量や図形などについての知識・技能　考…数学的な思考・判断・表現

④ 次の計算をしなさい。 知

(1)　$(\sqrt{11}+2)(\sqrt{11}-2)$

(2)　$\sqrt{3}(4\sqrt{3}-1)+\sqrt{27}$

(3)　$(\sqrt{5}+9)(\sqrt{5}-8)+(\sqrt{5}-1)^2$

④　　　　　　　　　点/15点（各5点）

(1)	
(2)	
(3)	

⑤ 次の問いに答えなさい。 考

(1)　$\sqrt{45a}$ の値が自然数となるような自然数 a のうち，もっとも小さいものを求めなさい。

(2)　次の数のうち，もっとも大きいものを答えなさい。

　　$\dfrac{2}{7}$,　$\dfrac{\sqrt{2}}{7}$,　$\dfrac{2}{\sqrt{7}}$,　$\sqrt{\dfrac{2}{7}}$

(3)　$x+y=\sqrt{7}$, $x-y=\sqrt{3}$ のとき，x^2-y^2 の値を求めなさい。

⑤　　　　　　　　　点/15点（各5点）

(1)	
(2)	
(3)	

⑥ 底辺が 18 cm，高さが 12 cm の三角形と同じ面積をもつ正方形の 1 辺の長さを求めなさい。 考

⑥　　　　　　　　　点/5点

⑦ ある数 a の小数第 2 位を四捨五入して，近似値を求めると，23.4 となりました。a の範囲を，不等号を使って表しなさい。 考

⑦　　　　　　　　　点/5点

知　　　/75点　　考　　　/25点

2 章

教科書38〜65ページ

解答▶▶ p.17　　55

教科書のまとめ 〈2章 平方根〉

●平方根

・2乗すると a になる数を，a の**平方根**といいます。

1　正の数の平方根は，正の数と負の数の2つあって，それらの絶対値は等しい。

2　0の平方根は0である。

3　負の数の平方根は考えない。

●平方根の表し方

・記号 $\sqrt{}$ を**根号**といい，$\sqrt{a}$ を「ルート a」と読みます。

・正の数 a の2つの平方根 $\sqrt{a}$ と $-\sqrt{a}$ を，まとめて $\pm\sqrt{a}$ と書くことがあり，$\pm\sqrt{a}$ は「プラス マイナス ルート a」と読みます。

・$a>0$ のとき，$\sqrt{a^2}=a$，　$\sqrt{(-a)^2}=a$

・$a>0$ のとき，$(\sqrt{a})^2=a$，$(-\sqrt{a})^2=a$

●平方根の大小

・$a>0$，$b>0$ のとき，
$a<b$ ならば，$\sqrt{a}<\sqrt{b}$

・根号がついていない数は，根号がついた数に直してからくらべます。

●有理数と無理数

・整数 m と，0でない整数 n を使って，分数 $\dfrac{m}{n}$ の形に表される数を**有理数**といい，分数で表すことができない数を**無理数**といいます。

・数の分類

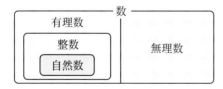

・数 $\left\{\begin{array}{l}\text{有理数}\left\{\begin{array}{l}\cdots\cdots\cdots\text{有限小数}\\\cdots\cdots\cdots\text{循環小数}\end{array}\right.\\\text{無理数}\cdots\text{循環しない小数}\end{array}\right\}$ 無限小数

●近似値と有効数字

・**誤差**＝近似値－真の値

・近似値を表す数で，意味のある数字を**有効数字**といいます。

・有効数字をはっきりさせるために，近似値を，整数部分が1けたの小数と，10の何乗かの積の形に表すことがあります。

●平方根の乗法，除法

$a>0$，$b>0$ のとき，

1　$\sqrt{a}\times\sqrt{b}=\sqrt{ab}$

2　$\dfrac{\sqrt{a}}{\sqrt{b}}=\sqrt{\dfrac{a}{b}}$

●$\sqrt{}$ がついた数の表し方

・$\sqrt{}$ の外に数があるとき，その数を $\sqrt{}$ の中に入れることができます。

$a>0$，$b>0$ のとき，$a\sqrt{b}=\sqrt{a^2b}$

・$\sqrt{}$ の中の数が，ある数の2乗を因数にふくむとき，その因数を $\sqrt{}$ の外に出すことができます。

$a>0$，$b>0$ のとき，$\sqrt{a^2b}=a\sqrt{b}$

[注意] $\sqrt{}$ の中は，できるだけ簡単な数にします。

・分母に $\sqrt{}$ をふくむ数は，分母と分子に同じ数をかけて，分母に $\sqrt{}$ をふくまない形にすることができます。

分母に $\sqrt{}$ をふくまない形にすることを，**分母を有理化する**といいます。

●平方根の加法，減法

・$\sqrt{}$ の中が同じ数どうしの和や差は，分配法則 $mx+nx=(m+n)x$ を使って求めることができます。

・$\sqrt{}$ の中が異なる数の加法や減法は，$\sqrt{}$ の中の数をできるだけ簡単な数にします。

3章　二次方程式

次の学習に
入る前に
取り組もう。

□**乗法の公式を利用する因数分解**　　　　　　　　　　　◀ 中学 3 年

① $a^2 - b^2 = (a+b)(a-b)$

② $a^2 + 2ab + b^2 = (a+b)^2$

③ $a^2 - 2ab + b^2 = (a-b)^2$

④ $x^2 + (a+b)x + ab = (x+a)(x+b)$

❶ 次の方程式のうち，2 が解であるものを選びなさい。

⑦　$x - 7 = 5$ 　　　　　　　　　⑦　$3x - 1 = 5$

⑨　$x + 1 = 2x - 1$ 　　　　　　　㋓　$4x - 5 = -1 - x$

◀ 中学 1 年〈方程式とその解〉

ヒント
x に 2 を代入して
……

❷ 次の式を因数分解しなさい。

◀ 中学 3 年〈因数分解〉

(1)　$x^2 - 3x$ 　　　　　　　　(2)　$2x^2 + 5x$

(3)　$x^2 - 16$ 　　　　　　　　(4)　$4x^2 - 9$

(5)　$x^2 + 6x + 9$ 　　　　　　(6)　$x^2 - 8x + 16$

(7)　$9x^2 + 30x + 25$ 　　　　(8)　$x^2 + 7x + 12$

(9)　$x^2 - 12x + 27$ 　　　　　(10)　$x^2 - 2x - 24$

ヒント
(10)和が -2，積が
-24 になる 2 数の
組を考えると……

1節　二次方程式
① 二次方程式とその解き方

● 二次方程式の解

教科書 p.68

例題 1 $x=0,\ 1,\ 2,\ 3$ のうち，$x^2-4x+3=0$ の解を答えなさい。　▶▶ **1**

考え方 二次方程式を成り立たせる文字の値を，その方程式の解といい，解をすべて求めることを二次方程式を解くといいます。

答え x^2-4x+3 に $x=0,\ 1,\ 2,\ 3$ を代入して，0 になるかどうか確かめる。

x	0	1	2	3
x^2-4x+3	3	①	②	③

よって，解は 1 と ④ ［＿＿＿］ である。

> **プラスワン** 二次方程式
>
> 移項して整理すると
> （x の二次式）＝0 の形になる方程式を，x についての**二次方程式**といいます。

● $ax^2=b$ の解き方

教科書 p.69

例題 2 二次方程式 $3x^2=54$ を解きなさい。　▶▶ **2**

考え方 $ax^2=b$ の形の二次方程式は，$x^2=k$ の形に変形して解くことができます。

答え $3x^2=54$ 　　　$x^2=18$ 　　　$x=\pm\sqrt{①［\quad\quad\quad］}$ 　　　よって，$x=②［\quad\quad\quad］$

● $(x+m)^2=n$ の解き方

教科書 p.70

例題 3 二次方程式 $(x+2)^2=81$ を解きなさい。　▶▶ **3**

考え方 $(x+m)^2=n$ の形の二次方程式は，$x+m$ を X とすると，$X^2=n$ として解くことができます。

答え $(x+2)^2=81$ 　　　$x+2$ を X とすると，$X^2=81$ 　　　$X=\pm9$

X をもとにもどすと，$x+2=\pm9$ 　　　よって，$x=①［\quad\quad］,\ ②［\quad\quad］$

● $x^2+px+q=0$ の解き方

教科書 p.71

例題 4 二次方程式 $x^2+6x+4=0$ を解きなさい。　▶▶ **4 5**

考え方 $x^2+px+q=0$ の形の二次方程式は，$\left(x+\dfrac{p}{2}\right)^2=n$ の形に変形して解きます。

答え
$$x^2+6x+4=0$$
$$x^2+6x=-4$$
$$x^2+6x\underline{+3^2}=-4\underline{+3^2}$$
x の係数 6 の半分の 2 乗を両辺にたす

$$(x+3)^2=5$$
$$x+3=\pm\sqrt{①［\quad\quad\quad］}$$
$$x=②［\quad\quad\quad］$$

1 【二次方程式の解】次の二次方程式のうち，3 が解になるものを答えなさい。

教科書 p.68 問 1

⑦ $x^2+3x-10=0$ 　　⑦ $x^2+5x+6=0$

⑦ $3x^2-8x-3=0$ 　　⑦ $4x^2+7x-15=0$

2 【$ax^2=b$ の解き方】次の二次方程式を解きなさい。

教科書 p.69 例 1, 例 2

□(1) $5x^2=10$ 　　□(2) $2x^2=32$

□(3) $3x^2=12$ 　　□(4) $6x^2=42$

□(5) $4x^2-64=0$ 　　□(6) $12x^2-21=0$

●キーポイント
二次方程式の解は，
ふつう2つあります。
１つになることもあり
ます。

3 【$(x+m)^2=n$ の解き方】次の二次方程式を解きなさい。

教科書 p.70 例 3, 例 4

□(1) $(x+2)^2=9$ 　　□(2) $(x-3)^2=16$

□(3) $(x+4)^2-25=0$ 　　□(4) $(x-1)^2=7$

□(5) $(x+3)^2=11$ 　　□(6) $(x-5)^2-6=0$

⚠ミスに注意
$(x+m)^2=\underline{n}$
⇩
$x+m=\pm\sqrt{\underline{n}}$
＋と－の２つがありま
す。

4 【$x^2+px+q=0$ の解き方】次の□にあてはまる数を答えなさい。

教科書 p.71

□(1) $x^2+6x+\square=(x+\square)^2$ 　　□(2) $x^2-4x+\square=(x-\square)^2$

5 【$x^2+px+q=0$ の解き方】次の二次方程式を解きなさい。

教科書 p.71 例 5

□(1) $x^2+4x-3=0$ 　　□(2) $x^2+2x-5=0$

□(3) $x^2-6x-1=0$ 　　□(4) $x^2-6x+5=0$

□(5) $x^2-4x-21=0$ 　　□(6) $x^2+8x-4=0$

●キーポイント
$x^2+px+q=0$
$x^2+px=-q$
$x^2+px+\left(\dfrac{p}{2}\right)^2=-q+\left(\dfrac{p}{2}\right)^2$
$\left(x+\dfrac{p}{2}\right)^2=-q+\left(\dfrac{p}{2}\right)^2$

例題の答え **1** ①0 ②-1 ③0 ④3 **2** ①18 ②$\pm3\sqrt{2}$ **3** ①7 ②-11 （①と②は順不同可）
4 ①5 ②$-3\pm\sqrt{5}$

右欄外縦書き：3 章

教科書68〜71ページ

3章 二次方程式
1節 二次方程式
② 二次方程式の解の公式

●解の公式を使って二次方程式を解く①　　　　　　　　　　　　教科書 p.73

例題 1 解の公式を使って，二次方程式 $2x^2-5x+1=0$ を解きなさい。　　▶▶**1**

考え方　二次方程式 $ax^2+bx+c=0$ の解は，次の公式で求められます。

$$x=\frac{-b\pm\sqrt{b^2-4ac}}{2a}$$

二次方程式 $2x^2-5x+1=0$ の解は，解の公式に $a=2$，$b=-5$，$c=1$ を代入します。

答え $x=\dfrac{-(-5)\pm\sqrt{(-5)^2-4\times2\times1=}}{2\times2}=\dfrac{\boxed{①}\pm\sqrt{\boxed{②}}}{\boxed{③}}$

●解の公式を使って二次方程式を解く②　　　　　　　　　　　　教科書 p.73

例題 2 解の公式を使って，二次方程式 $3x^2-2x-1=0$ を解きなさい。　　▶▶**2**

考え方　解の公式の根号の中が，ある数の平方になるとき，根号をふくまない2つの解（1つの解のときもある）となります。

答え $x=\dfrac{-(-2)\pm\sqrt{(-2)^2-4\times3\times(-1)}}{2\times3}$　←$a=3$，$b=-2$，$c=-1$ を代入

$=\dfrac{2\pm\sqrt{16}}{6}=\dfrac{2\pm\boxed{①}}{6}$

よって，$x=-\boxed{②}$ ，$\boxed{③}$

●解の公式を使って二次方程式を解く③　　　　　　　　　　　　教科書 p.74

例題 3 解の公式を使って，二次方程式 $3x^2+2x-4=0$ を解きなさい。　　▶▶**3**

考え方　解の公式にあてはめた式が $x=\dfrac{ma'\pm m\sqrt{b'}}{mc'}$ ならば，m で約分することができ，

$x=\dfrac{a'\pm\sqrt{b'}}{c'}$ となります。

答え $x=\dfrac{-2\pm\sqrt{2^2-4\times3\times(-4)}}{2\times3}$　←$a=3$，$b=2$，$c=-4$ を代入

$=\dfrac{-2\pm\sqrt{52}}{6}=\dfrac{-2\pm2\sqrt{\boxed{①}}}{6}$ ⎫
⎬ 約分する
$=\dfrac{\boxed{②}\pm\sqrt{\boxed{①}}}{\boxed{③}}$ ⎭

$\dfrac{2a+b}{2c}$ は
約分できないよ。

1 【解の公式を使って二次方程式を解く①】次の二次方程式を解きなさい。 教科書 p.73 例1

□(1) $x^2+3x-1=0$　　　　□(2) $x^2+5x+2=0$

□(3) $3x^2+5x+1=0$　　　　□(4) $2x^2-5x-2=0$

□(5) $3x^2+3x-1=0$　　　　□(6) $4x^2-9x+3=0$

3 章

教科書72〜74ページ

2 【解の公式を使って二次方程式を解く②】次の二次方程式を解きなさい。 教科書 p.73 例2

□(1) $x^2+8x+15=0$　　　　□(2) $x^2-5x+6=0$

□(3) $2x^2-x-3=0$　　　　□(4) $3x^2-5x+2=0$

□(5) $5x^2-3x-2=0$　　　　□(6) $4x^2-8x+3=0$

●キーポイント
解の公式を使って，代入したとき，根号を使わずに表せる場合は，根号をはずして，もっとも簡単な形にします。

3 【解の公式を使って二次方程式を解く③】次の二次方程式を解きなさい。 教科書 p.74 例3

□(1) $x^2-6x+3=0$　　　　□(2) $x^2+2x-1=0$

□(3) $x^2+4x+1=0$　　　　□(4) $2x^2-6x-5=0$

□(5) $3x^2+4x-2=0$　　　　□(6) $5x^2-2x-2=0$

●キーポイント
解の公式を使って，代入したとき，約分できるときはかならず約分し，もっとも簡単な形にします。

4 【二次方程式の解き方（解の公式を使って）】次の二次方程式を解きなさい。

教科書 p.74 例題1

□(1) $x^2-2x-5=3(x-2)$　　□(2) $2x(x+6)=-9$

□(3) $x(2x-3)=x(x-5)+8$

3章　二次方程式

1節　二次方程式
③　二次方程式と因数分解

● $(x+a)(x+b)=0$

教科書 p.75

例題
1
二次方程式 $(x-3)(x+6)=0$ を解きなさい。　　▶▶**1**

考え方　$A×B=0$ ならば，$A=0$ または $B=0$

このことを使って，$(x+a)(x+b)=0$ の形の二次方程式を解くことができます。

答え　$(x-3)(x+6)=0$

$x-3=0$ または ①[　　　　]$=0$

$AB=0$ ならば，
$A=0$ または $B=0$

ここがポイント

よって，$x=$②[　　　　]，③[　　　　]

プラスワン　因数分解と二次方程式

$(x+a)(x+b)=0$ ならば，
$x+a=0$ または $x+b=0$

● $x^2+(a+b)x+ab=0$，$ax^2+bx=0$，$x^2+2ax+a^2=0$

教科書 p.75〜76

例題
2
次の二次方程式を解きなさい。　　▶▶**2**〜**5**

(1) $x^2+8x+7=0$　　　　(2) $x^2-5x=0$　　　　(3) $x^2-12x+36=0$

考え方　二次方程式 $ax^2+bx+c=0$ は，その左辺 ax^2+bx+c を因数分解することができれ
ば，解を見つけることができます。

答え　(1) $x^2+8x+7=0$　　　　$(x+1)(x+7)=0$

$x+1=0$ または $x+7=0$　　　　よって，$x=-1,$ ①[　　　　]

(2) $x^2-5x=0$　　　　$x(x-5)=0$

$x=0$ または $x-5=0$

よって，$x=$②[　　　　]，③[　　　　]

(3) $x^2-12x+36=0$　　　　$(x-6)^2=0$

$x-6=0$　　　　よって，$x=$④[　　　　]

解が1つになること
もあるよ。

●二次方程式の解き方（因数分解を使って）

教科書 p.77

例題
3
二次方程式 $3(x+3)(x-5)=4x(x+2)-5$ を解きなさい。　　▶▶**6**

考え方　整理されていない二次方程式は，$ax^2+bx+c=0$ の形に整理してから，解きます。

答え　　　　$3(x+3)(x-5)=4x(x+2)-5$

$3x^2-6x-45=4x^2+8x-5$

$x^2+14x+40=0$

同類項をまとめる

因数分解をする

$(x+4)\left(x+\right.$①[　　　　]$\left.\right)=0$

よって，　　　　　　$x=-4,$ ②[　　　　]

1 【$(x+a)(x+b)=0$】次の二次方程式を解きなさい。

教科書 p.75 例 1

☐(1)　$(x-5)(x-7)=0$　　　☐(2)　$(x+3)(x-5)=0$

●キーポイント
$(x+a)(x+b)=0$
$$\Rightarrow \begin{cases} x+a=0 \rightarrow x=-a \\ \text{または} \\ x+b=0 \rightarrow x=-b \end{cases}$$

2 【$x^2+(a+b)x+ab=0$】次の二次方程式を解きなさい。

教科書 p.75 例 2

☐(1)　$x^2-7x+10=0$　　　☐(2)　$x^2+10x+21=0$

⚠ミスに注意
$(x+2)(x+3)=0$ の
解は，$x=2$，3 では
ありません。

☐(3)　$x^2+5x-24=0$　　　☐(4)　$x^2-x-42=0$

3 【$ax^2+bx=0$】次の二次方程式を解きなさい。

教科書 p.76 例 3

☐(1)　$x^2-7x=0$　　　☐(2)　$x^2=5x$

⚠ミスに注意
$x(x+2)=0$ の解は，
　$x=0$，-2
　　└忘れないように

☐(3)　$x=2x^2$　　　☐(4)　$5x^2=6x$

4 【$x^2+2ax+a^2=0$】次の二次方程式を解きなさい。

教科書 p.76 例 4

☐(1)　$x^2+12x+36=0$　　　☐(2)　$x^2-14x+49=0$

☐(3)　$x^2-16x=-64$　　　☐(4)　$x^2+2x=-1$

5 【$x^2-a^2=0$】次の二次方程式を解きなさい。

教科書 p.76 問 5

☐(1)　$x^2-81=0$　　　☐(2)　$36-x^2=0$

6 【二次方程式の解き方（因数分解を使って）】次の二次方程式を解きなさい。

教科書 p.77 例題 1

☐(1)　$x(x+5)=-4$　　　☐(2)　$(x-3)(x-5)=-1$

●キーポイント
$ax^2+bx+c=0$ の形
にして，左辺の因数分
解ができるかどうかを
考えます。

例題の答え **1** ①$x+6$　②3　③-6　（②と③は順不同可）　**2** ①-7　②0　③5　（②と③は順不同可）　④6
3 ①10　②-10

解答 ▶▶ p.20

1節 二次方程式 ☐〜☐

1 次の二次方程式を解きなさい。

☐(1) $8x^2 = 288$ ☐(2) $11x^2 = 704$ ☐(3) $3x^2 = 1$

☐(4) $3x^2 = \dfrac{4}{3}$ ☐(5) $(x+5)^2 = 49$ ☐(6) $(x-8)^2 = 3$

☐(7) $80 - (x-7)^2 = 0$ ☐(8) $27(x+10)^2 = 24$ ☐(9) $\dfrac{2}{5}(2x+3)^2 - \dfrac{3}{2} = 0$

2 $(x+m)^2 = n$ の形にして，次の二次方程式を解きなさい。

☐(1) $x^2 + 10x + 24 = 0$ ☐(2) $x^2 - 8x - 32 = 0$ ☐(3) $x^2 + 8x - 13 = 0$

☐(4) $x^2 + 9x + 16 = 0$ ☐(5) $x^2 - 3x + 2 = 0$ ☐(6) $x^2 - 10x = 25$

☐(7) $x^2 + 5x = -5$ ☐(8) $x^2 - \dfrac{2}{3}x - \dfrac{5}{3} = 0$ ☐(9) $x^2 + \dfrac{4}{5}x - 2 = 0$

3 解の公式を使って，次の二次方程式を解きなさい。

☐(1) $x^2 + 5x - 24 = 0$ ☐(2) $x^2 + 54 = 15x$ ☐(3) $3x^2 + 3x - 2 = 0$

☐(4) $\dfrac{1}{2}x^2 + x - \dfrac{2}{3} = 0$ ☐(5) $(3x+2)(x-1) = 12$ ☐(6) $(2x+5)^2 = 12(x+8)$

ヒント **1** (8)両辺を同じ数でわる。(9)両辺に同じ数をかける。できる限り簡単な式に変形することがたいせつです。
2 $x^2 + px + q = 0$ を平方の形にするので，x^2 の係数は1 (8)，(9)何倍かにせずに，分数のままで考えます。

●二次方程式を $ax^2+bx+c=0$ の形に整理し，因数分解できるかどうかを考えよう。
左辺が因数分解できないときには，解の公式を利用して解くようにしましょう。x^2 の項に係数があっても，共通因数でわることができるかどうかを確認し，係数が分数のときは整数にしましょう。

4 因数分解を使って，次の二次方程式を解きなさい。

□(1)　$x^2+13x+22=0$　　□(2)　$x^2=19x-84$　　□(3)　$x^2=4(2x-3)$

5 因数分解を使って，次の二次方程式を解きなさい。

□(1)　$9x^2-63x=0$　　□(2)　$8x^2-4x=0$　　□(3)　$11x=5x^2$

6 因数分解を使って，次の二次方程式を解きなさい。

□(1)　$x^2-x+\dfrac{1}{4}=0$　　□(2)　$9x^2-6x+1=0$　　□(3)　$x^2+121=22x$

7 次の二次方程式を解きなさい。

□(1)　$x^2-3x=0$　　□(2)　$a^2+a-12=0$　　□(3)　$x^2-10x+25=0$

□(4)　$m^2-8m-9=0$　　□(5)　$x^2+5x-2=0$　　□(6)　$y^2+7y-8=0$

□(7)　$36a^2-81=0$　　□(8)　$4y^2=7y$　　□(9)　$2x^2-3x-2=0$

□(10)　$(y+4)(y-4)=16$　　□(11)　$(m+1)(m+6)=2(m^2-12)$　　□(12)　$(x-5)^2-(x-5)-42=0$

ヒント　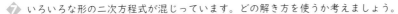**4** $x^2+(a+b)x+ab=0$ の形　**5** $ax^2+bx=0$ の形　**6** $x^2+2ax+a^2=0$ の形の二次方程式です。
7 いろいろな形の二次方程式が混じっています。どの解き方を使うか考えましょう。

解答▶▶ p.21　65

●整数の問題

教科書 p.82

例題 1
連続した 3 つの正の整数があります。小さい方の 2 つの数をそれぞれ 2 乗した数の和が，もっとも大きい数の 2 乗に等しいとき，これらの 3 つの整数を求めなさい。

▶▶ **1 2**

考え方　連続した 3 つの正の整数を x の式で表し，方程式をつくります。

（小さい方の 2 つの数をそれぞれ 2 乗した数の和）＝（もっとも大きい数の 2 乗）

答え　3 つの正の整数のうち，中央の数を x とすると，もっとも小さい数は $x-1$，もっとも大きい数は $x+1$ と表される。

プラスワン　連続した 3 つの整数
もっとも小さい数を x とすると，
　x, $x+1$, $x+2$
もっとも大きい数を x とすると，
　$x-2$, $x-1$, x

方程式は，　　　　$(x-1)^2+x^2=(x+1)^2$

整理すると　$x^2-\boxed{①}\,x=0$

　　　　　$x\left(x-\boxed{①}\right)=0$　　　よって，　$x=0$, $\boxed{①}$

方程式の解が問題にあっているか，かならず調べよう。

$x=0$ は問題にあわない。

$x=\boxed{①}$ は問題にあっている。

よって，求める 3 つの数は，$\boxed{②}$，$\boxed{①}$，$\boxed{③}$

●図形の問題

教科書 p.83

例題 2
長さ 20 cm の針金を折り曲げて面積 24 cm² 長方形をつくるとき，長方形の 2 辺の長さを求めなさい。

▶▶ **3 4**

考え方　長方形の縦の長さ，横の長さを x の式で表し，方程式をつくります。

（縦の長さ）×（横の長さ）＝（長方形の面積）

（周の長さ）＝2×{（縦の長さ）＋（横の長さ）}

答え　縦の長さを x cm とすると，横の長さは $10-x$(cm) と表される。

方程式は，　　　　$x(10-x)=24$

　　　　$x^2-10x+\boxed{①}=0$

　　　　$(x-4)\left(x-\boxed{②}\right)=0$

　　　　　　$x=4$, $\boxed{②}$

（図：横 $10-x$，縦 x，面積 24cm²）

これらは問題にあっている。

よって，縦の長さが 4 cm のとき，横の長さは $\boxed{②}$ cm

縦の長さが $\boxed{②}$ cm のとき，横の長さは 4 cm

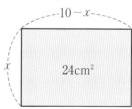

1 【整数の問題】連続する2つの正の整数があります。それぞれを2乗した数の和は，小さい方の数の12倍より1大きくなります。 教科書 p.82 例題1

□(1) 連続した2つの正の整数のうち，小さい方の数を x として，方程式をつくりなさい。

□(2) 連続した2つの正の整数を求めなさい。

2 【整数の問題】2けたの正の整数があります。この整数の一の位の数は，十の位の数の2倍より3小さくなります。 教科書 p.82

□(1) 十の位の数を x として，この整数を表しなさい。

□(2) この整数の十の位の数の2乗に29を加えた数は，もとの整数と等しくなります。もとの整数を求めなさい。

3
章

教科書79〜85ページ

3 【図形の問題】正方形の畑があります。この畑の縦を3m短くし，横を3m長くして長方形にすると，面積は91 m² になります。もとの正方形の畑の1辺の長さを求めなさい。 教科書 p.83

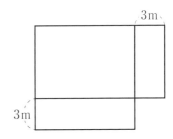

4 【図形の問題】横が縦の2倍の長さの長方形の厚紙があります。この4すみから1辺が2cmの正方形を切り取り，ふたのない直方体の容器をつくると，容積は140 cm³ になりました。はじめの厚紙の縦と横の長さを求めなさい。 教科書 p.83 例題2

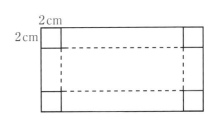

例題の答え **1** ①4 ②3 ③5 **2** ①24 ②6

2節 二次方程式の利用 ①

よく出る ① 次の問いに答えなさい。

□(1) 二次方程式 $x^2+ax-12=0$ の解の1つが -3 であるとき，a の値と他の解を求めなさい。

□(2) 二次方程式 $x^2+ax+b=0$ の解が5と7であるとき，a と b の値を求めなさい。

□(3) 二次方程式 $x^2-6x+c=0$ の0でない1つの解が，他の解の2倍となるとき，c の値を求めなさい。

よく出る ② 次の問いに答えなさい。

□(1) ある数から3をひいて2乗したら，もとの数の8倍より40小さくなるとき，ある数を求めなさい。

□(2) 連続する3つの正の整数があり，最小の数と最大の数の積の5倍は，中央の数の2乗の4倍より20大きいとき，これらの3つの数を求めなさい。

□(3) 連続する2つの正の奇数があり，小さい奇数の2乗は大きい奇数の8倍より7小さいとき，この2つの奇数を求めなさい。

③ 次の問いに答えなさい。

□(1) 2けたの正の整数があり，十の位の数は一の位の数より6大きく，それぞれの位の数の積はその整数より66小さいとき，この整数を求めなさい。

□(2) 十の位の数が一の位の数より3大きい2けたの正の整数があり，それぞれの位の数の和を2乗した数は，その整数の十の位と一の位の数を入れかえてできる数だけ，もとの数より大きくなります。もとの整数を求めなさい。

ヒント ① (3) 1つの解を n とおけば，他の解は $2n$ で表されます。
③ 十の位の数を a，一の位の数を b として2けたの数を表すと，$10a+b$ となります。

●二次方程式の利用の問題では文章をよく読み，文字を使った正しい関係式をつくりましょう。正しく二次方程式が解けても，その解が問題の条件にあてはまっているかどうかをかならず確かめるようにしましょう。答えに $\sqrt{}$ がふくまれていても正しい場合もあります。

定期テスト
予報

4 右の図は，2つの正方形 ABCD と PQRB です。CR＝8 cm で，点 P は辺 AB 上にあり，PB の長さは PA の長さよりも長いものとします。△AQP の面積が 3 cm² となるのは，正方形 PQRB の1辺の長さが何 cm のときですか。

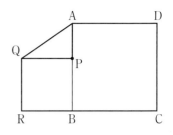

5 右の図のように，縦が 3 m，横が 10 m の長方形の花だんがあります。この花だんの縦と横をそれぞれ同じ長さずつのばして，その面積がもとの面積の2倍になるようにします。何 m ずつのばせばよいですか。

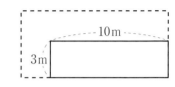

6 物体が高いところから自然に落ちるとき，落ちはじめてから t 秒間に落ちる距離は，およそ $5t^2$ m と表されます。

(1) あるがけの上から谷底へ石を落としたら，3秒で谷底に着きました。このがけの谷底からの高さを求めなさい。

(2) あるがけの上から谷底まで 20 m あるとき，がけの上から石を落とし，谷底に着くまでの時間を求めなさい。

7 右の図のように，AB＝20 cm，BC＝30 cm，∠B＝90° の直角三角形 ABC があります。点 P は辺 BC 上を毎秒 3 cm の速さで B から C まで動き，点 Q は辺 AB 上を毎秒 2 cm の速さで B から A まで動きます。このとき，点 P を通って AB に平行にひいた直線が AC と交わる点を R とします。平行四辺形 AQPR の面積が 126 cm² になるのは，P，Q が同時に出発してから何秒後ですか。

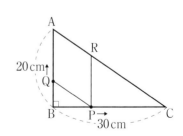

ヒント 　**4** AP＝AB－PB＝BC－RB＝(RC－RB)－RB＝RC－2RB
7 t 秒後の AQ と BP の長さを t を使って表します。

3章　二次方程式

時間 30分　／100点　合格 70点

❶ 1，2，3，4 のうち，次の二次方程式の解であるものを答えなさい。

(1) $4x^2 - 15x + 9 = 0$　　　　(2) $3x^2 + x - 4 = 0$

知

❶ 点/6点（各3点）

(1)

(2)

❷ 次の二次方程式を解きなさい。 知

(1) $4x^2 = 12$　　　　(2) $(x-10)^2 - 8 = 0$

(3) $(x+1)^2 = \dfrac{4}{25}$　　　　(4) $x^2 - 8x - 48 = 0$

(5) $x^2 + 121 = -22x$　　　　(6) $6x^2 = 13x$

(7) $-\dfrac{1}{2}x^2 + \dfrac{2}{9} = 0$　　　　(8) $16\left(x - \dfrac{5}{4}\right)^2 = 9$

(9) $3x^2 + 10x - 8 = 0$　　　　(10) $2x^2 - 6x - 1 = 0$

❷ 点/40点（各4点）

(1)

(2)

(3)

(4)

(5)

(6)

(7)

(8)

(9)

(10)

❸ 次の二次方程式を解きなさい。 知

(1) $4x^2 + 12x - 72 = 0$　　　　(2) $2x^2 - 3 = 3(x-1)$

(3) $7y - 6 = y^2 + 3(y-6)$　　　　(4) $3(t-2)(t+1) = 2(t^2 - 4)$

❸ 点/16点（各4点）

(1)

(2)

(3)

(4)

成績評価の観点　知…数量や図形などについての知識・技能　考…数学的な思考・判断・表現

④ 次の問いに答えなさい。 知

(1) 二次方程式 $x^2+ax+b=0$ の解が，1 と 3 であるとき，a, b の値を求めなさい。

(2) 二次方程式 $x^2+cx+6=0$ の解の 1 つが 1 であるとき，c の値と他の解を求めなさい。

(3) 二次方程式 $x^2-6x+d=0$ の解の 1 つが $3-\sqrt{5}$ であるとき，d の値と他の解を求めなさい。

④ 点/24点（各4点）

	a の値
(1)	b の値
	c の値
(2)	他の解
	d の値
(3)	他の解

 ⑤ 大小 2 つの正の整数があり，2 つの数の差は 2 です。それぞれを 2 乗した数の和が 74 になるとき，これら 2 つの整数を求めなさい。 考

⑤ 点/4点

⑥ 縦 15 m，横 20 m の長方形の土地があります。この土地に右の図のように，縦と横に同じ幅の道をつけて，残りを畑にしたところ，畑の面積は 234 m² になりました。この道幅を求めなさい。 考

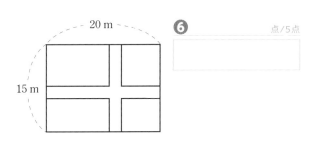

⑥ 点/5点

 ⑦ 縦と横の長さの比が 3：2 の長方形の銅板があります。この 4 すみから図のように 1 辺 5 cm の正方形を切り取り，容積 1 L のふたのない箱をつくりたいと思います。もとの銅板の縦と横の長さを求めなさい。 考

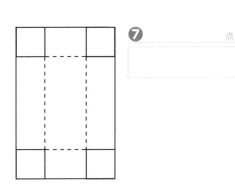

⑦ 点/5点

知	/86点	考	/14点

3 章

教科書 66〜89 ページ

解答▶▶ p.24　71

●二次方程式

・移項して整理すると,
$$(x \text{ の二次式}) = 0$$
という形になる方程式を, x についての**二次方程式**といいます。

・x についての二次方程式は, 一般に
$$ax^2 + bx + c = 0$$
（a は0でない定数, b, c は定数）という式で表されます。

・二次方程式を成り立たせる文字の値を, その二次方程式の**解**といい, 解をすべて求めることを**二次方程式を解く**といいます。

●平方根の考え方による解き方

・$ax^2 = b$ の形の二次方程式は, $x^2 = k$ の形に変形し, k の平方根を求めることによって解くことができます。

・$(x+m)^2 = n$ の形の二次方程式は, $x+m$ を1つのものとみて, これを X とすると, $X^2 = n$ となり, $ax^2 = b$ の解き方と同じ方法で解くことができます。

・二次方程式 $x^2 + px + q = 0$ は, 左辺が因数分解できない場合でも,
$$(x+m)^2 = n$$
の形に変形して解くことができます。

(例) 二次方程式 $x^2 + 4x - 6 = 0$ を解く。
数の項 -6 を移項すると,
$$x^2 + 4x = 6$$
x の係数4の半分の2乗を両辺にたすと,
$$x^2 + 4x + 2^2 = 6 + 2^2$$
$$(x+2)^2 = 10$$
$$x + 2 = \pm\sqrt{10}$$
$$x = -2 \pm \sqrt{10}$$

●二次方程式の解の公式

二次方程式 $ax^2 + bx + c = 0$ の解は,
$$x = \frac{-b \pm \sqrt{b^2 - 4ac}}{2a}$$

[注意] 計算すると約分できる場合や, $\sqrt{}$ がはずれる場合もあります。

(例) 二次方程式 $2x^2 + 3x - 3 = 0$ を解の公式を使って解くと,
解の公式で, $a=2$, $b=3$, $c=-3$ の場合だから,
$$x = \frac{-3 \pm \sqrt{3^2 - 4 \times 2 \times (-3)}}{2 \times 2}$$
$$= \frac{-3 \pm \sqrt{9 + 24}}{4}$$
$$= \frac{-3 \pm \sqrt{33}}{4}$$

●因数分解による解き方

（x の二次式）$=0$ の形の方程式で, 左辺が因数分解できるときは, 次のことを使うと方程式を解くことができます。

　2つの数や式を A, B とするとき,
　$A \times B = 0$ ならば, $A = 0$ または $B = 0$

(例) 二次方程式 $x^2 - x - 6 = 0$ を解くと,
$$x^2 - x - 6 = 0$$
$$(x+2)(x-3) = 0$$
$$x = -2, \ 3$$
二次方程式 $x^2 - 4 = 0$ を解くと,
$$x^2 - 4 = 0$$
$$(x+2)(x-2) = 0$$
$$x = -2, \ 2$$
二次方程式 $x^2 + 6x + 9 = 0$ を解くと,
$$x^2 + 6x + 9 = 0$$
$$(x+3)^2 = 0$$
$$x + 3 = 0$$
$$x = -3$$

[注意] 二次方程式では, 解が1つになるものもあります。

ぴたトレ
0
スタートアップ

4章　関数 $y=ax^2$

次の学習に
入る前に
取り組もう。

□ **比例，反比例**　　　　　　　　　　　　　　　　　　　◀ 中学1年

y が x の関数で，$y=ax$ で表されるとき，y は x に比例するといい，

$$y=\frac{a}{x}$$ で表されるとき，y は x に反比例するといいます。

このとき，a を比例定数といいます。

□ **一次関数**　　　　　　　　　　　　　　　　　　　　　◀ 中学2年

y が x の関数で，y が x の一次式で表されるとき，y は x の一次関数であるといい，
一般に $y=ax+b$ の形で表されます。
一次関数 $y=ax+b$ では，変化の割合は一定で，a に等しくなります。

$$変化の割合 = \frac{y の増加量}{x の増加量} = a$$

1 次の x と y の関係を式に表しなさい。このうち，y が x に比例
するもの，y が x に反比例するもの，y が x の一次関数である
ものをそれぞれ答えなさい。

　(1)　面積 $100\ \text{cm}^2$ の平行四辺形の底辺 x cm と高さ y cm

　(2)　80 ページの本を，x ページ読んだときの残りのページ数
　　　　y ページ

　(3)　1 個 80 円の消しゴムを x 個買ったときの代金 y 円

◀ 中学1年〈比例と反比
例〉
中学2年〈一次関数〉

ヒント
式の形をみると……

2 一次関数 $y=-3x+5$ について，次の問いに答えなさい。
　(1)　x の値が 1 から 4 まで変わるときの y の増加量を求めなさい。

　(2)　x の増加量が 1 のときの y の増加量を求めなさい。

　(3)　x の増加量が 4 のときの y の増加量を求めなさい。

◀ 中学2年〈一次関数〉

ヒント
(1) x の増加量を求め
ると……

1節 関数とグラフ
1 関数 $y=ax^2$

●関数 $y=ax^2$

教科書 p.92〜93

例題 1 次の場合，x と y の関係を式に表しなさい。 ▶▶ 1

(1) 縦 x cm，横 $2x$ cm の長方形の面積 y cm²

(2) 底面の 1 辺が x cm，高さ 5 cm の正四角柱の体積 y cm³

考え方 x と y の関係が $y=ax^2$（a は定数）の形で表される関数があります。

(1) （長方形の面積）＝（縦）×（横）

(2) （角柱の体積）＝（底面積）×（高さ）

答え (1) （長方形の面積）＝（縦）×（横）より，$x \times 2x =$ ①〔　〕

よって，$y=$ ①〔　〕

(2) （角柱の体積）＝（底面積）×（高さ）より，②〔　〕 $\times 5 =$ ③〔　〕

よって，$y=$ ③〔　〕

●関数 $y=ax^2$ の性質

教科書 p.93

例題 2 関数 $y=4x^2$ について，次の問いに答えなさい。 ▶▶ 2

(1) $x=2$，4，6 のときの y のそれぞれの値を求めなさい。

(2) $x=2$ から $x=6$ と 3 倍になると，y の値は何倍になりますか。

考え方 x と y の関係が $y=ax^2$（a は定数）で表されるとき，y は x の 2 乗に比例するといい，a を比例定数といいます。また，対応する x^2 と y の値の商 $\dfrac{y}{x^2}$ は一定で，a になります。$y=ax^2$ では，x の値が n 倍になると，y の値は n^2 倍になります。

答え (1) $y=4x^2$ に $x=2$ を代入すると，$y=4 \times 2^2 = 16$

$x=4$ を代入すると $y=$ ①〔　〕，$x=6$ を代入すると $y=$ ②〔　〕

(2) $x=2$ のとき $y=16$，$x=6$ のとき $y=$ ②〔　〕

よって，y の値は ③〔　〕 倍になる。

> **プラスワン** 関数 $y=ax^2$ の性質
>
> $y=ax^2$ の性質から，x の値が 3 倍になると，y の値は 3^2 倍になると考えることができます。

●関数 $y=ax^2$ の式を求める

教科書 p.94

例題 3 y は x の 2 乗に比例し，$x=3$ のとき $y=18$ です。x と y の関係を式に表しなさい。 ▶▶ 3

考え方 y は x の 2 乗に比例するとき，$y=ax^2$ で表されます。

答え 比例定数を a とすると，$y=ax^2$

$x=3$ のとき $y=18$ だから，$18=a \times 3^2$ ← $y=ax^2$ に $x=3$，$y=18$ を代入

$a=$ ①〔　〕 よって，$y=$ ②〔　〕

1 【関数 $y=ax^2$】次の場合，x と y の関係を式に表しなさい。 教科書 p.93 問 1

□(1) 縦が x cm で，横が縦の長さの 4 倍である長方形の面積 y cm²

□(2) 底面の半径が x cm で，高さが 6 cm の円錐の体積 y cm³

□(3) 直角をはさむ 1 辺が x cm の直角二等辺三角形の面積 y cm²

□(4)

x	0	1	2	5	7	10
x^2	0	1	4	25	49	100
y	0	2	8	50	98	200

2 【関数 $y=ax^2$ の性質】関数 $y=4x^2$ について，次の問いに答えなさい。 教科書 p.93 問 2

□(1) x の値を 2 倍すると，y の値は何倍になりますか。

⚠ ミスに注意
n^2 倍は n の 2 倍としないように注意しましょう。
3^2 は 6 ではなく 9 です。

□(2) x の値を 5 倍すると，y の値は何倍になりますか。

□(3) x の値を $\dfrac{1}{4}$ 倍すると，y の値は何倍になりますか。

□(4) x の値が 4 からその $\dfrac{1}{2}$ 倍になると，y はもとの値の何分のいくつになりますか。

3 【関数 $y=ax^2$ の式を求める】次の場合，x と y の関係を式に表しなさい。

教科書 p.94 例題 1

□(1) y は x の 2 乗に比例し，比例定数が -1

●キーポイント
y は x の 2 乗に比例する
⇕
$y=ax^2$（a は定数）

□(2) y は x の 2 乗に比例し，$x=2$ のとき $y=36$

□(3) y は x の 2 乗に比例し，$x=-2$ のとき $y=12$

□(4) 関数 $y=ax^2$ で，$x=-3$ のとき $y=-63$

例題の答え **1** ①$2x^2$ ②x^2 ③$5x^2$ **2** ①64 ②144 ③9 **3** ①2 ②$2x^2$

●関数 $y = x^2$ のグラフ

教科書 p.95〜96

例題1　関数 $y = x^2$ のグラフについて，どのようなことがいえますか。　▶▶1

考え方　関数 $y = x^2$ のグラフは，原点を通るなめらかな曲線になります。
また，y 軸を折り目として折ると，ぴったり重なります。

答え　関数 $y = x^2$ では，x の値が -2 と 2 のように，絶対値が等しく，符号が反対のとき，これらに対応する y の値は等しくなる。
したがって，$y = x^2$ のグラフは，y 軸を対称の軸として ① ____ である。
また，$x = 0$ のとき $y = 0$ になるので，グラフは ② ____ を通り，x が 0 以外のとき，y は正の値をとるので，グラフは x 軸の ③ ____ 側にある。

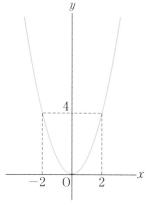

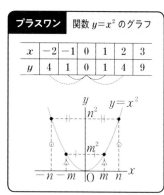

プラスワン　関数 $y = x^2$ のグラフ

x	-2	-1	0	1	2	3
y	4	1	0	1	4	9

●関数 $y = ax^2$ のグラフ

教科書 p.96〜101

例題2　関数 $y = -\dfrac{1}{2}x^2$ のグラフをかきなさい。　▶▶23

考え方　関数 $y = ax^2$ のグラフは放物線で，y 軸を対称の軸とする線対称な図形です。
その対称の軸を放物線の軸といい，軸と放物線の交点を，放物線の頂点といいます。
関数 $y = ax^2$ のグラフは，a の符号によって次のようになります。
　$a > 0$ のとき　グラフは x 軸の上側にあり，上に開いている。
　$a < 0$ のとき　グラフは x 軸の下側にあり，下に開いている。

答え　関数 $y = -\dfrac{1}{2}x^2$ の比例定数は ① ____ だから，グラフは原点を頂点として，x 軸の下側にあり，下に開く放物線となります。x と y の値の対応は下の表のようになる。

x	-6	-2	0	2	4	6
x^2	36	②	0	4	④	36
y	-18	-2	0	③	-8	-18

この対応をもとにグラフをかく。

$y = -\dfrac{1}{2}x^2$ に x の値を代入して求めよう。

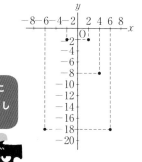

1 【関数 $y=x^2$ のグラフ】関数 $y=x^2$ について，
次の問いに答えなさい。 教科書 p.95 問 1

□(1) 下の表を完成させなさい。

x	$\cdots$	-3	-2.5	-2	-1.5	-1	-0.5
y	$\cdots$		6.25		2.25		0.25

0	0.5	1	1.5	2	2.5	3	$\cdots$
							$\cdots$

□(2) $y=x^2$ のグラフをかきなさい。

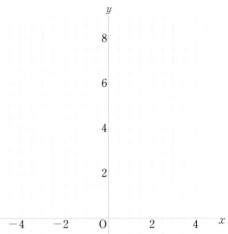

2 【関数 $y=ax^2$ のグラフ】関数 $y=\dfrac{1}{4}x^2$ について，
次の問いに答えなさい。 教科書 p.98 問 3

□(1) 下の表を完成させ，グラフをかきなさい。

x	$\cdots$	-6	-5	-4	-3	-2	-1
y	$\cdots$	9	6.25		2.25		0.25

0	1	2	3	4	5	6	$\cdots$
							$\cdots$

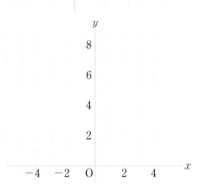

□(2) x 軸を対称の軸として，(1)のグラフと線対称なグラフの式を求めなさい。

3 【関数 $y=ax^2$ のグラフ】次の㋐〜㋔の関数について，下の問いに記号で答えなさい。

教科書 p.101

㋐ $y=-6x^2$　　㋑ $y=2x^2$　　㋒ $y=-4x^2$　　㋓ $y=-5x^2$　　㋔ $y=4x^2$

□(1) グラフが x 軸の上側にあるものを答えなさい。

□(2) グラフが x 軸の下側にあるものを答えなさい。

□(3) グラフが x 軸を対称の軸として線対称であるのは，どれと
どれですか。

●キーポイント
$0<a<b<c$ のとき

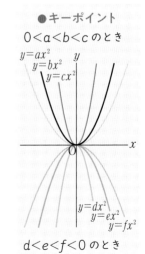

$d<e<f<0$ のとき

1節 関数とグラフ ①, ②

1 底面の1辺の長さが x cm，高さが 8 cm の正四角柱の体積を y cm³ とします。

□(1) x と y の関係を式に表しなさい。

□(2) $x=3$ のときの y の値を求めなさい。

□(3) 底面の1辺の長さが2倍，3倍，4倍，……になると，体積はどのようになりますか。

2 次の x と y の関係を式に表しなさい。

□(1) y は x の2乗に比例し，$x=2$ のとき $y=24$ である。

□(2) y は x の2乗に比例し，$x=-6$ のとき $y=18$ である。

 3 y は x の2乗に比例し，$x=3$ のとき $y=-36$ です。

□(1) x と y の関係を式に表しなさい。

□(2) $x=\dfrac{1}{2}$ のときの y の値を求めなさい。

4 関数 $y=ax^2$ で，x と y の関係が下の表のようになるとき，表の空欄をうめなさい。

□

x	-2	1	3	5
y	①	②	27	③

ヒント 2 $y=ax^2$ に x，y の値を代入して，a の値を求めます。
4 まず，x と y の関係を式に表してから，x の値を代入します。

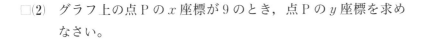
定期テスト
予報
●関数 $y=ax^2$ の比例定数 a から，グラフの形をかけるようにしておこう。
対応する x，y の値から比例定数を求められるように練習しておこう。また，比例定数から，グラフの向きや開き方など，大まかな形をつかめるようにしよう。

5 右の図は，関数 $y=ax^2$ のグラフです。

□(1) a の値を求めなさい。

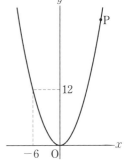

□(2) グラフ上の点 P の x 座標が 9 のとき，点 P の y 座標を求めなさい。

□(3) グラフ上で，x 座標と y 座標が等しい点の座標を求めなさい。

6 $y=ax^2$，$y=bx^2$，$y=cx^2$ のグラフは，それぞれ点 $(1,\ 3)$，$(-3,\ -9)$，$(-2,\ 1)$ を通ります。

□(1) a，b，c の値を求めなさい。

□(2) $x=-4$ のときの y の値を求めなさい。

7 右の図は，次の 4 つの関数のグラフを，同じ座標軸を使ってかいたものです。それぞれの関数のグラフを記号で答えなさい。

□(1) $y=-\dfrac{1}{4}x^2$　　□(2) $y=\dfrac{1}{2}x^2$

□(3) $y=x^2$　　□(4) $y=-3x^2$

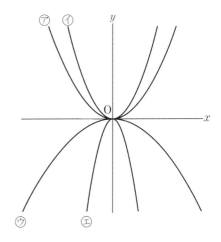

 5 (3) x 座標と y 座標が等しい点の座標を $(m,\ m)$ とし，$y=ax^2$ に代入します。
　　　 7 比例定数の符号と比例定数の絶対値の大小を比較し，関数 $y=ax^2$ のグラフの特徴を考えます。

2節　関数 $y=ax^2$ の値の変化
① 関数 $y=ax^2$ の値の増減と変域

● 関数 $y=ax^2$ の値の増減

教科書 p.104

例題 1 関数 $y=3x^2$ の値はどのように変化しますか。 ▶▶ **1**

考え方　関数 $y=ax^2$ の y の値の増減は次のようになります。

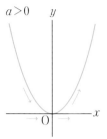

	$a>0$ の場合	$a<0$ の場合
x の値が増加していくとき	$x\leqq0$ で減少 $x\geqq0$ で増加	$x\leqq0$ で増加 $x\geqq0$ で減少
$x=0$ のとき	$y=0$（最小）	$y=0$（最大）
すべての値で	$y\geqq0$	$y\leqq0$

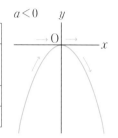

答え　関数 $y=3x^2$ の比例定数は正だから，x の値が増加するにつれて，y の値は，

$x\geqq$ [①　　　] の範囲では増加し，$x\leqq$ [②　　　] の範囲では減少する。

また，$x=0$ のとき，y の値は [③　　　] で，最小になる。

x がどんな値をとっても，$y\geqq$ [④　　　] である。

y の値の増加・減少は原点が境になっているね。

● x の変域に制限があるときの y の変域

教科書 p.105

例題 2 関数 $y=3x^2$ について，x の変域が $-4\leqq x\leqq6$ のときの y の変域を求めなさい。 ▶▶ **2 3**

考え方　関数 $y=ax^2$ で，x の変域に制限がある場合，グラフは，右のように，放物線の実線部分となります。また，グラフの横の幅は，x の変域を表し，グラフの縦の幅は，y の変域を表します。

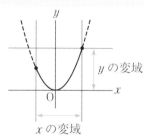
y の変域
x の変域

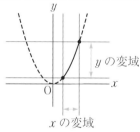
y の変域
x の変域

x の変域に制限があるときの y の変域を求めるには，$x\leqq0$ の範囲と $x\geqq0$ の範囲に分けて，x の変域に対する y の変域を求め，その両方を合わせた y の範囲を考えます。

答え　関数 $y=3x^2(-4\leqq x\leqq6)$ のグラフは，右のようになる。

関数 $y=3x^2(-4\leqq x\leqq6)$ について，$-4\leqq x\leqq0$ では，y の

値は，[①　　　] から 0 まで減少し，$0\leqq x\leqq6$ では，y の

値は 0 から [②　　　] まで増加する。 ← $x=-4$ のとき $y=48$
$x=6$ のとき $y=108$

よって，y の変域は，[③　　　] $\leqq y\leqq$ [②　　　] ← x の変域に 0 をふくむとき，$x=0$ のとき y は最小または最大

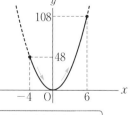
108
48
-4　0　6

ここがポイント

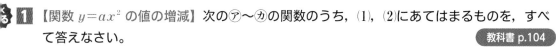

1 【関数 $y=ax^2$ の値の増減】次の⑦～⑰の関数のうち，⑴，⑵にあてはまるものを，すべて答えなさい。

教科書 p.104

⑦ $y=4x^2$　　　⑦ $y=-3x^2$　　　⑦ $y=-\dfrac{1}{2}x^2$

⑨ $y=\dfrac{1}{3}x^2$　　　⑨ $y=-\dfrac{1}{4}x^2$　　　⑰ $y=\dfrac{x^2}{6}$

● **キーポイント**
x の値が増加していくときの y の値の増減は，a の値や x の変域によって異なります。

□⑴ $x \geqq 0$ の範囲で x の値が増加するとき，y の値が減少する。

□⑵ $x=0$ のとき，y の値が最小となる。

2 【x の変域に制限があるときの y の変域】関数 $y=\dfrac{1}{2}x^2$ について，x の変域が次のときの y の変域を答えなさい。

教科書 p.105 例 1

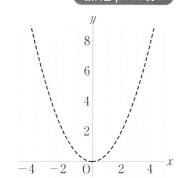

□⑴ $0 \leqq x \leqq 2$

□⑵ $-4 \leqq x \leqq -2$

□⑶ $-2 \leqq x \leqq 4$

3 【x の変域に制限があるときの y の変域】関数 $y=-\dfrac{1}{2}x^2$ について，x の変域が次のときの y の変域を答えなさい。

教科書 p.105 問 2

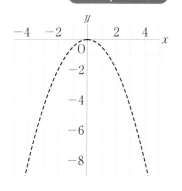

□⑴ $2 \leqq x \leqq 4$

□⑵ $-6 \leqq x \leqq -4$

□⑶ $-4 \leqq x \leqq 2$

例題の答え **1** ①0 ②0 ③0 ④0 **2** ①48 ②108 ③0

解答▶▶ p.28　81

4章 関数 $y=ax^2$

2節 関数 $y=ax^2$ の値の変化
2 関数 $y=ax^2$ の変化の割合

● 関数 $y=ax^2$ の変化の割合 教科書 p.106〜107

例題 1 関数 $y=3x^2$ について，x の値が 1 から 3 まで増加するときの変化の割合を求めなさい。 ▶▶ **1**〜**3**

考え方 関数 $y=ax^2$ の変化の割合は，一次関数とは異なり一定ではありません。

x の増加量に対する y の増加量を求めて計算します。

答え $x=1$ のとき，$3\times1^2=3$ $x=3$ のとき，$3\times3^2=27$

x の増加量は，$3-1=2$

y の増加量は，$27-3=$ ①□

変化の割合は，$\dfrac{\boxed{①}}{2}=$ ②□

> **プラスワン** 変化の割合
>
> 変化の割合 $=\dfrac{y\text{ の増加量}}{x\text{ の増加量}}$

● 平均の速さ 教科書 p.108

例題 2 ある斜面で，ボールがころがりはじめてからの時間を x 秒，その間にころがる距離を y m とすると，$y=2x^2$ という関係がありました。このとき，1 秒後から 4 秒後までの平均の速さを求めなさい。 ▶▶ **4**

考え方 （平均の速さ）＝（進んだ道のり）÷（かかった時間）で求められます。

かかった時間は x の増加量，進んだ道のりは y の増加量となります。

答え $x=1$ のとき，$y=$ ①□ $x=4$ のとき，$y=$ ②□
$\phantom{x=1\text{ のとき，}y=}2\times1^2$ $\phantom{x=4\text{ のとき，}y=}2\times4^2$

よって，平均の速さ $=\dfrac{\boxed{②}-\boxed{①}}{4-1}=$ ③□   秒速 ③□ m

● 一次関数 $y=ax+b$ と関数 $y=ax^2$ 教科書 p.109

例題 3 一次関数 $y=ax+b$ と関数 $y=ax^2$ の特徴をくらべなさい。

考え方 一次関数 $y=ax+b$ と関数 $y=ax^2$ の特徴には，違いがあります。

式の形，グラフの形，y の値の増減，変化の割合をくらべます。

答え

式の形	$y=ax+b$	$y=ax^2$
グラフの形	①	②
y の値の増減	一定	③
変化の割合	一定	一定ではない

> グラフの特徴の違いから考えるとわかりやすいね。

1 【関数 $y=ax^2$ の変化の割合】関数 $y=2x^2$ について，x の値が次のように増加するとき の変化の割合を求めなさい。

教科書 p.107 例題 1

□(1) 0 から 3 まで ・・・・・・・ □(2) 4 から 7 まで

●キーポイント
$y=ax^2$ で，x の値が p から q まで増加する ときの変化の割合は，
$$\frac{aq^2-ap^2}{q-p}$$

□(3) -5 から -3 まで ・・・・・・・ □(4) -10 から -5 まで

2 【関数 $y=ax^2$ の変化の割合】関数 $y=-4x^2$ について，x の値が次のように増加すると きの変化の割合を求めなさい。

教科書 p.107 問 2

□(1) 2 から 5 まで ・・・・・・・ □(2) 6 から 10 まで

□(3) -6 から -2 まで ・・・・・・・ □(4) -9 から -5 まで

3 【関数 $y=ax^2$ の変化の割合】次の関数について，x の値が( )のように増加するとき の変化の割合を求めなさい。

教科書 p.107 問 1, 問 2

□(1) $y=2x^2$ （1 から 5 まで） ・・・・・・・ □(2) $y=-3x^2$ （-6 から -2 まで）

4 【平均の速さ】下の図のように，1 目もりが 1 cm の数直線があります。点 P は原点 O を出 発して，数直線上を矢印の向きに動きます。出発してから x 秒後の点 P の位置を y とする と，x と y の関係は $y=1.5x^2$ となります。

教科書 p.108 例題 2

□(1) O を出発してから 2 秒後，4 秒後，6 秒後の点 P の 3 つの位 置を求めなさい。

●キーポイント
かかった時間は x の 増加量，進んだ道のり は y の増加量で表さ れるので，平均の速さ を求めるには，変化の 割合を求めればよいこ とになります。

□(2) 2 秒後から 4 秒後，4 秒後から 6 秒後までの点 P の平均の速 さを求めなさい。

例題の答え **1** ①24 ②12 **2** ① 2 ②32 ③10 **3** ①直線 ②放物線 ③一定ではない（変化する）

2節　関数 $y=ax^2$ の値の変化　$\boxed{1}$, $\boxed{2}$

 1 次の⑦〜⑪の関数について，下の問いに記号で答えなさい。

⑦　$y=-x^2$
　　⑦　$y=2x^2$
　　⑦　$y=-6x^2$

⑤　$y=\dfrac{1}{3}x^2$
　　⑦　$y=-\dfrac{1}{4}x^2$
　　⑪　$y=\dfrac{5}{2}x^2$

□(1)　x がどんな値をとっても，$y\leqq0$ となるものをすべて答えなさい。

□(2)　$x\leqq0$ の範囲で，x の値が増加するとき，y の値が減少するものをすべて答えなさい。

□(3)　$x=0$ のとき，y の値が最大となるものをすべて答えなさい。

2 関数 $y=\dfrac{1}{4}x^2$ について，x の変域が次のとき，y の変域を求めなさい。

□(1)　$2\leqq x\leqq6$
　　□(2)　$-8\leqq x\leqq-4$
　　□(3)　$-2\leqq x\leqq10$

3 関数 $y=-2x^2$ について，x の変域が次のとき，y の変域を求めなさい。

□(1)　$1\leqq x\leqq3$
　　□(2)　$-5\leqq x\leqq-2$
　　□(3)　$-3\leqq x\leqq6$

4 関数 $y=3x^2$ について，x の値が次のように増加するときの変化の割合を求めなさい。

□(1)　1 から 4
　　　　　□(2)　-5 から -2

5 関数 $y=-\dfrac{1}{3}x^2$ について，x の値が次のように増加するときの変化の割合を求めなさい。

□(1)　3 から 6
　　　　　□(2)　-12 から -9

ヒント　**2** (3)x の変域に0がふくまれているとき，$x=0$ のとき y の値は最小または最大になります。
　　　　4 (変化の割合)＝(y の増加量)÷(x の増加量) で求めます。

定期テスト
予報

●変域の問題では，簡単なグラフをかいて考えよう。
x の変域に 0 がふくまれているときは，y の変域に注意しましょう。変化の割合は一次関数のように一定ではないので x，y の値を代入して正確に求めましょう。

6 関数 $y=ax^2$ において，x の変域が $-4 \leqq x \leqq 2$ のとき，y の変域は $0 \leqq y \leqq 8$ である。

□(1) a の値を求めなさい。

□(2) x の値が -4 から 2 まで増加するとき，この関数の変化の割合を求めなさい。

7 関数 $y=ax^2$ で，次の場合に a の値を求めなさい。

□(1) x の変域が $-2 \leqq x \leqq 1$ のとき，y の変域が $-12 \leqq y \leqq 0$

□(2) x の値が 3 から 5 まで増加するとき，変化の割合が 40

□(3) x の値が -6 から -2 まで増加するとき，変化の割合が 32

8 高いところからボールを自然に落とすとき，x 秒間に落ちる距離を y m とすると，およそ $y=5x^2$ という関係があります。

□(1) はじめの 3 秒間に，ボールは何 m 落ちますか。

□(2) 平均の速さが毎秒 40 m になるのは，ボールが落ちはじめて 3 秒後から何秒後までですか。

ヒント
7 (1)比例定数 a の符号を考えます。グラフをかくと考えやすくなります。
8 (2)平均の速さは，変化の割合をもとに考えます。

4 章

教科書 102〜109ページ

3節 いろいろな事象と関数
1 関数 $y=ax^2$ の利用

● 制動距離

教科書 p.111

例題 1

時速 x km で走る自動車の制動距離を y m とすると，$y=0.007x^2$ という関係があるとします。時速 40 km と時速 50 km のときの制動距離の差を求めなさい。また，時速 60 km と時速 70 km のときの制動距離の差を求めなさい。このことからどのようなことがわかりますか。 ▶▶ 1 2

考え方 時速 x km で走る自動車の制動距離を y m とすると，y は x の 2 乗に比例します。
$y=0.007x^2$ について，$x=40$，50，60，70 のときの y の値とそれぞれの差を求めて，どのようなことがわかるか考えます。

答え 時速 40 km での制動距離は，$y=0.007\times40^2=11.2$
時速 50 km での制動距離は，$y=0.007\times50^2=17.5$
よって，その差は，

$$17.5-11.2=\boxed{①}\ (\mathrm{m})$$

時速 60 km での制動距離は，$y=25.2$
時速 70 km での制動距離は，$y=34.3$

その差は $\boxed{②}$ m となり，時速が 10 km 大きくなるごとに，

制動距離の差は $\boxed{③}$ m ずつ大きくなっている。

> **プラスワン** 制動距離
>
> ブレーキがききはじめてから，停止するまでに自動車が動く距離を制動距離といいます。
> その比例定数は，車の種類や道路の状態などによって変わります。

● ふりこの長さと周期

教科書 p.112

例題 2

周期が x 秒のふりこの長さを y m とすると，およそ $y=\dfrac{1}{4}x^2$ という関係があります。 ▶▶ 3

(1) 周期が 1 秒のふりこの長さを求めなさい。
(2) 長さが 4 m のふりこの周期を求めなさい。

考え方 $y=\dfrac{1}{4}x^2$ に (1) $x=1$，(2) $y=4$ を，それぞれ代入します。

答え (1) 周期が 1 秒だから，$y=\dfrac{1}{4}\times1^2=\boxed{①}$

よって，ふりこの長さは $\boxed{①}$ m になる。

(2) 長さが 4 m だから，

$$4=\frac{1}{4}x^2 \qquad x^2=16 \qquad x=\boxed{②}\ \leftarrow x=\pm\sqrt{16}$$

$x>0$ だから，$\boxed{③}$ 秒

> **プラスワン** ふりこの周期
>
> ふりこの長さが 4 倍になると，周期は 2 倍になります。

周期は，おもりの動きやふれ幅に関係なく，ふりこの長さだけで決まるんだね。

1 【制動距離】時速 x km で走る自動車の制動距離を y m とすると，y は x の2乗に比例し，$y = 0.008x^2$ で表されます。 教科書 p.111

□(1) 時速 40 km で走っているときと時速 50 km で走っているときの制動距離の差を求めなさい。

□(2) ある速さで走っていたときの制動距離は 7.2 m でした。このときの自動車の時速を求めなさい。

2 【制動距離】時速 x km で走る自動車の制動距離を y m とすると，y は x の2乗に比例します。ある自動車が，時速 40 km で走っているときの制動距離は，12 m となりました。 教科書 p.111 問1, 問2

□(1) x と y の関係を式に表しなさい。

□(2) 時速 60 km と時速 80 km の制動距離の差を求めなさい。

□(3) 制動距離を 48 m 以下にするには，時速何 km 以下で走ればよいですか。

4章

教科書 111〜113 ページ

3 【ふりこの長さと周期】周期が x 秒のふりこの長さを y m とすると，およそ $y = \dfrac{1}{4}x^2$ という関係があります。 教科書 p.112 問3, 問4

□(1) 周期が2秒のふりこの長さを求めなさい。

□(2) 長さ9 m のふりこの周期を求めなさい。

例題の答え **1** ①6.3 ②9.1 ③1.4 **2** ①$\dfrac{1}{4}$ ②±4 ③4

4章 関数 $y=ax^2$

3節 いろいろな事象と関数
② いろいろな関数

●いろいろな関数

教科書 p.114〜115

例題 1
下の表は，自転車を借りる時間と料金の関係を示したものです。借りる時間を x 時間，そのときの料金を y 円として，次の問いに答えなさい。 ▶▶**1**

時間	2時間まで	4時間まで	6時間まで	8時間まで	12時間まで
料金	500 円	800 円	1100 円	1300 円	1500 円

(1) 3時間のときと7時間のときの料金をそれぞれ求めなさい。

(2) 4時間15分のときの料金を求めなさい。

考え方 これまでに学んできた関数 $y=ax+b$ や関数 $y=ax^2$ などのほかにもいろいろな関数があります。
時間の範囲と料金との対応を考えます。

答え (1) 3時間は，$2<x\leqq4$ の範囲にあるので，⬚① 円

7時間は，$6<x\leqq8$ の範囲にあるので，⬚② 円

(2) 4時間15分は，$4<x\leqq6$ の範囲にあるので，

⬚③ 円

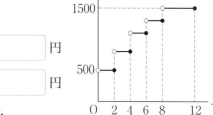

● は，端の点をふくむ
○ は，端の点をふくまない

例題 2
あるタクシーの乗車料金は，最初 2 km までは 500 円ですが，2 km を超えると，500 m 進むごとに 100 円が加算されます。 ▶▶**1**

(1) 乗車距離が 3700 m のとき，乗車料金を求めなさい。

(2) 乗車料金を y 円，乗車距離を x km として，乗車料金 1000 円までの y の値を求めなさい。

考え方 乗車距離の範囲と乗車料金との対応を考えます。

答え (1) 2 km を超えた分の距離は 1700 m だから，加算回数は，

$1700÷500=3.4$ より，⬚① 回。よって，乗車料

金は，$500+100×$⬚① $=$⬚② 円

(2) 　$0<x\leqq2.0$ のとき，$y=500$

$2.0<x\leqq2.5$ のとき，$y=600$ 　←$500+100×1$

$2.5<x\leqq3.0$ のとき，$y=$⬚③ 　←$500+100×2$

$3.0<x\leqq3.5$ のとき，$y=$⬚④ 　←$500+100×3$

$3.5<x\leqq4.0$ のとき，$y=$⬚⑤ 　←$500+100×4$

$4.0<x\leqq4.5$ のとき，$y=$⬚⑥ 　←$500+100×5$

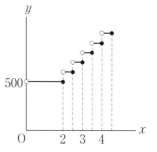

乗車料金は，乗車距離の関数だけど，乗車距離は乗車料金の関数ではないんだよ。

1 【いろいろな関数】ある駐車場の駐車料金は，最初の 1 時間までは 200 円です。駐車時間が 1 時間を超えるとき，1 時間につき 100 円が加算されます。駐車時間を x 時間，駐車料金を y 円として，次の問いに答えなさい。 教科書 p.114〜115

□(1) 3 時間 20 分駐車したときの y の値を求めなさい。

□(2) 駐車料金 1000 円のときの x の変域を求めなさい。

□(3) x と y の関係を表すグラフをかきなさい。

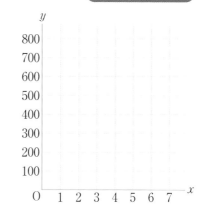

2 【いろいろな関数】下の図 1 は，縦 4 cm，横 6 cm の長方形 ABCD です。いま点 P が頂点 B を出発して，毎秒 2 cm の速さで，頂点 A，D を経て頂点 C まで進みます。

点 P が頂点 B を出発して x 秒後の △PBC の面積を y cm² とするとき，y を x の式で表し，そのグラフを図 2 にかきなさい。 教科書 p.114〜115

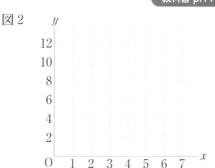

3 【いろいろな関数】高さ 10 m の木があります。この木は毎年，前の年の 10 % だけのびていくものとします。 教科書 p.114〜115

□(1) この木の 1 年後の高さを求めなさい。

□(2) この木の 3 年後の高さを求めなさい。

例題の答え **1** ①800 ②1300 ③1100 **2** ①4 ②900 ③700 ④800 ⑤900 ⑥1000

3節　いろいろな事象と関数　①，②

❶ 時速 x km で走る自動車の制動距離を y m とすると，y は x の 2 乗に比例します。いま，路面状態の異なる 2 つの道路 A，B をある自動車で走るとして，次の問いに答えなさい。

□(1)　A の道路を，時速 40 km で走るときの制動距離が 9.6 m であるとき，時速 50 km で走ったときの制動距離を求めなさい。

□(2)　B の道路を，時速 60 km で走るのと時速 30 km で走るのでは，制動距離に 21.6 m の差がありました。速度と制動距離との関係を表す比例定数を求めなさい。

□(3)　A と B の両方の道路で走ったときの制動距離の差を，時速 80 km と時速 100 km の場合について，それぞれ求めなさい。

❷ 周期が x 秒のふりこの長さを y m とすると，およそ $y = \dfrac{1}{4}x^2$ という関係があります。

□(1)　あるふりこ A があります。ふりこ A の 2 倍の周期のふりこの長さは 4 m です。ふりこ A の周期と長さを求めなさい。

□(2)　あるふりこ B があります。ふりこ B の 4 倍の長さのふりこの周期は 8 秒です。ふりこ B の周期と長さを求めなさい。

❸ 下の表は，定形外郵便物の重さと料金の関係を示したものです。

重さ	50 g まで	100 g まで	150 g まで	250 g まで	500 g まで	1 kg まで
料金	120 円	140 円	210 円	250 円	390 円	580 円

□(1)　300 円以下で送ることができる郵便物は何 g までですか。

□(2)　重さを x g，そのときの料金を y 円とするとき，重さ 370 g をふくむ範囲の x と y の関係を式に表しなさい。

ヒント　❷ (1)は A でないふりこの長さをもとに，(2)は B でないふりこの周期をもとに考えます。
　　　　❸ (2)370 g をふくむ範囲は，何 g を超えて何 g までかを考えます。

定期テスト予報
●関数 $y=ax^2$ を利用して解く問題や，いろいろな関数の問題も解けるようにしておこう。
x の値が決まると，それにともなって y の値が 1 つに決まるのが関数なので，問題をよく読んで，どんな関数になるかを考えて，グラフの形から x，y の値を読みとれるようにしよう。

4 図 1 は，縦 20 cm，横 30 cm，高さ 15 cm の直方体の容器で，中に 10 cm 間隔で，高さ 5 cm と 10 cm の 2 枚のしきり板が張ってあります。図 1 のように，左手前部分のパイプで 1 分間に 500 cm³ の割合で給水します。

x 分間給水したときの左手前部分にはいった水の深さを y cm として，x と y の関係を式に表し，そのグラフを図 2 にかきなさい。

ただし，しきり板の厚さは考えないものとします。

図 1

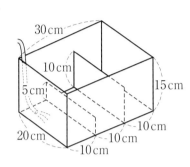

図 2

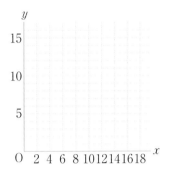

5 右の図は，関数 $y=-x^2$ のグラフ上に 2 点 A，B をとり，直線 AB と x 軸との交点を C としたものです。2 点 A，B の x 座標はそれぞれ 1，-2 です。

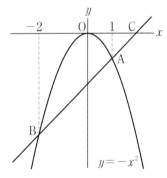

□(1)　直線 AB の式を求めなさい。

□(2)　△OBC の面積を求めなさい。

ヒント
4 注水し始めてから満水になるまでの水の深さ y は，一定に増加するわけではないことに注意します。
5 (1) $y=-x^2$ に $x=1$，$x=-2$ をそれぞれ代入して，2 点 A，B の y 座標を求めます。

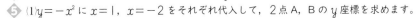

4章　関数 $y=ax^2$

時間 30分	/100点	合格 70点

❶ 次の場合，x と y の関係を式に表しなさい。知

(1)　上底 $3x$ cm，下底 $5x$ cm，高さ x cm の台形の面積 y cm²

(2)　y は x の 2 乗に比例し，$x=2$ のとき $y=-24$

(3)　関数 $y=ax^2$ で，$x=-5$ のとき $y=20$

❶ 点/15点（各5点）

(1)	
(2)	
(3)	

❷ 次の㋐～㋓の関数について，下の問いに記号で答えなさい。知

㋐　$y=5x^2$　　㋑　$y=\dfrac{1}{7}x^2$　　㋒　$y=-\dfrac{1}{5}x^2$　　㋓　$y=-8x^2$

(1)　グラフが下に，もっとも大きく開いているのはどれですか。

(2)　x がどんな値をとっても，$y \geqq 0$ で，もっとも比例定数の小さいものはどれですか。

(3)　$x<0$ で，x の値が 1 だけ増加するとき，y の値がもっとも大きく減少するのはどれですか。

❷ 点/15点（各5点）

(1)	
(2)	
(3)	

❸ $y=ax^2$ のグラフについて，次の問いに答えなさい。知

(1)　右の 2 つの放物線①，②の式を求めなさい。

(2)　右の図に，$y=-\dfrac{1}{4}x^2$ のグラフをかきなさい。

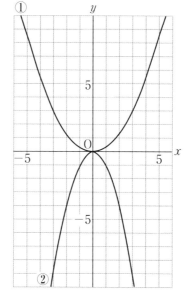

❸ 点/15点（各5点）

(1)	①	
	②	
(2) 左の図にかきなさい。		

　成績評価の観点　　知…数量や図形などについての知識・技能　　考…数学的な思考・判断・表現

④ 次の問いに答えなさい。[知]

(1) 関数 $y = 2x^2$ で，x の変域が $-1 \leqq x \leqq 4$ のとき，y の変域を求めなさい。

(2) 関数 $y = -3x^2$ で，x の変域が $-2 \leqq x \leqq a$ のとき，y の変域が $-27 \leqq y \leqq b$ になりました。a，b の値を求めなさい。

(3) 関数 $y = ax^2$ で，x の値が 1 から 3 まで増加するときの変化の割合が 2 になりました。a の値を求めなさい。

④ 点/20点（各5点）

(1)

(2) a の値

b の値

(3)

⑤ ある電車は，動きはじめてから x 秒間に動く距離を y m とすると，$0 \leqq x \leqq 40$ の間では，y は x の 2 乗に比例するそうです。動きはじめてから 8 秒間に 16 m 動くとして，次の問いに答えなさい。[考]

(1) x と y の関係を式に表しなさい。

(2) 動きはじめてから 10 秒間に動く距離を求めなさい。

(3) 10 秒後から 20 秒後までの平均の速さを求めなさい。

⑤ 点/21点（各7点）

(1)

(2)

(3)

4 章

教科書90〜119ページ

⑥ 右の図は，関数 $y = ax^2$ のグラフで 2 点 A，B はグラフ上の点です。A の座標が $(-4, 8)$ のとき，次の問いに答えなさい。[考]

(1) a の値を求めなさい。

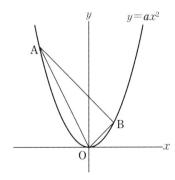

(2) B の x 座標は 2 です。△AOB の面積を求めなさい。

⑥ 点/14点（各7点）

(1)

(2)

● 関数 $y=ax^2$

・x と y の関係が，$y=ax^2$（a は定数）で表されるとき，y は x の2乗に比例するといいます。a を比例定数といいます。

・$y=ax^2$ について，対応する x^2 と y の値の商 $\dfrac{y}{x^2}$ は一定で，a に等しくなります。

● 関数 $y=ax^2$ のグラフ

1 y 軸を対称の軸として線対称である。

2 原点を通る。

3 $a>0$ のとき，上に開いた放物線で，原点以外の放物線上の点は x 軸の上側にある。
$a<0$ のとき，下に開いた放物線で，原点以外の放物線上の点は x 軸の下側にある。

4 比例定数 a の絶対値が大きいほど，グラフの開き方は小さくなる。

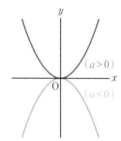

● $y=ax^2$ の値の変化

・$a>0$ のとき

1 x の値が増加するにつれて，
$x \leqq 0$ の範囲では，y の値は減少する。
$x \geqq 0$ の範囲では，y の値は増加する。

2 $x=0$ のとき，y の値は0で，最小になる。

3 x がどんな値をとっても，$y \geqq 0$ である。

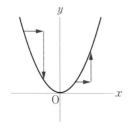

・$a<0$ のとき

1 x の値が増加するにつれて，
$x \leqq 0$ の範囲では，y の値は増加する。
$x \geqq 0$ の範囲では，y の値は減少する。

2 $x=0$ のとき，y の値は0で，最大になる。

3 x がどんな値をとっても，$y \leqq 0$ である。

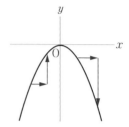

● 関数 $y=ax^2$ の変域

x の変域の端の値が，y の変域の端の値に必ず対応しているとは限りません。

(例) 関数 $y=x^2$ について，x の変域が $-1 \leqq x \leqq 2$ のとき，y の値は，
$x=0$ のとき，最小の値0
$x=2$ のとき，最大の値4
をとるから，y の変域は，$0 \leqq y \leqq 4$

● 変化の割合

・関数 $y=ax^2$ の変化の割合は一定ではありません。

(例) $y=x^2$ について，
x の値が1から2まで増加するときの変化の割合は，
$$\dfrac{y \text{の増加量}}{x \text{の増加量}} = \dfrac{4-1}{2-1} = 3$$
x の値が3から4まで増加するときの変化の割合は，
$$\dfrac{y \text{の増加量}}{x \text{の増加量}} = \dfrac{16-9}{4-3} = 7$$

・関数 $y=ax^2$ で，x の値が p から q まで増加するときの変化の割合は，グラフ上の2点 (p, ap^2)，(q, aq^2) を通る直線の傾きと等しくなります。

5章　図形と相似

次の学習に入る前に取り組もう。

□ **比例式の性質**

$a:b=c:d$ ならば，$ad=bc$

◀ 中学1年

□ **三角形の合同条件**

◀ 中学2年

2つの三角形は，次のそれぞれの場合に合同です。

① 3組の辺が，それぞれ等しいとき

② 2組の辺とその間の角が，それぞれ等しいとき

③ 1組の辺とその両端の角が，それぞれ等しいとき

❶ 次の比例式を解きなさい。

◀ 中学1年〈比例式〉

(1) $x:5=6:15$

(2) $12:x=3:8$

ヒント

比例式の性質を使って……

(3) $6:9=x:15$

(4) $x:(x+3)=4:7$

❷ 下の図の三角形を，合同な三角形の組に分けなさい。
また，そのとき使った合同条件を答えなさい。

◀ 中学2年〈三角形の合同条件〉

ヒント

三角形の辺の長さや角の大きさに目をつけて……

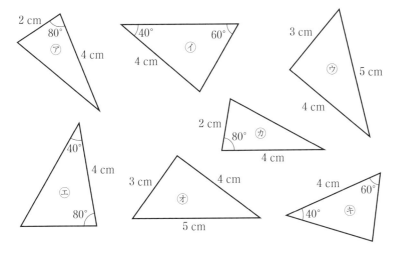

5章　図形と相似

1節　図形と相似
① 相似な図形

●相似な図形

教科書 p.122〜124

例題 **1**
右の図で，△ABC∽△DEF のとき，対応
する辺の長さ，対応する角の大きさについ
て，どのようなことがいえますか。　▶▶**1**

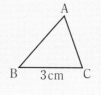
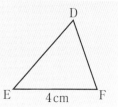

考え方　相似な図形について，次のことがいえます。

❶　相似な図形では，対応する線分の長さの比は，すべて等しい。

❷　相似な図形では，対応する角の大きさは，それぞれ等しい。

答え　BC＝3 cm，EF＝4 cm より，

AB：DE＝□① : □②

AC：DF＝3：4

また，∠B＝∠E

∠□③ ＝∠F

∠A＝∠D

> プラスワン　**相似な図形**
>
> 2つの図形があって，一方の図形を
> 拡大または縮小したものと，他方の
> 図形が合同であるとき，この2つの
> 図形は**相似**であるといいます。

●相似比

教科書 p.124〜125

例題 **2**
右の図で，四角形 ABCD∽四角形 EFGH のと
き，次の問いに答えなさい。　▶▶**2** **3**
(1)　相似比を求めなさい。
(2)　FG の長さを求めなさい。

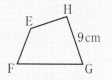

考え方　相似な2つの図形で，対応する線分の長さの比を相似比といいます。

相似な図形の対応する辺の比が等しいことを使って，辺の長さを求めることができます。

答え　(1)　CD＝6 cm，GH＝9 cm より，四角形 ABCD と四角形
EFGH の相似比は，

6：9＝□① : □②

(2)　相似な図形の対応する線分の長さの比は等しいから，

CD：GH＝BC：FG

FG＝x cm とすると，

6：9＝8：x　　　6x＝□③　　　x＝□④

よって，FG＝□④ （cm）

> 比の値を用いて，
> 「四角形 ABCD の四角形
> EFGH に対する相似比は
> $\frac{2}{3}$ です」ということがあ
> ります。

1 【相似な図形】右の図で，五角形 ABCDE と五
角形 OPQRS は相似です。 教科書 p.123

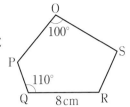

□(1) 2つの五角形が相似であることを，記号∽
を使って表しなさい。

□(2) 右の図の中にできる次の三角形と相似な三角形を見つけ，
記号∽を使って表しなさい。

　① △ABC　　　　② △CDE　　　　③ △ACE

⚠ミスに注意
相似の記号∽を使って
表すとき，対応する頂
点を順に並べます。

□(3) ∠A, ∠P の大きさを求めなさい。

□(4) AB：OP，CE：QS の比をそれぞれ求めなさい。

2 【相似比】下の㋐〜㋒の三角形はすべて相似です。次の2つの三角形の相似比を求めなさ
い。 教科書 p.124 例2

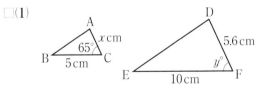

□(1) ㋐と㋑

□(2) ㋑と㋒

□(3) ㋐と㋒

3 【比の性質を使って辺の長さを求めること】下の図で，△ABCと△DEFが相似であるとき，
x，y の値を，それぞれ求めなさい。 教科書 p.125 例題 1，問 5

□(1)

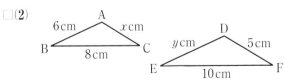

□(2)

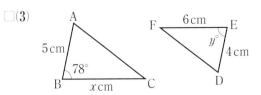

□(3)

●相似な図形の作図

教科書 p.126〜127

 右の図の三角形 ABC を 2 倍に拡大した三角形 DEF を，
3 つの辺の長さを使ってかく方法について説明しなさい。

▶▶**1**

考え方 相似な三角形をかくには，3 つの方法があります。

㋐ 3 つの辺の長さを使ってかく。

㋑ 2 つの辺の長さと，その間の角の大きさを使ってかく。

㋒ 1 つの辺の長さと，その両端の角の大きさを使ってかく。

答え EF＝2BC となる辺 EF をかく。

次に，点 D を求めるためにコンパスを使って，点 E を中心に半径 2AB の円と，

点 F を中心に半径 $\boxed{①}$ の円をかき，その円の交点の 1 つを点 $\boxed{②}$

とする。点 $\boxed{②}$ と点 E，点 F を結ぶと，求める △DEF となる。

●三角形の相似条件

教科書 p.127〜128

 下の図の 6 つの三角形のうち，相似な三角形の組を答えなさい。 ▶▶**2 3**

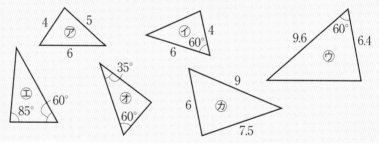

考え方 2 つの三角形は，次のそれぞれの場合に相似です。

❶ 3 組の辺の比が，すべて等しいとき

❷ 2 組の辺の比とその間の角が，それぞれ等しいとき

❸ 2 組の角が，それぞれ等しいとき

三角形の合同条件と
よく似ているね。

答え 相似条件の種類にあわせて考えると，

3 組の辺の比が，すべて等しいから，

　　　㋐と $\boxed{①}$ が相似 ← 4：6＝5：7.5＝6：9＝2：3

2 組の辺の比とその間の角が，それぞれ等しいから，

　　　㋑と $\boxed{②}$ が相似 ← 6：9.6＝4：6.4＝5：8

2 組の角が，それぞれ等しいから，

　　　㋕と $\boxed{③}$ が相似 ←㋒のもう 1 つの角は，180°−(60°−85°)＝35°

1 【相似な図形の作図】右の図の △ABC を $\frac{1}{2}$ 倍に縮小した △DEF

を，次の2つの方法で作図しなさい。 教科書 p.126, 127 問1

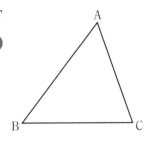

☐(1) 2つの辺の長さと，その間の角の大きさを使う。

☐(2) 1つの辺の長さと，その両端の角の大きさを使う。

2 【三角形の相似条件】下の図の三角形を，相似な三角形の組に分けなさい。

☐ また，そのとき使った相似条件を答えなさい。 教科書 p.128 問2

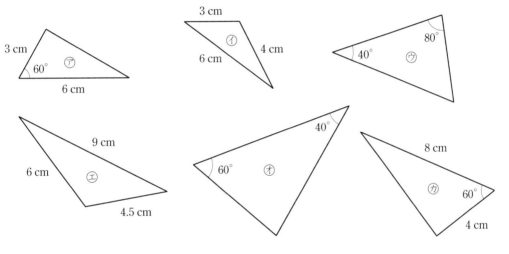

3 【三角形の相似条件】下の図で，相似な三角形の組を見つけ，その関係を記号∽を使って

表しなさい。

また，そのとき使った相似条件を答えなさい。 教科書 p.128 問3

☐(1)

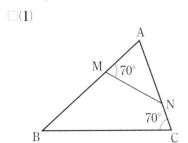

☐(2)

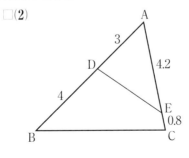

●キーポイント

△ABC∽△DEF

　ならば，

AB：DE＝BC：EF

　＝AC：DF

∠A＝∠D, ∠B＝∠E

∠C＝∠F

頂点は対応する順であ

ることを忘れずに。

5
章

教科書
126
〜
128
ページ

例題の答え **1** ①2AC ②D **2** ①カ ②ウ ③エ

5章 図形と相似

1節 図形と相似
③ 三角形の相似条件と証明

● 三角形の相似条件を使った証明

教科書 p.129〜131

例題 1 右の図で，△ABC∽△PBQ であることを証明しなさい。 ▶▶ **1**〜**3**

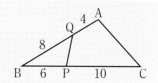

考え方 対応する辺の比や角について成り立つ関係を調べ，相似条件のどれが使えるかを考えます。

証明 △ABC と △PBQ で，

$$AB:PB=(4+8):6=2:1$$

$$BC:BQ=(6+10):8=\boxed{①}:\boxed{②} \quad より，$$

$$AB:PB=BC:BQ \quad \cdots\cdots ⑦$$

また，$\angle ABC=\angle \boxed{③}$（共通） $\cdots\cdots ①$

⑦，①から，2組の辺の比とその間の角が，それぞれ等しいので，

$$△ABC∽△PBQ$$

プラスワン 相似な図形の見方

対応する2つの三角形の対応がつかみにくいときは，片方の三角形を回転させたり，裏返した図をかくと，考えやすくなります。

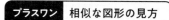
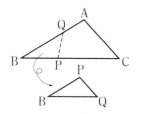

例題 2 右の図は，∠C=90° の △ABC で，C から辺 AB に垂線 CD をひいたものです。このとき，△ABC∽△CBD であることを証明しなさい。 ▶▶ **1**〜**3**

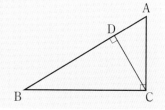

考え方 2つの三角形で，辺や角が，どのように対応しているかを考えます。

証明 △ABC と △CBD で，

$$\angle ACB=90°，\quad \angle \boxed{①} =90° \quad より，$$

$$\angle ACB=\angle \boxed{①} \quad \cdots\cdots ⑦$$

また，$\angle ABC=\angle \boxed{②}$（共通） $\cdots\cdots ①$

⑦，①から，2組の角が，それぞれ等しいので，

$$△ABC∽△CBD$$

△ABC∽△PQR のとき，
辺 AB と辺 PQ
辺 BC と辺 QR
辺 CA と辺 RP
が対応しているよ。

1 【三角形の相似条件を使った証明】下の図の △ABC と △DEF で，次の問いに答えなさい。

教科書 p.131

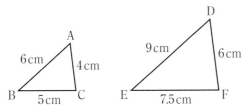

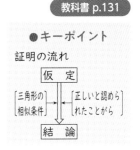

●キーポイント
証明の流れ

仮　定
↓
三角形の　　正しいと認めら
相似条件　　れたことがら
↓
結　論

☐(1)　△ABC∽△DEF であることを証明しなさい。

☐(2)　BC の長さが 5 cm でなく，3 cm 長い 8 cm だったとすれば，△ABC∽△DEF であるための EF の長さを求めなさい。

2 【三角形の相似条件を使った証明】右の図のような △ABC で，次の問いに答えなさい。 教科書 p.131 練習問題 2

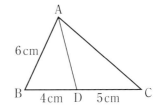

☐(1)　△ABC∽△DBA であることを証明しなさい。

☐(2)　AD＝5.6 cm のとき，AC の長さを求めなさい。

3 【三角形の相似条件を使った証明】右の図は，∠A＝90° の △ABC の辺 AB 上の点 P から斜辺 BC に垂線 PQ をひいたものです。 教科書 p.131

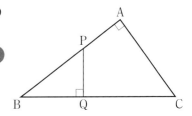

☐(1)　△ABC∽△QBP であることを証明しなさい。

☐(2)　AB＝8 cm，BC＝10 cm，CA＝6 cm，PB＝5 cm のとき，BQ と PQ の長さを求めなさい。

例題の答え **1** ①2　②1　③PBQ　**2** ①CDB　②CBD

1節　図形と相似　$\boxed{1}$〜$\boxed{3}$

① △ABC∽△DEF のとき，次の問いに答えなさい。

☐(1)　△ABC と △DEF の相似比が 1：2 で，DE＝4 cm のとき，AB の長さを求めなさい。

☐(2)　△ABC の △DEF に対する相似比が $\dfrac{3}{5}$，BC＝15 cm のとき，EF の長さを求めなさい。

☐(3)　AB＝6 cm，CA＝8 cm，DE＝10 cm のとき，FD の長さを求めなさい。

② 下の図の △ABC と △DEF について，次の問いに答えなさい。

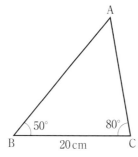
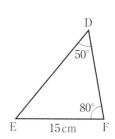

☐(1)　△ABC∽△DEF です。このときの相似条件を答えなさい。

☐(2)　△ABC と △DEF の相似比を求めなさい。

③ 右の図で，△ABC は，AB＝AC の二等辺三角形で，BD は
☐　∠ABC の二等分線です。このとき，△ABC∽△BDC であることを証明しなさい。

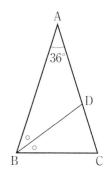

④ 右の図のような，AD∥BC の台形 ABCD があり，O は対角線の交点です。

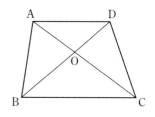

☐(1)　△AOD∽△COB であることを証明しなさい。

☐(2)　AD＝6 cm，BC＝9 cm，AC＝10 cm のとき，AO の長さを求めなさい。

ヒント　③　二等辺三角形の 2 つの底角は等しいので，∠ABC＝∠ACB＝(180°−36°)÷2＝72°
　　　　④　(2)AO＝x cm とすると，CO＝10−x(cm) と表せます。

●相似条件を使って，2つの三角形が相似であることを証明できるようにしておこう。
相似の問題では，対応する辺の長さや線分の長さを求める問題が多いので，相似比から対応する辺や線分の長さを求める比例式を正しくつくることができるようにしておきましょう。

5 右の図で，△ABD と △CAD は，相似であることを証明
□ しなさい。

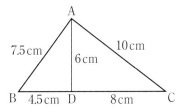

6 右の図について，次の問いに答えなさい。

□(1) △OAB∽△ODC であることを証明しなさい。

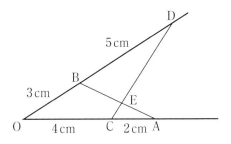

□(2) △CAE∽△BDE であることを証明しなさい。

7 右の図で，△ABC は正三角形で，∠APQ＝60° です。
□ このとき，△ABP∽△PCQ であることを証明しなさい。

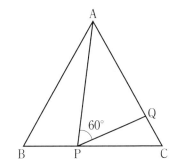

8 右の図で，OX は ∠AOB の二等分線，AH⊥OX，
□ BK⊥OX です。このとき，OA×BK＝OB×AH が
成り立つことを証明しなさい。

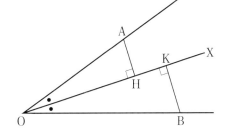

5
章

教科書
120
〜
131
ページ

 ヒント  **5** 3組の辺の比に注目します。
8 △AOH∽△BOK となります。

解答▶▶ p.35 103

● 平行線と線分の比

教科書 p.133〜135

| 例題 1 | 右の図で，PQ∥BC のとき，x の値を求めなさい。 ▶▶**1** |

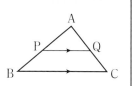

考え方　平行線と線分の比を使います。

答え　　AP：AB＝AQ：AC

$$6：10＝x：8$$

$$10x＝\boxed{①}$$

よって，$x＝\boxed{②}$

| **プラスワン** | **平行線と線分の比** |

△ABC で，辺 AB，AC 上に，それぞれ，
点 P，Q があるとき，
❶　PQ∥BC ならば，
　　AP：AB＝AQ：AC＝PQ：BC
❷　PQ∥BC ならば，AP：PB＝AQ：QC

● 平行線にはさまれた線分の比

教科書 p.136〜137

| 例題 2 | 右の図で，直線 p，q，r が平行のとき，x の値を求めなさい。　▶▶**2** |

考え方　平行線と線分の比の性質を使います。

答え　　　　　$x：8＝5.5：11$

$$\boxed{①}\quad x＝44$$

よって，$x＝\boxed{②}$

| **プラスワン** | **平行線にはさまれた線分の比** |

2 つの直線が，3 つの平行な直線と，
右の図のように交わっているとき，
❶　$a：b＝a'：b'$
❷　$a：a'＝b：b'$

● 三角形の角の二等分線と線分の比

教科書 p.137〜138

| 例題 3 | 右の図で，印をつけた角の大きさが等しいとき，x の値を求めなさい。　▶▶**3** |

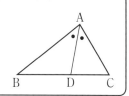

考え方　三角形の角の二等分線と線分の比の性質を使います。

答え　　　$18：12＝x：6$

$$12x＝\boxed{①}$$

よって，$x＝\boxed{②}$

| **プラスワン** | **角の二等分線と線分の比** |

△ABC で，∠A の二等分線と辺 BC
との交点を D とするとき，
　　AB：AC＝BD：DC

1 【平行線と線分の比】下の図で，DE∥BC のとき，x，y の値を，それぞれ求めなさい。

教科書 133 問 1，P.135 問 2, 3

□(1)
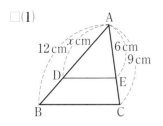

□(2)
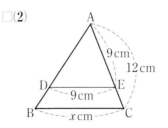

□(3)
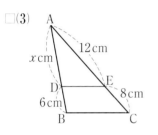

□(4)
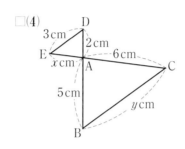

▲ミスに注意

(4) 対応する辺に注意
しよう。
　AB：AD
　＝AC：AE
　＝BC：DE

2 【平行線にはさまれた線分の比】下の図で，2 直線が平行な 3 直線に交わっているとき，x の値を，それぞれ求めなさい。

教科書 p.137 問 5

□(1)
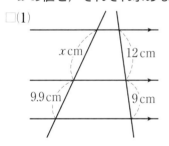

□(2)
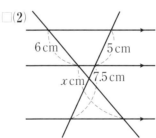

3 【三角形の角の二等分線と線分の比】下の図で，印をつけた角の大きさが等しいとき，x の値を，それぞれ求めなさい。

教科書 p.138 問 6

□(1)
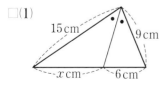

□(2)
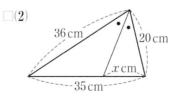

●キーポイント

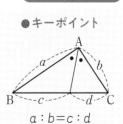

$a：b＝c：d$

例題の答え **1** ①48　②4.8　**2** ①11　②4　**3** ①108　②9

2節 平行線と線分の比
① 平行線と線分の比 ── ②

●線分の比と平行線①

教科書 p.139〜140

例題1 右の図の △ABC で，AP：AB＝AQ：AC ならば，PQ∥BC であることを証明しなさい。　▶▶**1 2**

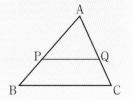

考え方 PQ∥BC がいえるためには，何を示せばよいかを考えます。

証明 △APQ と △ABC で，

$$∠PAQ＝∠\boxed{①} \quad ……⑦$$

仮定より，AP：AB＝AQ：AC　……⑦

⑦，⑦から，2組の辺の比とその間の角が，それぞれ等しいので，

$$△APQ∽△ABC$$

よって，$∠APQ＝∠\boxed{②}$　より，

PQ∥BC

> **プラスワン** 線分の比と平行線
>
> △ABC で，辺 AB，AC 上に，それぞれ，点 P，Q があるとき，
>
> ❶ AP：AB＝AQ：AC ならば，PQ∥BC
> ❷ AP：PB＝AQ：QC ならば，PQ∥BC
>
>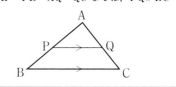

●線分の比と平行線②

教科書 p.140〜141

例題2 右の図で，辺 BC 上の点 O を中心として，四角形 ABCD を 2 倍に拡大した四角形 A′B′C′D′ のかき方を説明しなさい。　▶▶**3 4**

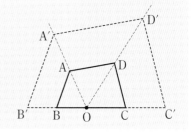

考え方 点 O を通る何本かの直線で，多角形をいくつかの三角形に分けて，それぞれの三角形の相似な三角形を作図することを考えます。

答え OB を延長して，OB′＝2OB となる点 B′ をとる。
同じようにして，

OA を延長して，OA′＝$\boxed{①}$ OA

OD を延長して，OD′＝$\boxed{①}$ OD

OC を延長して，OC′＝$\boxed{①}$ OC

となる点 A′，D′，C′ をとり，その各点を結んでできる四角形 A′B′C′D′ が，求める四角形 ABCD の 2 倍の拡大図になる。

対解

1 【線分の比と平行線①】右の図の △ABC で，DE∥BC であることを証明しなさい。 【教科書 p.139 問7】

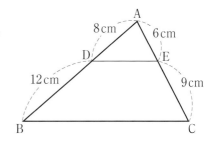

くる

2 【線分の比と平行線①】下の図の △ABC で，平行な線分を答えなさい。 【教科書 p.140 問8】

☐(1)

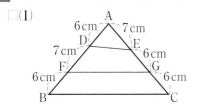

☐(2)

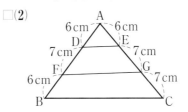

3 【線分の比と平行線②】点 O を中心として，四角形 ABCD を2倍に拡大した四角形 A′B′C′D′ をかきなさい。 【教科書 p.141 問10】

☐(1)

☐(2)

●キーポイント

多角形の拡大・縮小は，拡大，縮小の中心をもとにいくつかの三角形に分け，それぞれの三角形を拡大・縮小しているとみることができます。
拡大・縮小の中心は，どの点でもかまいません。

5章

教科書139〜141ページ

4 【線分の比と平行線②】点 O を中心として，四角形 ABCD を $\frac{1}{2}$ に縮小した四角形 A′B′C′D′ をかきなさい。 【教科書 p.141 問11】

☐(1)

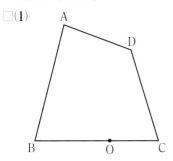

☐(2)

•O

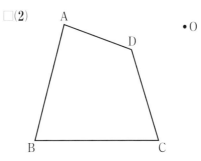

例題の答え **1** ①BAC ②ABC **2** ① 2

●中点連結定理

教科書 p.142〜143

例題1 右の図の △ABC で，辺 AB，BC，CA の中点をそれ
ぞれ P，Q，R とします。このとき，△ABC∽△QRP
であることを証明しなさい。　▶▶**1 2**

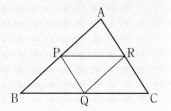

考え方 中点連結定理を使って，△ABC と △QRP の相似条件を見つけます。

証明 △ABC と △QRP で，
中点連結定理より，

AB：QR＝□① ：□② ……⑦

BC：RP＝□① ：□② ……⑦

CA：PQ＝□① ：□② ……⑦

⑦，⑦，⑦から，3組の辺の比が，すべて等しいので，
△ABC∽△QRP

> **プラスワン** 中点連結定理
>
>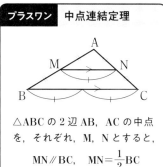
>
> △ABC の 2 辺 AB，AC の中点
> を，それぞれ，M，N とすると，
> MN∥BC，MN＝$\frac{1}{2}$BC

例題2 右の図の四角形 ABCD で，4 辺 AB，BC，CD，DA
の中点を，それぞれ，P，Q，R，S とします。この
とき，四角形 PQRS の周の長さは，四角形 ABCD の
2 本の対角線の和に等しくなることを証明しなさい。
▶▶**3 4**

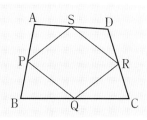

考え方 対角線 AC と BD をひいて，三角形をつくって考えます。

証明 対角線 AC と BD をひく。
中点連結定理より，

PQ＝$\frac{1}{2}$AC ……⑦ ← △BAC
で考える

SR＝$\frac{1}{2}$□① ……⑦ ← △DAC
で考える

QR＝$\frac{1}{2}$□② ……⑦ ← △CBD で考える

SP＝$\frac{1}{2}$BD ……⑤ ← △ADB で考える

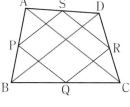

⑦＋⑦＋⑦＋⑤から，

PQ＋SR＋QR＋SP

＝$\frac{1}{2}$AC＋$\frac{1}{2}$□① ＋$\frac{1}{2}$□② ＋$\frac{1}{2}$BD＝AC＋BD

> **プラスワン** 中点を結んで
> できる図形
>
>
>
> 四角形 PQRS は平行四
> 辺形になります。
>
> 対角線 AC＝BD ならば，
> 四角形 PQRS はひし形
> になります。

1 【中点連結定理】下の図で，M，N がそれぞれの辺の中点であるとき，x の値，$\angle y$ の大きさを，それぞれ求めなさい。

教科書 p.142 問 1

□(1)

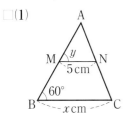

□(2)

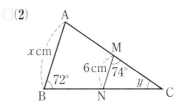

● キーポイント

(2) △ABC で，M，N はそれぞれ辺 AC，辺 BC の中点だから，

MN∥AB

MN＝$\dfrac{1}{2}$AB

2 【中点連結定理】右の図の △ABC で，点 D，E は，それぞれ辺 AB，AC の中点です。点 F は，AC を延長した直線上の点で，EC＝CF です。また，点 G は，辺 BC と線分 DF の交点です。DE＝8 cm のとき，BG の長さを求めなさい。

教科書 p.142 問 1

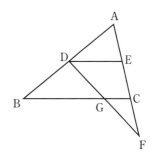

3 【中点連結定理】右の図の四角形 ABCD で，AB＝DC です。AD，BD，BC の中点をそれぞれ L，M，N とするとき，次の問いに答えなさい。

教科書 p.143 問 2，練習問題 2

□(1) △LMN はどんな三角形ですか。

□(2) ∠ABD＝30°，∠BDC＝75° のとき，∠LMN の大きさを求めなさい。

4 【中点連結定理】辺 BC を共有する △ABC と △DBC で，辺 AB，AC，DB，DC の中点をそれぞれ P，Q，R，S とするとき，四角形 PRSQ は平行四辺形であることを証明しなさい。

教科書 p.143

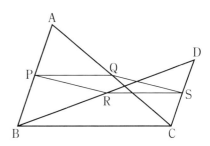

例題の答え **1** ①2 ②1 **2** ①AC ②BD

2節　平行線と線分の比　①，②

よく出る ❶ 下の図で，DE∥BC のとき，x，y の値を，それぞれ求めなさい。

□(1)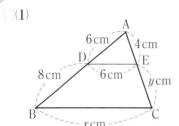

□(2)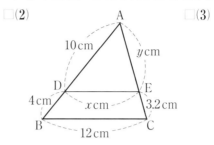

□(3)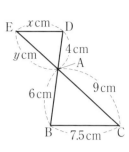

よく出る ❷ 下の図で，2直線が平行な3直線に交わっているとき，x の値を，それぞれ求めなさい。

□(1)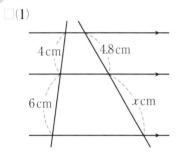

□(2)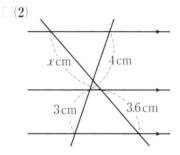

□(3)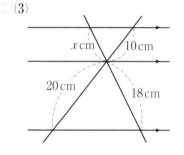

❸ 右の図で，AB∥CD∥EF です。

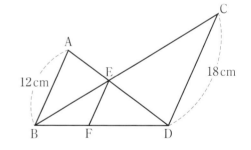

□(1)　△ABE と相似な三角形を答えなさい。

□(2)　BE：EC を求めなさい。

□(3)　EF の長さを求めなさい。

❹ 下の図で，印をつけた角の大きさが等しいとき，x の値を，それぞれ求めなさい。

□(1)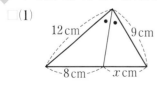

□(2)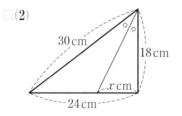

□(3)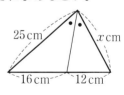

ヒント　❶ (3)△AED を点 A を中心に 180°回転させて考えるのも 1 つの方法です。
　　　　❸ 相似な三角形があることに着目します。

定期テスト
予報

●平行線と線分の比の問題については，等しい比の線分を見つけて比例式をつくるようにしよう。
平行線と線分の比では，$a:b=c:d$という関係式を正しくつくることがたいせつなので，三角形の相似とも結びつけて練習しておきましょう。角の二等分線と線分の比にも注意しましょう。

5 点 O を中心として，下の図の四角形 ABCD を $\frac{2}{3}$ に縮小した四角形 A′B′C′D′ をかきなさい。

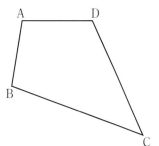

O•

6 右の図で，D，E は AB を 3 等分する点，F，G，H は AC を 4 等分する点で，BH＝9 cm です。次の線分の長さを求めなさい。

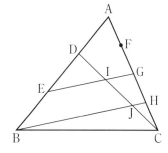

□(1) JH　　　　　□(2) EI

7 右の図で，AD∥BC∥EH，E は AB の中点です。
AD＝6 cm，BC＝18 cm のとき，次の線分の長さを求めなさい。

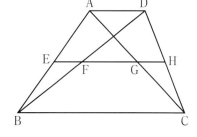

□(1) EG　　　　　□(2) FG

□(3) EH

8 右の図で，AB＝6 cm，BC＝8 cm の平行四辺形 ABCD があります。BC の延長上に CE＝2 cm となる点 E をとり，AE と BD，AE と DC の交点をそれぞれ P，Q とするとき，DQ の長さを求めなさい。

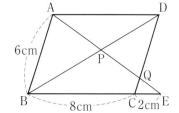

ヒント　**6** D と F を結び，△ABH と △CDF で考えます。
　　　　8 △AQD と △EQC，または，△ABE と △QCE で考えます。

5章

教科書
132～144ページ

3節　相似な図形の計量
1 相似な図形の面積

●相似な図形の面積の比

教科書 p.146〜148

例題 1　相似比が $1:k$ である 2 つの図形 F，F′ の面積の比を求めなさい。　▶▶**1**
(1)　図形 F が縦 a cm，横 b cm の長方形のとき
(2)　図形 F が半径 r cm の円のとき

考え方　相似比 $1:k$ をもとに，図形 F，F′ の面積を求めます。

答え　(1)　図形 F の面積を S とすると，$S=ab$
図形 F′ の面積を $S′$ とすると，縦 ka cm，

横 kb cm だから，$S′=\boxed{^①}\,ab$

よって，$S:S′=ab:\boxed{^①}\,ab$

$=1:\boxed{^①}$

プラスワン　相似な図形の面積

相似比が $1:k$ である相似な図形の
面積の比は，$1:k^2$ となります。

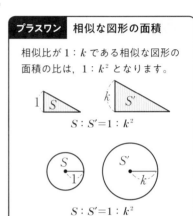

$S:S′=1:k^2$

$S:S′=1:k^2$

(2)　図形 F の面積を S とすると，$S=\pi r^2$
図形 F′ の面積を $S′$ とすると，図形 F′ の
半径は kr cm だから，

$S′=\pi\times(kr)^2=\pi\boxed{^②}$

よって，$S:S′=\pi r^2:\pi\boxed{^②}=1:\boxed{^③}$

例題 2　相似比が $2:3$ の相似な 2 つの図形 F，G があります。F の面積が $720\ \text{cm}^2$ のとき，
G の面積を求めなさい。
また，G の面積が $360\ \text{cm}^2$ であるとき，F の面積を求めなさい。　▶▶**2** **3**

考え方　どのような図形であっても，相似比が $m:n$ ならば，面積の比は $m^2:n^2$ です。

答え　相似比が $2:3$ だから，面積の比は，

$\boxed{^①}:\boxed{^②}$　←$2^2:3^2$

G の面積を $x\ \text{cm}^2$ とすると，

プラスワン　相似な図形の面積の比

相似な 2 つの図形で，相似比が $m:n$
ならば，面積の比は $m^2:n^2$ です。

$720:x=\boxed{^①}:\boxed{^②}$　←$a:b=c:d$ ならば，$ad:bc$

$\boxed{^①}\,x=\boxed{^③}$　　　$x=\boxed{^④}$

また，G の面積が $360\ \text{cm}^2$ のとき，F の面積を $y\ \text{cm}^2$ とすると，

$y:360=\boxed{^①}:\boxed{^②}$

$\boxed{^②}\,y=\boxed{^⑤}$

$y=\boxed{^⑥}$

1 【相似な図形の面積の比】次の問いに答えなさい。 教科書 p.146〜148

□(1)　右の図で，△ABC と △DEF は相似です。

①　△ABC と △DEF の相似比を求めなさい。

②　△ABC と △DEF の周の長さの比を求めなさい。

③　△ABC と △DEF の面積の比を求めなさい。

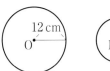

□(2)　右の図は，半径 12 cm の円 O と半径 8 cm の円 P です。

①　円 O と円 P の円周の長さの比を求めなさい。

②　円 O と円 P の面積の比を求めなさい。

2 【相似な図形の面積の比】次の問いに答えなさい。

教科書 p.148 例題 1, 問 2

□(1)　相似比が 2：5 の相似な 2 つの図形 A，B があります。A の面積が 100 cm² のとき，B の面積を求めなさい。

□(2)　相似な 2 つの図形 C，D があります。C の面積が 45 cm²，D の面積が 80 cm² です。図形 C の周の長さが 30 cm のとき，図形 D の周の長さを求めなさい。

□(3)　2 つの円 E と円 F があって，E の面積は 72π cm²，F の面積は 200π cm² です。円 E と円 F の直径の比を求めなさい。

●キーポイント

相似な図形で，

| 相 似 比 …… $m:n$ |
| 面積の比 …… $m^2:n^2$ |

3 【相似な図形の面積の比】△ABC の辺 AB，AC をそれぞれ 3 等分する点を，右の図のように，D，E および F，G とするとき，次の問いに答えなさい。　教科書 p.148 練習問題 1

□(1)　△AEG と △ABC の周の長さの比を求めなさい。

□(2)　△ADF と △ABC の面積の比を求めなさい。

□(3)　△ABC の面積が 108 cm² のとき，台形 DEGF の面積を求めなさい。

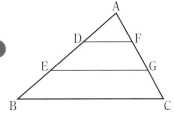

例題の答え **1** ①k^2　②k^2r^2　③k^2　**2** ①4　②9　③6480　④1620　⑤1440　⑥160

5 章　図形と相似

3 節　相似な図形の計量
② 相似な立体の表面積・体積

● 相似な立体

教科書 p.149

例題 1

四面体 ABCD が四面体 EFGH と相似であるとき，相似な面をすべて答えなさい。
また，AC：CD＝□：GH，∠BAC＝∠□ を求めなさい。

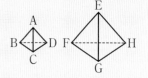

考え方 相似な立体の性質を使って考えます。

答え 四面体 ABCD が四面体 EFGH に対応しているとき，対応する面はそれぞれ相似であるので，相似な面の組み合わせは，

$$\triangle ABC \backsim \triangle EFG, \quad \triangle ACD \backsim \triangle EGH,$$
$$\triangle ABD \backsim \triangle EFH, \quad \triangle BCD \backsim \triangle FGH$$

の 4 組があります。

また，AC：CD＝□①：GH，∠BAC＝∠□② となる。

> **プラスワン** 相似な立体
>
> 相似な立体では，次のことがいえます。
> ・対応する線分の長さの比は，すべて等しい。
> ・対応する面は，それぞれ相似である。
> ・対応する角の大きさは，それぞれ等しい。

● 相似な立体の表面積・体積

教科書 p.150～152

例題 2

相似比が 1：3 の相似な 2 つの立体 A，B があります。
立体 A の表面積が 94 cm²，体積が 60 cm³ のとき，立体 B の表面積と体積を求めなさい。　　▶▶**1**～**3**

考え方 立体の各部の長さをもとに計算することはできないので，相似な立体の表面積の比，体積の比の性質を使います。

答え 相似比が 1：3 ならば，面積の比は

$$\boxed{①} : \boxed{②}$$ となり，
└ $1^2 : 3^2$

求める立体 B の表面積を S とすると，

$$94 : S = \boxed{①} : \boxed{②}$$

よって，$S = \boxed{③}$ cm²

> **プラスワン** 相似な立体の表面積・体積
>
> 相似な 2 つの立体で，次のことがいえます。
> ・相似比が $m：n$ ならば，表面積の比は，
> 　$m^2：n^2$ である。
> ・相似比が $m：n$ ならば，体積の比は，
> 　$m^3：n^3$ である。

また，相似比が 1：3 ならば，体積の比は $\boxed{①} : \boxed{④}$ となり，
└ $1^3 : 3^3$

求める立体 B の体積を V とすると，$60 : V = \boxed{①} : \boxed{④}$

よって，$V = \boxed{⑤}$ cm³

1 【相似な立体の表面積・体積】右の図の P，Q は，
1 辺の長さがそれぞれ a，b の立方体です。

教科書 p.150 問 2

 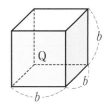

□(1) P の表面積を S，Q の表面積を S' で表すとき，
表面積の比 $S:S'$ を求めなさい。

□(2) P の体積を V，Q の体積を V' で表すとき，体積の比 $V:V'$ を求めなさい。

2 【相似な立体の表面積・体積】次の問いに答えなさい。

教科書 p.151 例題 1，
問 3

□(1) 相似比が 1：2 の相似な 2 つの立体 A，B があります。A の
表面積が 128 cm²，体積が 90 cm³ のとき，B の表面積と体
積をそれぞれ求めなさい。

●キーポイント

2 つの相似な立体で，

| 面積の比 | $(m^2:n^2)$ |

↕

| 相 似 比 | $(m:n)$ |

↕

| 体積の比 | $(m^3:n^3)$ |

□(2) 相似比が 2：3 の相似な 2 つの立体 C，D があります。D の
表面積が 486 cm²，体積が 648 cm³ のとき，C の表面積と体
積をそれぞれ求めなさい。

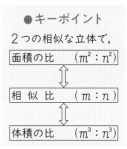

2 つの相似な立体で
面積の比も体積の比
も，相似比をもとに
考えるんだね。

□(3) ある相似な立体 E，F があります。E の表面積 150 cm²，F
の表面積は 54 cm² です。E の体積が 250 cm³ のとき，F の体
積を求めなさい。

3 【相似な立体の表面積・体積】次の問いに答えなさい。

教科書 p.152 問 4

□(1) 2 つの立方体 A，B があって，A と B の相似比は，1：4 です。立方体 A と B の表面積
の比と体積の比を求めなさい。

□(2) 2 つの相似な円柱 C，D があって，C の高さは 8 cm，D の高さは 24 cm です。円柱 C
と D の表面積の比と体積の比を求めなさい。

□(3) 表面積が 48 cm²，体積が 26 cm³ の直方体 E があります。この直方体の縦，横，高さ
をすべて 2 倍に拡大した直方体 F を作ったとき，新しい直方体 F の表面積と体積を
求めなさい。

□(4) 2 つの球 G，H があって，G と H の表面積の比は 36：25 です。球 G と H の体積の比
を求めなさい。

例題の答え **1** ①EG ②FEG **2** ①1 ②9 ③846 ④27 ⑤1620

解答▶▶ p.40 115

3節 相似な図形の計量 ①, ②

よく出る **1** 次の問いに答えなさい。

□(1) 2つの相似な長方形 A と B があり，A の面積は 147 cm²，B の面積は 192 cm² です。長方形 A と B の相似比を求めなさい。

□(2) 2つの球 C と D があり，C の表面積は 60π cm²，D の表面積は 135π cm² です。この2つの球の体積の比を求めなさい。

□(3) 3つの相似な立体 E，F，G があり，E，F のそれぞれの表面積は 27 cm²，75 cm² で，F，G のそれぞれの体積は，56 cm³，189 cm³ です。この3つの立体の相似比を求めなさい。

2 右の図の平行四辺形 ABCD で，点 M は辺 BC の中点，点 P は対角線 BD と AM との交点です。

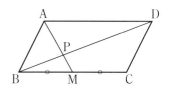

□(1) △APD∽△MPB であることを証明しなさい。

□(2) BD＝12 cm のとき，BP の長さを求めなさい。

□(3) △APD の面積は，△MPB の面積の何倍ですか。

3 線分 AB 上に点 C を，AC：CB＝2：1 となるようにとり，右の図のように，AB，AC，CB を直径とする半円をかくとき，色をつけた部分の面積と AB を直径とする半円の面積の比を求めなさい。また，AB，AC，CB を直径とするそれぞれの半円の周の長さの比を求めなさい。

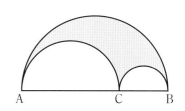

ヒント **1** (3)P：Q＝a：b，Q：R＝b：c ならば，P：Q：R＝a：b：c
3 2つの円で，(円の面積の比)＝(半円の面積の比)，(円周の長さの比)＝(半円の周の長さの比)

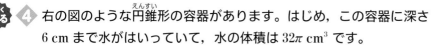
4 右の図のような円錐形の容器があります。はじめ，この容器に深さ 6 cm まで水がはいっていて，水の体積は 32π cm³ です。

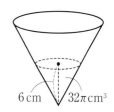

□(1) 容器にはいっている水の深さが 3 cm になると，水の体積は何 cm³ になりますか。

□(2) 容器の水面の面積がはじめの 4 倍になるまで水を入れると，水の深さは何 cm になりますか。

5 右の図の三角錐 OABC において，体積は 192 cm³，底面の △ABC の面積は 64 cm² です。辺 OA 上の点 P を通り，底面に平行な平面で切った切り口の △PQR の面積が 36 cm² のとき，次の問いに答えなさい。

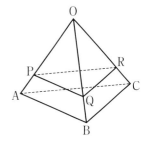

□(1) OA＝12 cm のとき，OP の長さを求めなさい。

□(2) 三角錐 OPQR の体積を求めなさい。

6 右の図は，均一な材料でつくられた大，中，小 3 つの相似な立体を積み重ねた図です。この立体の表面積は，中が 200 cm²，大が 288 cm² で，重さは，小が 128 g，中が 250 g でした。

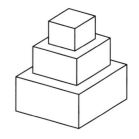

□(1) 大の立体の重さを求めなさい。

□(2) これらの立体を 3 段に積んだ高さが 15 cm のとき，大，中，小それぞれの高さを求めなさい。

ヒント 4～6 相似な 2 つの立体で，相似比が $m:n$ ならば，面積の比は $m^2:n^2$，体積の比は $m^3:n^3$ となります。

5 章

教科書 145〜152 ページ

5章 図形と相似

4節 相似の利用
1 相似の利用

●相似の利用

教科書 p.154

例題 1

相似比が3：4であるアイスクリーム
AとBがあり，AとBの値段は，そ
れぞれ300円と400円です。
AとBではどちらが割安ですか。

▶▶**1**

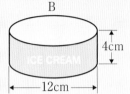

考え方 まず，体積の比を求め，比の1あたりの値段の比で比べます。

答え AとBの相似比は3：4だから，体積の比は，

$$\boxed{①} : \boxed{②}$$
$3^3 : 4^3$

体積1あたりの値段の比は，

$$\left(300 \div \boxed{①}\right) : \left(400 \div \boxed{②}\right) = \boxed{③} : \boxed{④}$$

よって，$\boxed{⑤}$ のアイスクリームの方が割安である。

●2地点間の距離

教科書 p.155

例題 2

右の図のような建物をへだてた2点A，B間の距離
を求めます。
どのようにすればよいかを答えなさい。 ▶▶**2〜4**

考え方 直接には測ることのできない2地点間の距離などは，相似な図形をかいて求めること
ができます。

答え 地点A，Bを見ることができる地点Cを決め，△ABC
の縮図△A′B′C′をかいて，縮図のA′B′の長さをもとに
ABの距離を求める。
△A′B′C′をかくには，次の3つの測定が必要である。

$$\boxed{①} \text{ の長さ，}$$
$$\boxed{②} \text{ の長さ，}$$
$$\angle \boxed{③} \text{ の大きさ}$$

三角形の
相似条件
から考え
る。

> **プラスワン** 縮図
>
> 縮図は，できるだけ大き
> くかく方が，誤差が少な
> くなりますが，縮図をか
> くスペースに限りがある
> ことが多いので，スペー
> スの中で，できるだけ大
> きな縮図が理想です。そ
> の点を考え，縮尺を決定
> します。

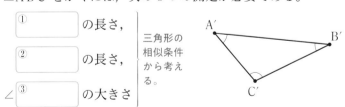

また，ABの距離をおよそ10mとすると縮尺は，$\dfrac{1}{10}$，$\dfrac{1}{100}$，$\dfrac{1}{1000}$ のうち，

$$\boxed{④} \text{ の縮尺が適している。}$$

1 【相似の利用】相似比が 3 : 5 である石けん A と B が
あり，A と B の値段は，それぞれ 100 円と 250 円です。

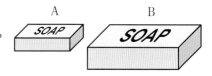

教科書 p.154 問 1, 問 2

□(1)　A と B の体積の比を求めなさい。

□(2)　500 円で，A を 5 個買うのと，B を 2 個買うのとでは，どちらが割安ですか。

2 【2 地点間の距離】池をへだてた 2 地点 A，B があります。
□ この AB 間の距離を求めるために，この 2 点を見通せる
点 C を決め，AC＝36 m，BC＝18 m，∠ACB＝60° を測
量しました。縮図をかいて，AB 間の距離を求めなさい。

教科書 p.155 問 3

3 【2 地点間の距離】川の向こう側の地点 A と，こちら
□ 側の地点 B の間の距離を求めようとして，測量したら，
右の図のようになりました。縮図をかいて，AB 間の
距離を求めなさい。

教科書 p.155 問 3

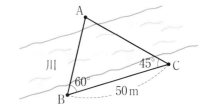

4 【2 地点間の距離】影の長さが 3 m 75 cm
□ の木があります。
身長 160 cm の人の影が，ちょうど 1 m
であることを利用して，この木の高さを
求めなさい。　　教科書 p.155 問 4

●キーポイント

木の高さや建物の高さ
など，直接高さが求め
ることができないもの
でも，相似な 2 つの三
角形の対応する辺の比
の関係から，その高さ
を求めることができま
す。

5章

教科書
154
〜
155
ページ

例題の答え　**1** ①27　②64　③16　④9　⑤B　**2** ①AC　②BC　③ACB　④$\frac{1}{100}$　（①と②は順不同可）

解答▶▶ p.42　119

4節　相似の利用　1

① 床にタイルをしきつめるために，タイルを買いに行ったところ，下の図のような，2種類の正方形のタイル A，B がありました。1枚の値段は，A は 200 円，B は 240 円です。

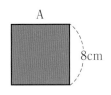
A
8cm

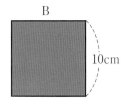
B
10cm

☐(1)　A と B の面積の比を求めなさい。

☐(2)　A，B のどちらを使う方が割安ですか。

☐(3)　別の日に店に行くと，右の図のような正方形のタイル C も売られていました。C 1 枚の値段がいくら以下であれば，B よりも割安になりますか。

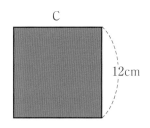
C
12cm

② ケーキを買いに行ったところ，下の図のような，円柱の形をしたケーキ A と B がありました。A と B の値段は，それぞれ 1600 円と 2400 円です。

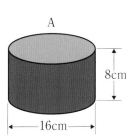
A
8cm
16cm

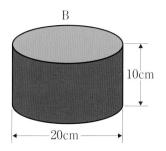
B
10cm
20cm

☐(1)　A と B の体積の比を求めなさい。

☐(2)　4800 円で，A を 3 個買うのと，B を 2 個買うのとでは，どちらが割安ですか。

ヒント　① ⑵面積の比の1あたりの値段で比べます。
　　　　② ⑵4800 円分の体積の比で比べます。

●実際に測ることができない距離や高さを，相似を利用して計算で求めよう。
影の長さから建物などの高さを求める問題では，棒や建物と影で作る三角形を相似な図形とみなして，対応する辺の比の関係から求めます。対応する辺を間違えないように気をつけましょう。

3 池をはさんだ 2 地点 A，B があります。この AB 間の距離
□ を求めるために，この 2 地点を見ることができる地点 C を
決め，AC＝25 m，BC＝39 m，∠ACB＝50° を測量しました。
縮図をかいて，AB 間の距離を求めなさい。

C•

4 ある時刻に，長さ 1 m の棒の影の長さが 1.2 m でした。

□(1) 同じ時刻に，ある木の影の長さは，右の図のよ
うに 5.4 m になりました。この木の高さを求め
なさい。

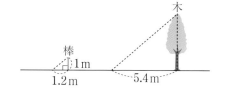

□(2) 同じ時刻に，ある電柱の影は，右の図のように，
電柱から 6 m 離れた壁の 80 cm の高さまでき
ていました。この電柱の高さを求めなさい。

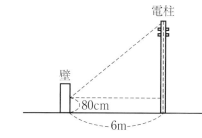

5 下の図は，くさびゲージという道具で，板の厚さを測っているところです。この板の厚さ
□ を求めなさい。

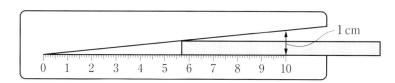

ヒント　**4** (1)(棒の影の長さ)：(木の影の長さ)＝(棒の長さ)：(木の高さ) となります。
　　　　5 ゲージのすき間にできている三角形に着目してみよう。

5章　図形と相似

時間
30分
／100点

合格
70点

❶ 次の問いに答えなさい。知

(1) 下の図で，DF∥GC です。x，y の値を求め，△ADE と △AGC の相似比を答えなさい。

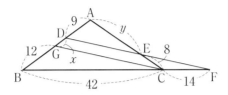

❶　点/30点（各5点）

(1)	x の値
	y の値
	相似比
(2)	x の値
	y の値
	比

(2) 下の図で，直線 ℓ，m，n が平行のとき，x，y の値を求め，a と b の比を答えなさい。

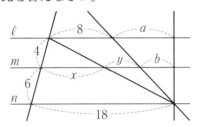

❷ 下の図で，DE∥BC，AD：AB＝1：3 のとき，次の比を求めなさい。考

(1) DE：BC

(2) AE：EC

(3) DC：FC

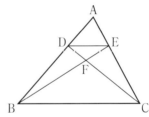

❷　点/18点（各6点）

(1)	
(2)	
(3)	

点
UP
❸ 下の図の平行四辺形 ABCD で，点 E は辺 BC 上の点で，BE：EC＝2：1 です。また，点 F は線分 AE と対角線 BD の交点，点 G は辺 AB 上の点で，AD∥GF です。考

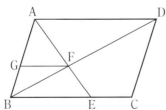

❸　点/12点（各6点）

(1)	
(2)	

(1) AD＝12 cm のとき，GF の長さを求めなさい。

(2) △BEF と平行四辺形 ABCD の面積の比を求めなさい。

成績評価の観点　知…数量や図形などについての知識・技能　考…数学的な思考・判断・表現

④ 平行四辺形 ABCD の辺 BC，CD，DA の中点をそれぞれ L，M，N とし，対角線 AC と BD，BN，LM との交点をそれぞれ O，P，Q とします。考

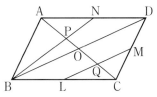

④ 点/12点（各6点）

(1)	
(2)	

(1) QC：AC を求めなさい。

(2) PQ：AC を求めなさい。

⑤ 次の問いに答えなさい。知

⑤ 点/18点（各6点）

(1)	
(2)	
(3)	

(1) 2つの相似な直方体 A と B があり，直方体 A の表面積は $72\,\mathrm{cm}^2$，B の表面積は $162\,\mathrm{cm}^2$ です。直方体 A と B の体積の比を求めなさい。

(2) 2つの立方体の表面積の比が $9:49$ で，小さい方の立方体の1辺が 6 cm のとき，大きい方の立方体の体積を求めなさい。

(3) ある球の半径を何倍かしたら，表面積がもとの球の 64 倍になりました。このとき，体積はもとの球の何倍になりますか。

⑥ 均一な材質で，右の図のような円錐をつくりました。この立体の重量を $\dfrac{1}{8}$ 減らすために，底面と平行に切って，頂点のある方を取り去ることにしました。この円錐の母線は 80 cm です。頂点から母線にそって何 cm のところで切ればよいですか。考

80 cm

⑥ 点/10点

知	/48点	考	/52点

解答▶▶ p.43

●相似な図形

2つの図形があって，一方の図形を拡大または縮小したものと，他方の図形が合同であるとき，この2つの図形は**相似**であるといいます。

●相似な図形の性質

1 相似な図形では，対応する線分の長さの比は，すべて等しい。

2 相似な図形では，対応する角の大きさは，それぞれ等しい。

●相似比

相似な2つの図形で，対応する線分の長さの比を**相似比**といいます。

●三角形の相似条件

2つの三角形は，次のそれぞれの場合に相似です。

1 3組の辺の比が，すべて等しいとき

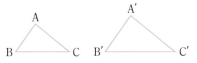

$$AB : A'B' = BC : B'C' = CA : C'A'$$

2 2組の辺の比とその間の角が，それぞれ等しいとき

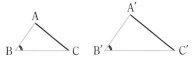

$$AB : A'B' = BC : B'C', \quad \angle B = \angle B'$$

3 2組の角が，それぞれ等しいとき

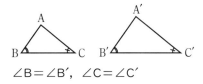

$$\angle B = \angle B', \quad \angle C = \angle C'$$

●平行線と線分の比

△ABC で，辺 AB，AC 上に，それぞれ，点 P，Q があるとき，PQ∥BC ならば，

1 AP : AB＝AQ : AC＝PQ : BC

2 AP : PB＝AQ : QC

●平行線にはさまれた線分の比

2つの直線が，3つの平行な直線と交わっているとき，

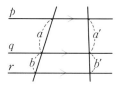

$$a : b = a' : b'$$
$$a : a' = b : b'$$

●線分の比と平行線

△ABC で，辺 AB，AC 上に，それぞれ，点 P，Q があるとき，

1 AP : AB＝AQ : AC ならば，PQ∥BC

2 AP : PB＝AQ : QC ならば，PQ∥BC

●中点連結定理

△ABC の2辺 AB，AC の中点を，それぞれ，M，N とすると，

$$MN \parallel BC, \quad MN = \frac{1}{2}BC$$

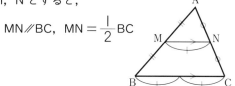

●相似な図形の面積の比

相似な2つの図形で，相似比が $m : n$ ならば，面積の比は $m^2 : n^2$

●相似な立体の表面積の比と体積の比

相似な2つの立体で，相似比が $m : n$ ならば，表面積の比は $m^2 : n^2$，体積の比は $m^3 : n^3$

ぴたトレ
0
スタートアップ

6章　円の性質

次の学習に
入る前に
取り組もう。

□**三角形の内角・外角の性質**　　　　　　　　　　　　◀ 中学2年

①三角形の3つの内角の和は180°です。

②三角形の1つの外角は，そのとなりにない2つの
　内角の和に等しくなります。

□**円の接線の性質**　　　　　　　　　　　　　　　　◀ 中学1年

円の接線は，その接点を通る半径に垂直です。

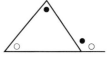

❶ 下の図で，∠x の大きさを，それぞれ求めなさい。　◀ 中学2年〈三角形の内
　　　　　　　　　　　　　　　　　　　　　　　　　　　角・外角〉

(1)
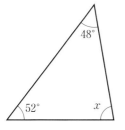

(2)
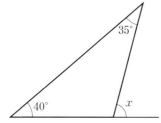

ヒント

三角形の内角の和は
180°だから……

(3)
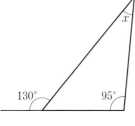

(4)
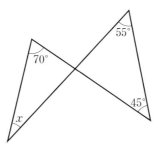

❷ 下の図で，同じ印をつけた辺の長さが等しいとき，∠x，∠y の　◀ 中学2年〈二等辺三角
　大きさを，それぞれ求めなさい。　　　　　　　　　　　　　　　　　形〉

(1)
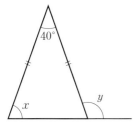

(2)
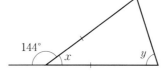

ヒント

二等辺三角形の2つ
の底角は等しいから
……

6
章

6章　円の性質
1節　円周角と中心角
1　円周角と中心角

●円周角の定理

教科書 p.162〜165

| 例題 1 | 下の図で，∠x，∠y の大きさを，それぞれ求めなさい。 |

▶▶ 1 2

(1)
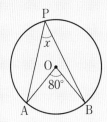

(2)
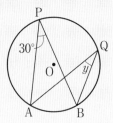

考え方　円周角の大きさは，その弧に対する中心角の大きさの半分です。

同じ弧に対する円周角は等しくなります。

答え　(1)　$\overset{\frown}{AB}$ に対する中心角が 80° だから，　∠x = ［①　　　　］°　← ∠APB = $\frac{1}{2}$∠AOB

(2)　同じ弧に対する円周角は等しいので，　∠y = ［②　　　　］°

> **プラスワン**　**円周角の定理**
>
> ・円 O で $\overset{\frown}{AB}$ を除いた円周上に点Pをとるとき，
> 　∠APB を，$\overset{\frown}{AB}$ に対する**円周角**といいます。
> ・1つの弧に対する円周角の大きさは，その弧
> 　に対する中心角の大きさの半分です。
> ・同じ弧に対する円周角の大きさは等しい。
>
>

●弧と円周角

教科書 p.165〜166

| 例題 2 | 次の問いに答えなさい。 |

▶▶ 3

(1)　下の図1で，$\overset{\frown}{AB} = \overset{\frown}{BC} = \overset{\frown}{CD}$ のとき，∠x，∠y の大きさを求めなさい。

(2)　下の図2で，$\overset{\frown}{AB}$，$\overset{\frown}{BC}$ の長さと等しい弧をそれぞれ答えなさい。

図1
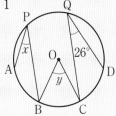

図2
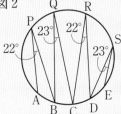

考え方　1つの円で，等しい弧に対する円周角の大きさは等しくなります。また，等しい円周

角に対する弧の長さは等しくなります。

答え　(1)　$\overset{\frown}{AB} = \overset{\frown}{BC} = \overset{\frown}{CD}$ より，

　　　∠x = ［①　　　　］°，　　　∠y = ［②　　　　］°

(2)　∠APB = ∠CRD より，　$\overset{\frown}{AB}$ = ［③　　　　］

　　∠BQC = ∠DSE より，　$\overset{\frown}{BC}$ = ［④　　　　］

> **プラスワン**　**弧と円周角**
>
> 1つの円で，弧と円周角
> において，
> $\overset{\frown}{AB} = \overset{\frown}{BC}$ ならば，
> 　　∠APB = ∠BPC
> 長さ m 倍の弧に対する
> 円周角の大きさは m 倍。
>
>

1 【円周角】下の図について，次の問いに答えなさい。 教科書 p.162

- □(1) $\overset{\frown}{AB}$ に対する円周角を答えなさい。

- □(2) $\overset{\frown}{BC}$ に対する円周角を答えなさい。

- □(3) 円周角 ∠CBD に対する弧を答えなさい。

- □(4) 円周角 ∠ACD に対する弧を答えなさい。

2 【円周角の定理】下の図で，∠x の大きさを，それぞれ求めなさい。 教科書 p.164 問 1, p.165 問 2

● キーポイント
$\overset{\frown}{AB}$ が円周の半分のとき，$\overset{\frown}{AB}$ に対する円周角は 90° となります。

- □(1)
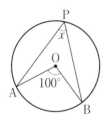

- □(2)
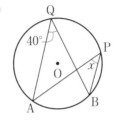

- □(3)
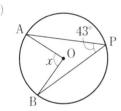

- □(4)
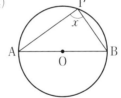

3 【弧と円周角】下の図で，∠x，∠y の大きさを，それぞれ求めなさい。 教科書 p.166 問 3, 問 4

● キーポイント
１つの円で，等しい弧に対する円周角の大きさは等しくなります。大きさのちがう円では成り立ちません。

- □(1) $\overset{\frown}{AB} = \overset{\frown}{CD} = \overset{\frown}{EF}$
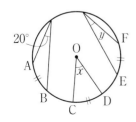

- □(2) $\overset{\frown}{AB} = \overset{\frown}{CD}$
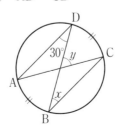

例題の答え **1** ①40 ②30 **2** ①26 ②52 ③$\overset{\frown}{CD}$ ④$\overset{\frown}{DE}$

6章　円の性質

1節　円周角と中心角
② 円周角の定理の逆

●円周角の定理の逆①

教科書 p.167〜168

例題 1　円周上に 3 点 A，B，C があります。右の図のように，直線 AB について点 C と同じ側に点 P，Q，R をとるとき，∠APB，∠AQB，∠ARB と ∠ACB の大きさを，それぞれくらべなさい。　▶▶**1**

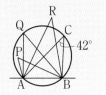

考え方　点 P，Q，R が，それぞれ円周上，円の内部，円の外部のどの位置にあるかで考えます。

答え　点 P は円の内部にあるので，　∠APB □① ∠ACB

点 Q は円周上にあるので，　∠AQB □② ∠ACB ＝ □③ °

点 R は円の外部にあるので，∠ARB □④ ∠ACB

プラスワン　点 P と円との位置関係

右の図で，∠APB と ∠ACB の大小関係は，
(ア) 点 P が円周上にあるとき，　∠APB＝∠ACB
(イ) 点 P が円の内部にあるとき，∠APB＞∠ACB
(ウ) 点 P が円の外部にあるとき，∠APB＜∠ACB

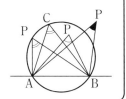

●円周角の定理の逆②

教科書 p.168〜169

例題 2　右の図のように，円周上に 3 点 A，B，C があります。直線 AB について点 C と同じ側にある点 P が，その円周上にくるのは，次のうちどれですか。　▶▶**2 3**

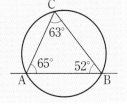

 ⑦　∠APB＝27°　　　　⑦　∠APB＝52°

 ⑦　∠APB＝63°　　　　⑦　∠APB＝65°

考え方　円周角の定理の逆を使うことにより，円との位置関係を考えることができます。

答え　点 P が円周上にあるときには，∠APB＝∠ □①

∠ACB＝ □② ° より，同じ円周上にあるのは，□③

ACB は，点 C を通る AB のことだよ。

プラスワン　円周角の定理の逆

円周上に 3 点 A，B，C があって，点 P が，直線 AB について点 C と同じ側にあるとき，∠APB＝∠ACB ならば，点 P はこの円の ACB 上にあります。

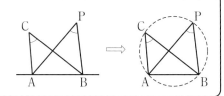

1 【円周角の定理の逆①】下の図で，点 D は 3 点 A，B，C を通る円の内部，外部，円周上のうち，どこにあるかを答えなさい。

教科書 p.167〜168

□(1)
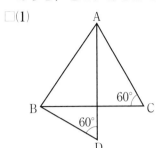

□(2)
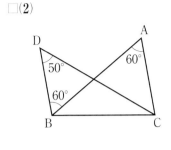

●キーポイント

下の図で，
∠ARB＜∠AQB＜∠APB
円周角の定理より，
∠AQB＝∠ACB

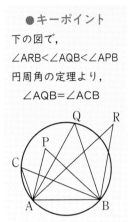

□(3)
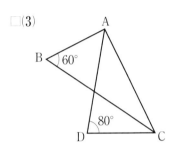

2 【円周角の定理の逆②】下の図で，同じ円周上にある 4 点の組を答えなさい。

教科書 p.169 問 1

□(1)　△ABC∽△ADE

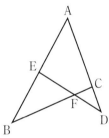

□(2)　BE＝DE，AC＝CD
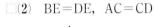
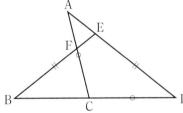

3 【円周角の定理の逆②】下の四角形 ABCD で，∠x，∠y の大きさを，それぞれ求めなさい。

教科書 p.169 練習問題 1

□(1)
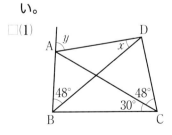

□(2)
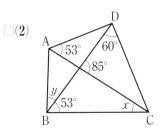

例題の答え **1** ①＞　②＝　③42　④＜　**2** ①ACB　②63　③⑦

1節　円周角と中心角　①, ②

よく出る ❶ 下の図で，∠x，∠y の大きさを，それぞれ求めなさい。

□(1)
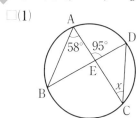

□(2)
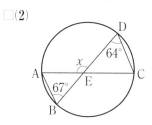

□(3)
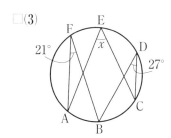

□(4)
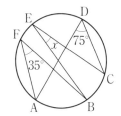

□(5)　$\overparen{AB} = \overparen{BC}$
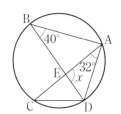

□(6)　$\overparen{AB} = \overparen{BC} = \overparen{CD}$
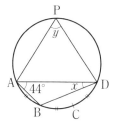

よく出る ❷ 下の図で，∠x の大きさを，それぞれ求めなさい。

□(1)
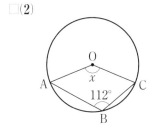

□(2)
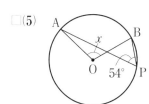

□(3)
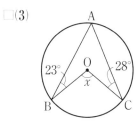

□(4)
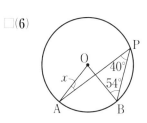

□(5)

□(6)

ヒント ❶ (3), (4)補助線をひいて考えます。　(5), (6)等しい弧に対する円周角は等しいことから考えます。
❷ (1)AC が直径のとき，$\overparen{AC}$ に対する円周角は 90° となります。

❸ 右の図で，∠APB＝30°，$\overset{\frown}{AB}$：$\overset{\frown}{BC}$＝2：3，$\overset{\frown}{AD}$ は円周の半分の
長さです。

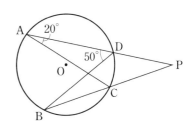

□(1) ∠BPC の大きさを求めなさい。

□(2) ∠CPD の大きさを求めなさい。

□(3) $\overset{\frown}{BC}$ の長さは円周の長さの何分の1ですか。

❹ 右の図で，点 A，B，C，D は円 O の円周上の点で，
□ 点 P は直線 AD と BC の交点です。∠CAD＝20°，
∠ADB＝50° のとき，∠APB の大きさを求めなさい。

❺ 下の図の四角形 ABCD で，∠x，∠y の大きさを，それぞれ求めなさい。

□(1)
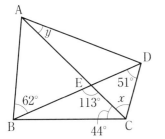

□(2)
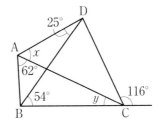

6 章

教科書 160〜169 ページ

ヒント　❹ ∠ACB から，∠ACP を求めて，△ACP に着目してもよい。
　　　　❺ (1)∠ABD と ∠ACD の大きさを比較し，等しければ，4点 A，B，C，D は同じ円周上にあります。

6章　円の性質

2節　円の性質の利用
1　円の性質の利用

●円の性質を利用した作図

教科書 p.171〜173

☐ 例題 **1**　右の図のように，3点 A，B，C があります。直線 AB について，AB∥CP，∠APB＝90° となる点 P を，点 C の左側に作図しなさい。　▶▶**1 2**

・C

A・

・B

考え方　∠APB＝90° なので，点 P は AB を直径とする円周上にあります。

答え　次のように作図する。

❶　線分 ①[　　　] の垂直二等分線 ℓ をひく。

❷　AB と直線 ℓ との交点を O とし，←点 O は線分 AB の中点

②[　　　] を半径とする円 O

をかく。

❸　点 ③[　　] を通る直線 ℓ の

垂線 m をひく。

❹　直線 m と円 O の交点が P となる。

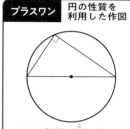

プラスワン　円の性質を利用した作図

90° は半円の弧に対する円周角で作図できる。

⇑利用

∠APB＝90° のとき，点 P は AB を直径とする円周上にある。

●円の性質を利用した証明

教科書 p.174

☐ 例題 **2**　右の図で，四角形 ABCD の対角線 AC，BD について，∠DAC＝∠DBC ならば，∠ABD＝∠ACD であることを証明しなさい。　▶▶**3 4**

A

D

B

C

考え方　∠DAC＝∠DBC より，円周角の定理の逆を考えます。

証明　四角形 ABCD で，

仮定より，∠DAC＝∠①[　　　]

また，2点 A，B は直線 ②[　　　]

について，同じ側にある。

よって，円周角の定理の逆より，

4点 A，B，C，D は同じ円周上にある。

⌢AD に対する ③[　　　] は等しいので，

∠ABD＝∠ACD

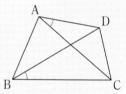

プラスワン　円の性質を利用した証明

1つの円周上で，同じ弧に対する円周角を移動させることができる。

⇑利用

同じ弧に対する円周角は等しい。

1 【円の性質を利用した作図】下の図のよう
なおうぎ形 OAB があります。おうぎ形
OAB の中心角の二等分線上にあり，
∠APB＝90° となる点 P を作図しなさい。

教科書 p.172

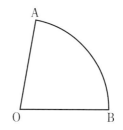

2 【円の性質を利用した作図】半径 2 cm の円の中心 O から，5 cm の距離にある点 A を 1 つ
とり，点 A を通る円 O の接線を作図しなさい。

教科書 p.173 問 4

3 【円の性質を利用した証明】AB＝AC である二等辺三角
形 ABC の頂点 A と B を通る円が辺 BC と交わる点を D，
辺 CA の延長と交わる点を E とします。D と E を結ぶと
き，DE＝DC であることを証明しなさい。

教科書 p.174 例題 1

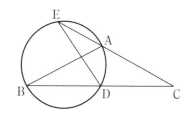

4 【円の性質を利用した証明】右の図で，AP は ∠BAC の二等分線
です。このとき，△BPC は二等辺三角形であることを証明しなさ
い。

教科書 p.174 例題 1

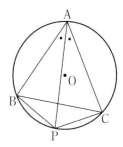

例題の答え **1** ①AB ②AO(BO) ③C **2** ①DBC ②CD ③円周角

ぴたトレ
2
練習

2節　円の性質の利用　①

① 下の図のように，直線 ℓ と，直線 ℓ 上にない 2 点 A，B がある。直線 ℓ 上にあって，∠APB＝90° となる点 P をすべて作図しなさい。

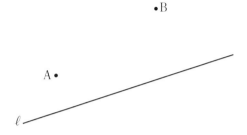

② 下の図のように，円 O と，円 O の外部の点 P がある。点 P から円 O への接線をすべて作図しなさい。

よく出る

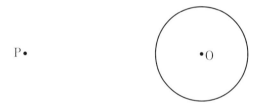

③ 下の図のように，△ABC と，頂点 A を通る直線 ℓ がある。直線 ℓ 上にあり，∠APB＝∠ACB となる点 P を作図しなさい。

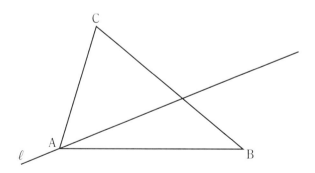

ヒント　① AB が直径のとき，AB に対する円周角は 90° となることを利用します。

③ ∠APB＝∠ACB のとき，A，B，C，P は同じ円周上にあることを利用します。

4 右の図において，4 点 A，B，C，D は円周上の点で，線分 AC と線分 BD の交点を点 E とします。

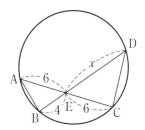

□(1) △ABE∽△DCE であることを証明しなさい。

□(2) AE＝CE＝6 cm，BE＝4 cm のとき，DE の長さを求めなさい。

5 右の図は，∠ABD を共有する AB＝AC の △ABC と DB＝DE の △DBE です。このとき，4 点 A，D，C，E は，同じ円周上にあることを証明しなさい。

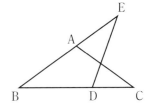

6 右の図で，平行四辺形 ABCD の 3 つの頂点 A，B，C を通る円があります。辺 DC の延長と円の交点を E とし，A と E を結ぶと，AE＝BC となることを証明しなさい。

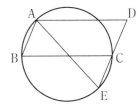

7 右の図で，4 点 A，B，C，D は円 O の円周上の点であり，AB＝AC です。また，AC は ∠DAB の二等分線で，AB 上に AE＝CE となる点 E をとるとき，△ABD∽△ECB であることを証明しなさい。

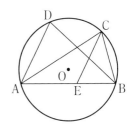

 ヒント **4** 円周角の定理から，角の大きさが等しいことがいえます。

6 AE＝AD となることに着目します。

時間30分 ／100点　合格70点

① 下の図で，∠x の大きさを，それぞれ求めなさい。知

(1)
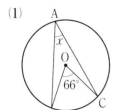

(2)
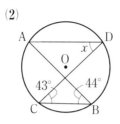

(3)
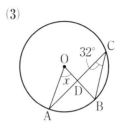

(4)
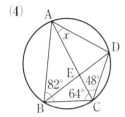

(5)
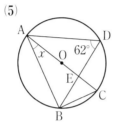

(6)
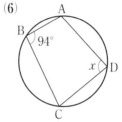

① 点／36点（各6点）

(1)	
(2)	
(3)	
(4)	
(5)	
(6)	

② 下の図で，∠APB＝24°，$\overarc{AB}$＝$\overarc{BC}$＝3：5，$\overarc{AD}$ は円周の半分の長さです。知

(1) ∠BPC の大きさを求めなさい。

(2) ∠CPD の大きさを求めなさい。

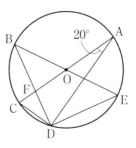

② 点／15点（各5点）

(1)	
(2)	
(3)	

(3) $\overarc{BC}$ の円周に対する比の値を求めなさい。

③ 右の図のように，円 O の円周上に5点 A，B，C，D，E があります。AC と BE を円の直径，2$\overarc{CD}$＝$\overarc{DE}$，∠CAD＝20° とし，AC と BD の交点を F とするとき，次の角の大きさを求めなさい。考

③ 点／30点（各6点）

(1)	
(2)	
(3)	
(4)	
(5)	

(1) ∠ACD　　(2) ∠DBE

(3) ∠COD　　(4) ∠COE　　(5) ∠OFB

成績評価の観点　知…数量や図形などについての知識・技能　考…数学的な思考・判断・表現

④ $\angle A = 27°$，$\angle B = 30°$ の △ABC の辺 AB 上に点 D をとり，D を通る直線と BC の延長の交点を E とするとき，4 点 A，D，C，E が同じ円周上にあるための $\angle BDE$ の大きさを求めなさい。[考]

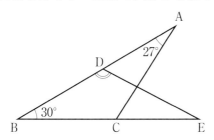

⑤ 下の図で，AB は円 O の直径です。$\overset{\frown}{AB}$ の中点を C，もう一方の $\overset{\frown}{AB}$ 上を動く点を P，AB と PC の交点を Q とするとき，△APQ∽△CPB であることを証明しなさい。[考]

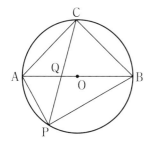

⑥ 下の図のように，4つの点 A，B，C，D があります。$\angle APB = 90°$，CP = DP となる点 P を作図しなさい。[知]

A・

B・

D・

C・

●円周角

右の図の円 O で，$\overset{\frown}{AB}$ を除いた円周上に点 P をとるとき，∠APB を，$\overset{\frown}{AB}$ に対する**円周角**といいます。

●円周角の定理

① １つの弧に対する円周角の大きさは，その弧に対する中心角の大きさの半分である。

② 同じ弧に対する円周角の大きさは等しい。

●円周角の定理の特別な場合

半円の弧に対する円周角は，直角です。

●弧と円周角

・１つの円で，

① 等しい弧に対する円周角の大きさは等しい。

② 等しい円周角に対する弧の長さは等しい。

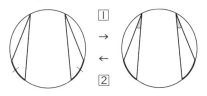

・１つの円で，弧の長さは，その弧に対する円周角の大きさに比例します。

●円周角の定理の逆

・円周上に３点 A，B，C があって，点 P が，直線 AB について点 C と同じ側にあるとき，∠APB＝∠ACB ならば，点 P はこの円の $\overset{\frown}{ACB}$ 上にあります。

・∠APB＝90° のとき，点 P は AB を直径とする円周上にあります。

●円の接線の作図

❶ 線分 AO の中点 M をとる。

❷ M を中心として，MO を半径とする円をかく。

❸ 円 M と円 O の交点の１つを P とすると，２点 A，P を通る直線が，求める接線である。

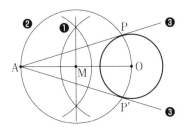

●円の接線の長さ

円外の点からその円にひいた２つの接線の長さは等しくなります。

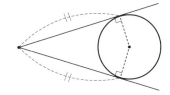

ぴたトレ

0
スタートアップ

7章　三平方の定理

次の学習に
入る前に
取り組もう。

□**二等辺三角形の頂角の二等分線**　◀ 中学2年

二等辺三角形の頂角の二等分線は，底辺を垂直に
2等分します。

□**角錐，円錐の体積**　◀ 中学1年

底面積を S，高さを h，体積を V とすると，$V = \dfrac{1}{3}Sh$

特に，円錐の底面の半径を r とすると，　　　$V = \dfrac{1}{3}\pi r^2 h$

❶ 色をつけた部分の正方形の面積を求めなさい。　◀ 小学5年〈面積〉

(1) 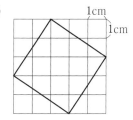　　(2)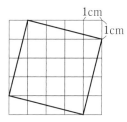

ヒント

全体の正方形から，
周りの直角三角形を
ひくと……

❷ 次の二次方程式を解きなさい。　◀ 中学3年〈二次方程式〉

(1) $x^2 = 9$　　(2) $x^2 = 13$

(3) $x^2 = 17$　　(4) $x^2 = 32$

ヒント

平方根の考えを使っ
て x の値を求める
と……

❸ 次の立体の体積を求めなさい。　◀ 中学1年〈角錐，円錐
の体積〉

(1)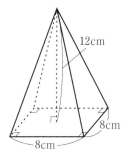

12cm

8cm

8cm

(2)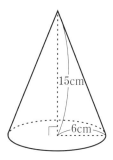

15cm

6cm

ヒント

底面の面積を求めて
……

7
章

● 三平方の定理

教科書 p.182～184

例題 1 下の図の直角三角形で，残りの辺の長さを求めなさい。 ▶▶ **1 2**

(1)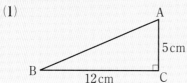

(2)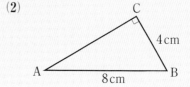

考え方 三平方の定理にあてはめて求めます。

答え 求める辺の長さを x cm とする。

(1) $12^2 + 5^2 = x^2$ 　　$x^2 = 169$

$x > 0$ だから，

$x = $ ①〔　　　〕 (cm) ← $x = \sqrt{169}$

(2) $x^2 + 4^2 = 8^2$ 　　$x^2 = 48$

$x > 0$ だから，

$x = $ ②〔　　　〕 (cm) ← $x = \sqrt{48}$

> **プラスワン　三平方の定理**
>
> 直角三角形の直角をはさむ2辺の長さを a, b,
> 斜辺の長さを c とすると，$a^2 + b^2 = c^2$
>
> 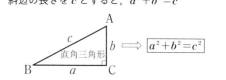 $\implies$ $\boxed{a^2 + b^2 = c^2}$

● 三平方の定理の逆

教科書 p.185～187

例題 2 下の図の △ABC は，直角三角形ですか。 ▶▶ **3**

(1)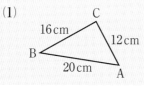

(2)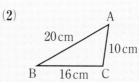

考え方 三平方の定理の逆を使って考えます。

$a^2 + b^2 = c^2$ の関係式にあてはまるかどうかを確かめます。

答え (1) $AB^2 = \underset{20^2}{400}$, $BC^2 = \underset{16^2}{256}$, $CA^2 = \underset{12^2}{144}$

$\underset{256+144}{BC^2 + CA^2}$ ①〔　　　〕 AB^2

よって，△ABC は，直角三角形である。

(2) $AB^2 = \underset{20^2}{400}$, $BC^2 = \underset{16^2}{256}$, $CA^2 = \underset{10^2}{100}$

$\underset{256+100}{BC^2 + CA^2}$ ②〔　　　〕 AB^2

よって，△ABC は，直角三角形ではない。

> **プラスワン　三平方の定理の逆**
>
> △ABC で，BC=a，CA=b，AB=c とする
> とき，次のことがいえます。
>
> 　　$a^2 + b^2 = c^2$ ならば，∠C=90°
>
>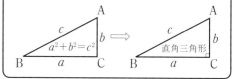

直角三角形では，
斜辺がもっとも
長い辺だよ。

1 【三平方の定理】下の図で，x の値を，それぞれ求めなさい。　教科書 p.184 例1, 例2

□(1)

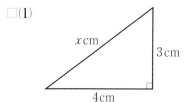

□(2)

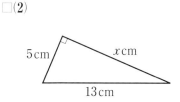

⚠ ミスに注意
斜辺を間違えないよう
にしよう！
（斜辺はもっとも長い
辺）

□(3)

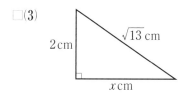

□(4)

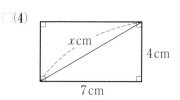

2 【三平方の定理】右の図のように，∠A＝90° の直角三角形 ABC の3辺 BC，CA，AB を1辺とする正方形の面積を，それぞれ P，Q，R とするとき，次のそれぞれの面積を求めなさい。　教科書 p.182〜183

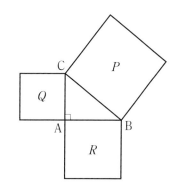

□(1)　$Q＝12\ \text{cm}^2$，$R＝30\ \text{cm}^2$ のときの面積 P

□(2)　$P＝85\ \text{cm}^2$，$R＝57\ \text{cm}^2$ のときの面積 Q

□(3)　$Q＝22\ \text{cm}^2$，$P＝80\ \text{cm}^2$ のときの面積 R

3 【三平方の定理の逆】次の長さを3辺とする三角形のうち，直角三角形であるものを，すべて答えなさい。　教科書 p.186 例3

　⑦　6 cm，8 cm，10 cm

　⑦　7 cm，8 cm，12 cm

　⑦　3 cm，4 cm，$\sqrt{7}$ cm

　⑦　$\sqrt{2}$ cm，$\sqrt{3}$ cm，2 cm

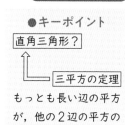

●キーポイント

|直角三角形？|

↑

└──|三平方の定理|

もっとも長い辺の平方が，他の2辺の平方の和に等しいかどうかを調べます。

2節　三平方の定理の利用
1　三平方の定理の利用 —— ①

●平面における線分の長さや面積

教科書 p.191～192

例題 1 AB＝AC＝9 cm，BC＝6 cm の二等辺三角形 ABC の高さを求めなさい。 ▶▶1 2

考え方　右の図の △ABH で，∠AHB＝90° だから，三平方の定理を使って高さを求めます。

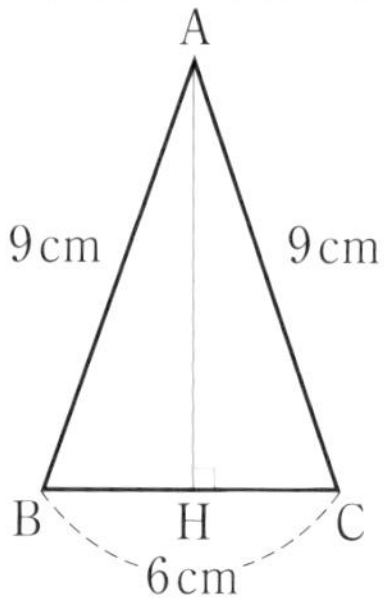

プラスワン　特別な直角三角形

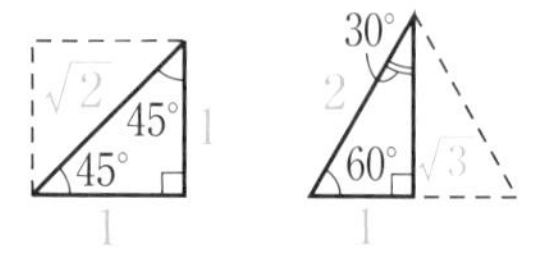

$1:1:\sqrt{2}$　　$1:2:\sqrt{3}$

答え　BH＝3 cm，←BH＝$\frac{1}{2}$BC

$AH^2+BH^2=AB^2$

AH＝h cm とすると，

$h^2+3^2=9^2$

h^2＝①＿＿　　$h>0$ だから，h＝②＿＿ (cm)

●弦の長さ

教科書 p.193

例題 2 半径 10 cm の円 O で，中心 O からの距離（きょり）が 8 cm である弦の長さを求めなさい。 ▶▶3

考え方　下の図で，△OAH は直角三角形だから，三平方の定理を使って弦の長さを求めます。

答え　AH＝x cm とする。

△OAH で，$OH^2+AH^2=OA^2$ より，$8^2+x^2=10^2$

x^2＝①＿＿　　$x>0$ だから，x＝②＿＿

したがって，AB＝2×②＿＿＝③＿＿ (cm)　←$x=\frac{1}{2}$AB

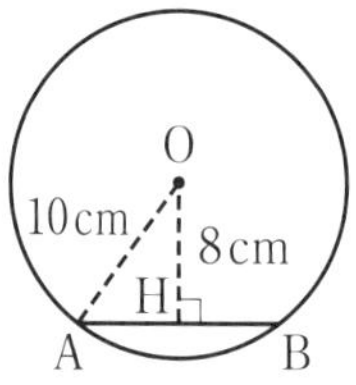

●2点間の距離

教科書 p.194

例題 3 2点 A (3，2)，B (7，7) の間の距離を求めなさい。 ▶▶4

考え方　右の図で，△ABH は直角三角形だから，三平方の定理を使って AB の距離を求めます。

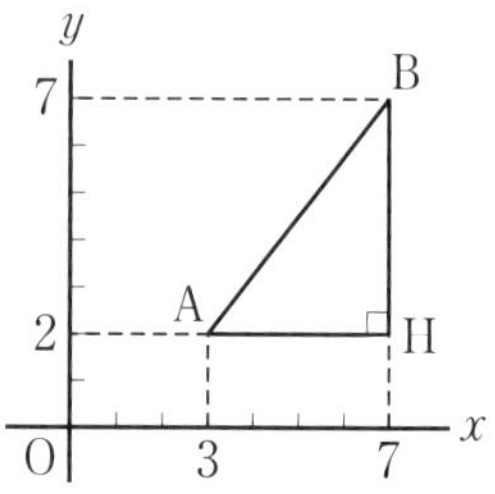

答え　△ABH で，∠AHB＝90°

AH＝7－3＝①＿＿　　BH＝7－2＝②＿＿

だから，$AB^2=AH^2+BH^2$ より，

AB^2＝①＿＿^{2}＋②＿＿^{2}

＝③＿＿

AB は距離だから，AB＞0

よって，AB＝④＿＿

プラスワン　2点間の距離

右の図の 2 点 P (a，b)，Q (c，d) で，

$PQ^2=(c-a)^2+(d-b)^2$

が成り立ちます。

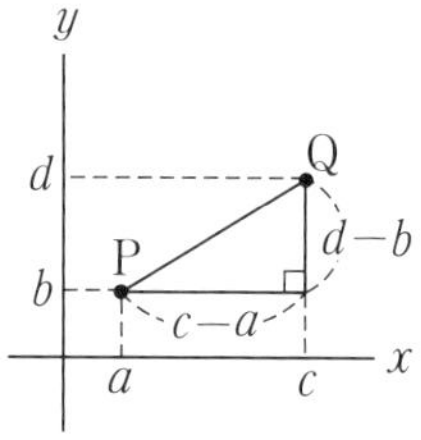

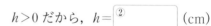

1 【平面における線分の長さや面積】右の図で，△ABC は
AB＝AC の二等辺三角形です。 　教科書 p.191 例題 1

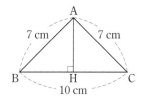

□(1)　高さ AH を求めなさい。

□(2)　△ABC の面積を求めなさい。

2 【平面における線分の長さや面積】次の問いに答えなさい。 　教科書 p.191 問 3，p.192 問 4

□(1)　対角線の長さが 8 cm の正方形の 1 辺の長さを求めなさい。

□(2)　1 辺の長さが 4 cm の正三角形の高さと面積を求めなさい。

3 【弦の長さ】下の図で，x の値を，それぞれ求めなさい。 　教科書 p.193 例題 2，問 6,7

□(1)
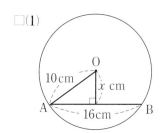

□(2)
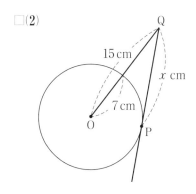

●キーポイント
AP が，P を接点とする
円 O の接線のとき，
△AOP は
∠APO＝90°の直角三
角形です。

4 【2 点間の距離】次の座標をもつ 2 点間の距離を求めなさい。 　教科書 p.194 例題 3

□(1)　A (1, 2)，　　B (7, 10)

□(2)　A (−3, −5)，B (2, 3)

□(3)　A (5, −2)，　B (−1, 4)

例題の答え **1** ①72　②6√2　**2** ①36　②6　③12　**3** ①4　②5　③41　④√41

解答▶▶ p.51　143

7
章

教科書
189
〜
194
ページ

● 直方体の対角線

教科書 p.195

□ **例題 1**　右の図の直方体で，AE＝2 cm，EF＝4 cm，
FG＝3 cm のとき，線分 AG の長さを求めなさい。

▶▶ **1**

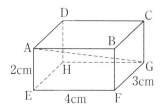

考え方　対角線 AG を求めるためには AE と EG をもとに三平方
の定理の利用を，EG を求めるためには EF と FG をも
とに三平方の定理の利用を考えます。

証明　△AEG で，∠AEG＝90° だから，三平方の定理より，

$$AG^2 = AE^2 + EG^2 \quad \cdots\cdots ⑦$$

△EFG で，∠EFG＝90° だから，三平方の定理より，

$$EG^2 = EF^2 + FG^2 \quad \cdots\cdots ⑦$$

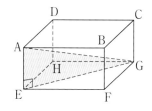

⑦，⑦から，

$$AG^2 = AE^2 + EF^2 + FG^2$$

$$= \boxed{①}^2 + 4^2 + \boxed{②}^2$$

$$= \boxed{③}$$

AG＞0 だから，AG＝$\boxed{④}$ （cm）

> **プラスワン**　**直方体の対角線**
>
> 縦の長さが a，横の長さが b，
> 高さが c である直方体の対角
> 線の長さは，$\sqrt{a^2+b^2+c^2}$ で
> 求められます。

● 正四角錐の高さと体積

教科書 p.196

□ **例題 2**　右の図で，正四角錐の高さと体積を求めなさい。

▶▶ **2～4**

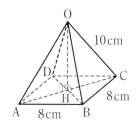

考え方　高さ OH を求めるためには，△OAH を使います。
AH は AC の半分だから，△ABC を使います。

答え　$AH = \dfrac{1}{2}AC = \dfrac{1}{2} \times \boxed{①}$ AB ←直角二等辺三角形の
　　　　　　　　　　　　　　　　　　　　　辺の長さの比を使う

$$= \boxed{②} \text{（cm）}$$

△OAH で，∠OHA＝90°，OA＝10 cm だから，

$$OH^2 = 10^2 - \left(\boxed{②}\right)^2 = \boxed{③}$$

OH＞0 だから，OH＝$\boxed{④}$ （cm）←正四角錐の高さ

体積は，　$\underbrace{\dfrac{1}{3} \times 8^2}_{底面積} \times \underbrace{\boxed{④}}_{高さ} = \boxed{⑤}$ （cm³）←角錐の体積＝$\dfrac{1}{3}$×底面積×高さ

1 【対角線】次の立体の対角線の長さを求めなさい。

教科書 p.195 例題 4, 問 9

(1)　1 辺の長さが 4 cm の立方体

(2)　3 辺の長さが 3 cm，4 cm，12 cm の直方体

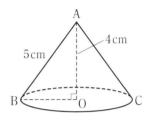

● キーポイント
1 辺の長さが a の立方体の対角線の長さは
$\sqrt{a^2+a^2+a^2}=\sqrt{3}\,a$
となります。

2 【円錐の半径と体積】右の図のような，高さが 4 cm，母線の長さが 5 cm の円錐があります。教科書 p.197 練習問題 4

(1)　この底面の半径を求めなさい。

(2)　この円錐の体積を求めなさい。

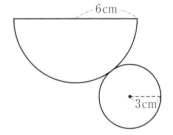

3 【円錐の高さと体積】右の図のような，円錐の展開図があります。底面の半径は 3 cm，母線の長さは 6 cm です。教科書 p.197 練習問題 4

(1)　この円錐の高さを求めなさい。

(2)　この円錐の体積を求めなさい。

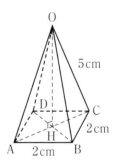

4 【正四角錐の体積と側面積】右の図のような，底面 ABCD が 1 辺 2 cm の正方形で，他の辺の長さがすべて 5 cm の正四角錐 OABCD があります。教科書 p.196 例題 5, 問 10

(1)　底面の対角線の長さ AC を求めなさい。

(2)　この立体の高さ OH を求めなさい。

(3)　この立体の体積を求めなさい。

(4)　この立体の側面積を求めなさい。

例題の答え **1** ①2　②3　③29　④$\sqrt{29}$　**2** ①$\sqrt{2}$　②$4\sqrt{2}$　③68　④$2\sqrt{17}$　⑤$\dfrac{128\sqrt{17}}{3}$

よく出る ① 右の図で，次の線分の長さを求めなさい。

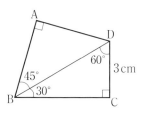

☐(1) BC

☐(2) BD

☐(3) AB

☐(4) AD

② 右の図の △ABC で，AB＝15 cm，BD＝9 cm，DC＝16 cm，
∠ADB＝90° です。

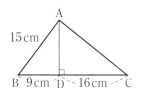

☐(1) △ABC の面積を求めなさい。

☐(2) △ABC の周の長さを求めなさい。

③ 下の図形の面積を求めなさい。

☐(1)

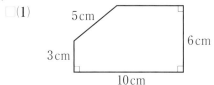

☐(2)

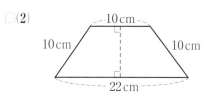

よく出る ④ 3点 A(1, 3)，B(−4, 1)，C(3, −2)を頂点とする △ABC があります。

☐(1) 辺 AB，BC，CA の長さを求めなさい。

☐(2) △ABC はどんな三角形ですか。

ヒント **①** 特別な角をもつ直角三角形が組み合わされた図形です。
④ (2)三平方の定理の逆を使って，3辺の長さの関係を確かめます。

5 右の図のように，AB を直径とする半円 O の $\overset{\frown}{AB}$ 上の
□ 点 C を通る接線と，A，B を通り直径 AB に垂直にひ
いた直線との交点をそれぞれ P，Q とすると，
PA＝16 cm，QB＝25 cm となりました。このときの
直径 AB の長さを求めなさい。

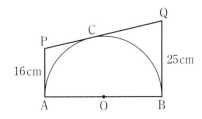

6 右の図は，1 辺 6 cm の立方体を，その頂点 F，G と，辺 AB，
CD の中点 M，N とを通る平面で切ったところを示しています。

□(1) 切り口の四角形 MFGN の面積を求めなさい。

□(2) M と H を結ぶ線分 MH の長さを求めなさい。

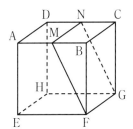

7 右の図の正四角錐 OABCD で，
□ OA＝OB＝OC＝OD＝AC＝BD＝12 cm のとき，この正四角錐の
体積と側面積を求めなさい。

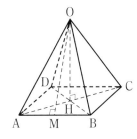

8 右の図は，円錐の展開図で，側面の部分は，中心角
□ 144° のおうぎ形，底面は半径 6 cm の円です。これを
組み立ててできる円錐の体積を求めなさい。

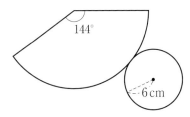

ヒント　**5** PA，PC は，点 P から半円 O への接線とみることができます。
　　　　8 まず，(側面のおうぎ形の弧の長さ)＝(底面の円周) を利用して，母線の長さを求めます。

① 下の図の直角三角形で，x の値を，それぞれ求めなさい。知

(1)

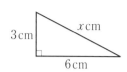

(2)

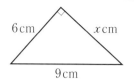

(3)

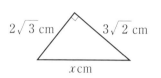

(4)

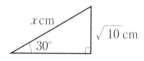

①	点/16点（各4点）
(1)	
(2)	
(3)	
(4)	

② 下の図の △ABC で，A から BC に垂線 AH をひきました。知

(1) 高さ AH を求めなさい。

(2) 辺 AC の長さを求めなさい。

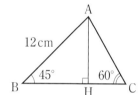

(3) △ABC の面積を求めなさい。

②	点/18点（各6点）
(1)	
(2)	
(3)	

③ 下の図で，x の値を，それぞれ求めなさい。知

(1)

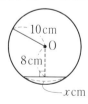

(2)

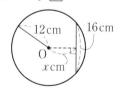

(3)

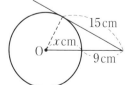

③	点/18点（各6点）
(1)	
(2)	
(3)	

成績評価の観点　知…数量や図形などについての知識・技能　考…数学的な思考・判断・表現

4 右の図の 2 点 A，B について，次の
問いに答えなさい。知

(1) A，B 間の距離を求めなさい。

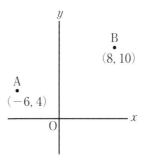

(2) x 軸上に，x 座標が負の数の点
P をとったところ，$\angle APB = 90°$
となりました。点 P の x 座標
を求めなさい。

(3) (2)のとき，$\triangle APB$ の面積を求めなさい。

4	点/18点（各6点）
(1)	
(2)	
(3)	

---

5 右の図は，ある正四角錐の展開図で
す。この展開図を組み立ててできる
正四角錐について，次の問いに答え
なさい。考

(1) 表面積を求めなさい。

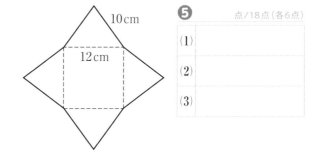

(2) 高さを求めなさい。

(3) 体積を求めなさい。

5	点/18点（各6点）
(1)	
(2)	
(3)	

---

6 右の図のような直方体の箱があり，
AD＝6 cm，DC＝8 cm です。また，
対角線 AG の長さは $5\sqrt{5}$ cm です。
考

(1) 高さ AE を求めなさい。

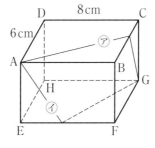

(2) A から G まで，ひもをぴんと張ろうと思います。㋐のように
張るのと㋑のように張るのとでは，どちらのひもが短いです
か。

6	点/12点（各6点）
(1)	
(2)	

● 三平方の定理

直角三角形の直角をはさ
む2辺の長さを a, b,
斜辺の長さを c とすると，
$$a^2+b^2=c^2$$

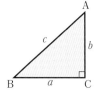

● 三平方の定理の逆

$\triangle ABC$ で，$BC=a$,
$CA=b$，$AB=c$ とする
とき，$a^2+b^2=c^2$ ならば，
$$\angle C=90°$$

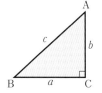

● 正方形の対角線の長さ

1辺が2cmの正方形の対角線の長さを x cm
とすると，
$$2^2+2^2=x^2$$
$$x^2=8$$
$x>0$ だから，
$$x=2\sqrt{2}$$

● 長方形の対角線の長さ

縦が1cm，横が2cmの長方形の対角線の
長さを x cm とすると，
$$1^2+2^2=x^2$$
$$x^2=5$$
$x>0$ だから，
$$x=\sqrt{5}$$

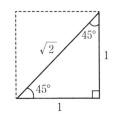

● 三角定規の3辺の長さの割合

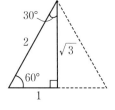

● 円の弦の長さ

中心 O から弦 AB へ
垂線 OH をひくと，
H は弦 AB の中点に
なります。$\triangle OAH$ は

$\angle OHA=90°$ の直角三角形だから，三平方
の定理を使って AH の長さを求めます。

● 座標平面上の2点間の距離

2点 A, B を結ぶ線
分 AB を斜辺とし，
座標軸に平行な2つ
の辺 AC と辺 BC を
もつ直角三角形をつ
くると，$\triangle ABC$ は，

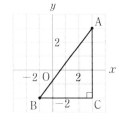

$\angle C=90°$ の直角三角形だから，三平方の定
理を使って，2点間の距離 AB の長さを求め
ます。

● 直方体の対角線の長さ

3辺の長さが a, b,
c の直方体の対角線
AG の長さは，
$$AG^2=a^2+b^2+c^2$$
$AG>0$ だから，
$$AG=\sqrt{a^2+b^2+c^2}$$

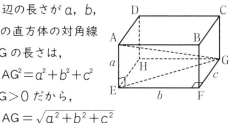

● 円錐の高さ

底面の半径が3cm，
母線の長さが5cmの
円錐の高さを h cm と
すると，
$$3^2+h^2=5^2$$
$$h^2=16$$
$h>0$ だから，
$$h=4$$

ぴたトレ
0
スタートアップ

8章　標本調査とデータの活用

次の学習に
入る前に
取り組もう。

□**割合**　　　　　　　　　　　　　　　　　　　◀ 小学 5 年

ある量をもとにして，くらべる量がもとにする量の何倍にあたるかを表した数を，割合
といいます。

割合＝くらべる量÷もとにする量
くらべる量＝もとにする量×割合
もとにする量＝くらべる量÷割合

1 ペットボトルのキャップを投げると，表，横，裏のいずれかにな　　◀ 中学 1 年〈確率〉
ります。下の表は，それぞれの起こりやすさについて実験した結
果をまとめたものです。

回数	200	400	600	800	1000
表	53	109	166	210	265
横	20	51	85	107	133
裏	127	240	349	483	602

(1)　表になる確率を小数第 3 位を四捨五入して求めなさい。

ヒント

1000 回の実験結
果から，相対度数を
求めて……

(2)　裏になる確率を小数第 3 位を四捨五入して求めなさい。

2 ある中学校の中庭全体の面積は 600 m² で，そのうち花だんの面　　◀ 小学 5 年〈割合〉
積が 240 m² です。

(1)　花だんの面積は，中庭全体の面積の何倍ですか。

ヒント

もとにする量とくら
べる量は……

(2)　中庭全体の面積は，花だんの面積の何倍ですか。

3 定価 2800 円の品物を，3 割引きで買ったときの代金を求めなさい。◀ 小学 5 年〈割合〉

ヒント

(10−3) 割と考え
ると……

8
章

8章　標本調査とデータの活用
1節　標本調査
① 標本調査の方法

●全数調査と標本調査

教科書 p.204〜205

例題 1 次の調査は，全数調査と標本調査のどちらが適切ですか。　▶▶**1**
(1)　学校の健康診断調査
(2)　各教室に設置されている火災報知器の定期点検
(3)　中学生が1日に視聴しているテレビの平均時間

考え方　調査の目的と合理性を考えます。

答え　(1)　1人1人の健康状態を知る必要があるから，

① ▢ 調査が適切である。

(2)　安全管理に必要だから，② ▢ 調査が適切である。

(3)　一部から全体の性質を予測することができるから，③ ▢ 調査が適切である。

> **プラスワン**　全数調査と標本調査
>
> ある集団について何かを調べるとき，その集団のすべてについて調べることを**全数調査**，集団の一部を取り出して調査し，全体の性質を推測する調査を**標本調査**といいます。

●母集団と標本，標本の抽出

教科書 p.206〜208

例題 2 黒玉と白玉あわせて100個が箱にはいっています。この箱から10個の玉を取り出して，黒玉と白玉の数を調査します。この検査の母集団と標本を答えなさい。また，標本の大きさを答えなさい。　▶▶**2**

考え方　集団全体が母集団，取り出した一部の集団が標本，取り出したものの数が標本の大きさです。

答え　箱にはいっている100個の玉が ① ▢ ，

取り出した10個の玉が ② ▢ である。

標本の大きさは ③ ▢ となる。

> **プラスワン**　母集団と標本
>
> 標本調査をするとき，特徴や傾向などの性質を知りたい集団全体を**母集団**といいます。これに対して，調査のために取り出した一部の集団を**標本**といい，取り出したものの数を標本の大きさといいます。

例題 3 標本として取り出すときにたいせつなことは何ですか。　▶▶**3**

考え方　調査の目的を考えることがたいせつです。

答え　調べるのは標本ですが，知りたいのは ① ▢ の性質だから，① ▢ を代表するように，② ▢ なく，③ ▢ に抽出することがたいせつである。

> **プラスワン**　標本の抽出
>
> 母集団からかたよりなく標本を選ぶことを，**無作為に抽出する**といいます。

標本を番号で抽出することがありますが，その番号を抽出する方法に，次のような方法がある。

㋐　乱数さいを利用する　㋑　表計算ソフトを利用する　㋒　乱数表を利用する

1 【全数調査と標本調査】次の調査では，全数調査と標本調査のどちらが適切ですか。

教科書 p.204 問 1

□(1) 5年ごとにおこなう国勢調査

□(2) 暮らしに関する世論調査

□(3) テレビ番組の視聴率調査

□(4) 高校の入学試験

□(5) 学校で行う視力検査

□(6) 電池の寿命検査

●キーポイント

全数調査が不向きな場合
① 全数調査にかなりの時間や費用がかかる。
② 調査の目的から，およその予想ができればじゅうぶん。
③ 現実的に全数調査が不可能。

2 【母集団と標本】次の調査について，調査の母集団，標本，標本の大きさをそれぞれ答えなさい。

教科書 p.205 問 2

□(1) A市の中学生 3748 人の中から無作為に 500 人を選んで，7日間で通学時間を調査したところ，500 人の通学時間の平均は 24 分でした。

□(2) B工場で 8000 個の製品を製造しましたが，製造過程で 500 個目ごとの製品 16 個を耐久性テストで検査しました。

3 【標本の抽出】学校である標本調査をするため，各クラスから 10 名を選ぶことになりました。

教科書 p.208 問 3

□(1) 10 名を選ぶ選び方として，適切でないものを 2 つ答えなさい。

⑦ 出席番号から乱数さいで 10 名を選ぶ。

④ 出席番号から乱数表で 10 名を選ぶ。

⑨ 希望者 10 名を選ぶ。

㋒ くじ引きで 10 名を選ぶ。

㋔ クラスの専門委員が 10 名だから，その 10 名を選ぶ。

□(2) 3年2組は，乱数表で選ぶことになり，無作為に○をつけた数からはじめ，右へ進めることになりました。下の数は乱数表の1部です。10 名を出席番号順に書き出しなさい。ただし，3年2組の生徒数は 35 人です。

65	95	㉟	97	84	90	14	79	61	55	56	16	88
87	60	32	15	99	67	43	13	43	00	97	26	16
91	21	32	41	60	22	66	72	17	31	85	33	69

8 章

教科書 204 ～ 208 ページ

例題の答え **1** ①全数 ②全数 ③標本 **2** ①母集団 ②標本 ③10 **3** ①母集団 ②かたより ③無作為

8章　標本調査とデータの活用

1節　標本調査
② 母集団と標本の関係／③ データを活用して，問題を解決しよう

●標本調査の活用

教科書 p.212〜213

例題1　ある工場で大量に製造される品物から，50 個を無作為に抽出したところ，そのうち 2 個が不良品でした。1 日に 6000 個の品物を製造するとき，発生する不良品の数は，およそ何個と推定されますか。　▶▶**1 2**

考え方　確率を考えるときの考え方で求めていきます。

答え　50 個のうち 2 個が不良品であるから，この工場で，不良品が発生する確率は，

$\boxed{①}$ と考えられる。

6000 個の品物を製造したときの不良品は，$\boxed{②}$ × $\boxed{①}$ となり，

1 日に発生する不良品の数は，およそ $\boxed{③}$ 個と推定される。

> 6000 個すべてを不良品か
> どうか調べるのはたいへんだよ。
> 50 個調べるだけで
> 不良品のすべての数を推定できるなんて
> 便利な方法だね。

例題2　箱の中にいくつかの黒玉がはいっていて，その箱の中に 100 個の白玉を入れ，そこから 100 個の玉を無作為に抽出すると，白玉が 8 個ふくまれていました。このとき，はじめにはいっていた黒玉の数は，およそ何個と推定されますか。　▶▶**3 4**

考え方　白玉を入れたときの箱の中と抽出した標本で，黒玉と白玉の数の比は等しいと考えます。

答え　はじめにはいっていた黒玉の数を x 個とすると，100 個の白玉を入れたときの

黒玉と白玉の数の比は，$\boxed{①}$: $\boxed{②}$

抽出した標本での黒玉と白玉の数の比は，$\boxed{③}$: $\boxed{④}$ ←黒玉は (100−8) 個

となるから，

$\boxed{①}$: $\boxed{②}$ = $\boxed{③}$: $\boxed{④}$

これを解くと，$x = \boxed{⑤}$

よって，箱の中の黒玉の数は，およそ $\boxed{⑤}$ 個

> （箱の中の黒玉と白玉の比）
> ＝（取り出した黒玉と白玉の比）
> と考えています。

1 【標本調査の活用】A さんの中学校の生徒数は 324 人です。今日，A さんのいる 36 人のクラスで，昨日のサッカーの大会をテレビで見た人が 10 人いることを知りました。
この大会をテレビで見た A さんの中学校の生徒数は，およそ何人と推定されますか。
教科書 p.213 例 1

2 【標本調査の活用】ある工場で大量に製造される品物から 100 個を無作為に抽出したところ，そのうち 2 個が不良品でした。12000 個の品物を製造したとき，そのうちの不良品の数は，およそ何個と推定されますか。
教科書 p.213 例 1

3 【標本調査の活用】何枚かのトランプカードがあり，その中から 6 枚のカードを取り出し，それぞれのカードの種類と番号をメモします。その後，それらのカードをもとにもどし，よくきってからさらに 6 枚のカードを取り出したところ，前に取り出したカードが 2 枚ふくまれていました。トランプの枚数は，全部でおよそ何枚と推定されますか。
教科書 p.214

4 【標本調査の活用】いくつかの白玉がはいっている箱があります。コップで箱の中の玉をすくったところ，42 個の玉がはいっていました。そこで，その玉を別の箱に入れ，同じ大きさの黒玉 42 個をもとの箱にもどし，よくかき混ぜてから，さらにコップで箱の中の玉をすくったところ，黒玉 3 個と白玉 35 個がはいっていました。はじめに箱の中にはいっていた白玉の数は，およそ何個と推定されますか。
教科書 p.214

例題の答え **1** ①0.04 ②6000 ③240 **2** ①x ②100 ③92 ④8 ⑤1150

① 袋の中に，同じ大きさの白玉と赤玉があわせて 240 個はいっています。この袋の中から，よくかき混ぜてから 30 個の玉を取り出したところ，白玉の数は 12 個でした。この結果から，袋の中には白玉と赤玉がそれぞれおよそ何個はいっていたかを推定しなさい。

② 工場である月に生産されたすべての製品から，1000 個を無作為に抽出して検査したところ，そのうちの 3 個が不良品でした。その前の月には，その工場で生産されたすべての製品のうちの 42 個が不良品であったことがわかっています。品質が毎月変わらないと仮定して，前の月に生産されたすべての製品の数を推定しなさい。

③ 生徒数が 875 人の学校で，50 人を抽出し，文化祭の当日の朝 11 時にどこにいたのかを標本調査によって調べ，50 人全員から回答をもらいました。下の表は，その結果です。このとき，全校生徒のうち，展示を見学していたのは，およそ何人と考えられますか。

	音楽会	演劇	展示	模擬店	美術展	書道展	映画会	その他	合計
人数	7	8	6	4	8	6	5	6	50

④ 箱の中に同じ大きさのビー玉がたくさんはいっています。その箱の中にあるビー玉の数を推定することにしました。箱の中からビー玉を 100 個取り出して，その全部に印をつけてもとにもどし，よくかき混ぜた後，箱の中からビー玉を 40 個取り出したところ，その中に印のついたビー玉が 8 個ありました。この箱の中には，およそ何個のビー玉がはいっていると考えられますか。

ヒント ② 生産されたすべての製品 x 個と不良品の数 42 個の比が，標本ではどうなるかを考えます。
④ 取り出した 40 個と印のついた 8 個の比が，母集団の何の比に等しくなるかを考えます。

●標本調査から母集団を推測する問題に対して，母集団と標本についての比例式をつくろう。
標本調査の問題では，比例式を使って母集団を求める問題の出題率が高いので，母集団の比率
と標本の比率の関係から正しい比例式をつくることができるようにしておきましょう。

定期テスト
予報

5 下の表は，あるクラスの生徒40人の数学のテストの得点です。

番号	得点	番号	得点	番号	得点	番号	得点
1	59	11	18	21	78	31	87
2	34	12	70	22	95	32	55
3	34	13	77	23	65	33	37
4	77	14	26	24	55	34	67
5	85	15	65	25	54	35	71
6	68	16	54	26	46	36	64
7	42	17	48	27	75	37	57
8	47	18	69	28	81	38	53
9	78	19	58	29	65	39	38
10	80	20	63	30	72	40	55

□(1) 乱数さいを利用して，5人を抽出する作業を5回くり返しました。それぞれの標本の
平均を求めなさい。

　　　　　1回目　　8，15，19，26，38
　　　　　2回目　　5，　6，18，24，35
　　　　　3回目　14，16，20，27，40
　　　　　4回目　　3，　9，16，22，33
　　　　　5回目　　7，10，29，31，36

□(2) 標本の平均から，母集団の平均を推定しなさい。

□(3) 表から，クラスの平均点を計算すると，60.55点です。(2)とくらべなさい。

6 あるクラスでは，水そうにメダカを飼っています。この水そうにどれくらいのメダカがい
るかを調べるために，20匹の白いメダカを入れて，数時間後，網ですくうと27匹とれ，
白いメダカが3匹いました。

□(1) はじめにこの水そうにいたメダカの総数を推定しなさい。

□(2) すくった27匹は，別の容器に移しました。さらに推測を重ねるために，再び水そうを
同じ網ですくうと18匹とれ，白いメダカが2匹いました。このことから，はじめにこ
の水そうにいたメダカの総数を推定しなさい。

8
章

教科書
202
〜
215
ページ

❶ 次の調査では，全数調査と標本調査のどちらが適切ですか。知

(1) 毎月の学級出席者率の調査

(2) 各学年の平均睡眠時間の調査

(3) 今回の数学定期考査の平均点の調査

(4) 人気のあるテレビ番組の調査

(5) ペットを飼っている人と飼っていない人の比較調査

(6) 学校での体力測定調査

❶ 点／36点（各6点）

(1)

(2)

(3)

(4)

(5)

(6)

❷ 女子サッカーワールドカップについて，A 中学校の全生徒の関心の度合いを調査するために，女子運動部員全員にアンケート調査用紙を配布し，全員から回答用紙を回収して，調査することができました。知

(1) この調査の方法は，標本調査，全数調査のどちらですか。

(2) この調査の母集団を答えなさい。

(3) この調査で，女子運動部員全員を何といいますか。

(4) この調査のしかたは，よい調査方法といえますか。いえる場合は，特によかった点を，よい調査方法とはいえない場合は，よくない点をつけ加えて答えなさい。

❷ 点／24点（各6点）

(1)

(2)

(3)

理由

(4)

(4完答)

❸ 次の問いに答えなさい。考

(1) あるケーキ工場で，大量にケーキを生産していますが，型くずれして商品にできないケーキが，50個のうち，平均2個でるそうです。この工場で1日6000個のケーキを生産するとき，不良品の数は，およそ何個と推定されますか。

(2) 園芸店で花の種を買ったところ，その袋には，内容量60粒，発芽率85％と書いてありました。すべての種を花だんにまいたとき，およそ何本の芽が出ると推定されますか。

❸ 点／16点（各8点）

(1)

(2)

❹ 箱の中に，白と黒の同じ大きさの玉がたくさんはいっています。この箱から，20 個の玉を無作為に抽出し，白と黒の玉の数を調べて，もとの箱にもどします。この実験を 5 回おこなって，下の表のような結果を得ました。この箱の中の白と黒の玉の数の割合は，どれくらいと推定されますか。知

実験	白	黒
1	15	5
2	12	8
3	10	10
4	12	8
5	11	9

❹ 点/8点

❺ 袋の中に黒玉だけがたくさんはいっています。黒玉の数を推定するために，同じ大きさの白玉 150 個を黒玉のはいっている袋の中に入れ，よくかき混ぜたあと，その中から 50 個の玉を無作為に抽出して調べたら，白玉が 12 個ふくまれていました。袋の中にはいっていた黒玉の数は，およそ何個と推定されますか。一の位の数を四捨五入して答えなさい。考

❻ 標本調査を利用して，ある池にいるコイの総数を調べるために，池のコイを網で 50 匹すくい，それらのコイ全部に印をつけて，池のいろいろな場所にもどしました。数日後，再び同じようにして 30 匹のコイをすくうと，そのうち印のついたコイが 5 匹ふくまれていました。この池にいるコイの総数は，およそ何匹と推定されますか。考

❻ 点/8点

8 章

教科書 202〜217 ページ

●全数調査と標本調査

・集団のすべてを対象として調査することを**全数調査**といいます。

・全数調査に対して，集団の一部を対象として調査することを**標本調査**といいます。

(例) 「学校で行う体力測定」は全数調査。
　　　「ペットボトル飲料の品質調査」は全数調査よりも標本調査に適しています。

●母集団と標本

・標本調査をするとき，調査の対象となるもとの集団を**母集団**といいます。

・取り出した一部の集団を**標本**といいます。

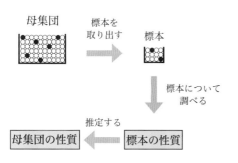

・標本調査では，調べるのは標本ですが，知りたいのは母集団の性質です。

そのため，母集団を代表するように，標本をかたよりなく取り出すことがたいせつです。

母集団からかたよりなく標本を取り出すことを**無作為に抽出する**といいます。

・標本を無作為に抽出する方法

　(ア) 乱数さいを使う

　(イ) コンピュータを使う

　(ウ) 乱数表を使う

　(エ) カードを使う

(例) 全校生徒560人の中から100人を選び出して，睡眠時間の調査を行った。
　　　この調査の母集団は全校生徒560人で，標本は選び出した100人である。

●標本の平均値と母集団の平均値

・標本として取り出したデータの個数を標本の大きさといいます。

・標本の大きさが大きいほど，標本の平均値は母集団の平均値により近くなることが多い。

●母集団の数量の推定

標本を無作為に抽出しているときは，標本での数量の割合が母集団の数量の割合とおよそ等しいと考えてよい。

(例) 袋の中に，白い碁石と黒い碁石が合わせて300個入っている。この袋の中から20個の碁石を無作為に抽出したところ，白い碁石が12個ふくまれていた。

袋の中の碁石に対する白い碁石の割合は，

$$\frac{12}{20} = \frac{3}{5}$$

したがって，袋の中に入っていた白い碁石のおよその個数は，

$$300 \times \frac{3}{5} = 180(個)$$

●標本調査の活用

1 調べたいことを決める

↓

2 標本調査の計画を立てる

　・母集団と標本を決める

　・標本を無作為に抽出するための方法を決める

↓

3 標本の性質を調べる

↓

4 標本の性質から母集団の性質を考える

テスト前に役立つ!

\\ 定期テスト //

予想問題

 チェック!

- テスト本番を意識し，時間を計って解きましょう。
- 取り組んだあとは，必ず答え合わせを行い，まちがえたところを復習しましょう。
- 観点別評価を活用して，自分の苦手なところを確認しましょう。

テスト前に解いて，わからない問題やまちがえた問題は，もう一度確認しておこう!

1章　式の展開と因数分解

❶ 次の計算をしなさい。知

教科書 p.12〜13

(1)　$(2x-3y) \times 7x$

(2)　$-3a(a-4b+1)$

(3)　$(20x^2-28x) \div (-4x)$

(4)　$(18a^2b+8ab^2) \div \dfrac{2}{5}a$

❶	点／12点（各3点）
(1)	
(2)	
(3)	
(4)	

❷ 次の計算をしなさい。知

教科書 p.14〜18

(1)　$(x+3)(x+6)$

(2)　$(x-8y)(x+7y)$

(3)　$(x+9)^2$

(4)　$(4a-2b)^2$

(5)　$(a+7)(a-7)$

(6)　$\left(x-\dfrac{1}{3}y\right)\left(\dfrac{1}{3}y+x\right)$

❷	点／18点（各3点）
(1)	
(2)	
(3)	
(4)	
(5)	
(6)	

❸ 次の計算をしなさい。知

教科書 p.19

(1)　$(x+8)(x-1)-x(x+5)$

(2)　$(x+4y)(x-4y)-(x-2y)^2$

(3)　$(2a-3)^2+(2a+3)(2a-5)$

(4)　$(b-5)^2-(b+3)^2$

(5)　$(x+y-4)(x+y+5)$

❸	点／15点（各3点）
(1)	
(2)	
(3)	
(4)	
(5)	

　成績評価の観点　知…数量や図形などについての知識・技能　　考…数学的な思考・判断・表現

④ 次の式を因数分解しなさい。知

(1) $20ax - 15a$

(2) $6xy^2 + 2xy$

(3) $x^2 - 25$

(4) $y^2 + 6y + 9$

(5) $x^2 - 16xy + 64y^2$

(6) $x^2 - 14x + 33$

(7) $y^2 + 4y - 45$

(8) $-2x^2 - 12x + 80$

(9) $(x+1)^2 + 5(x+1) + 6$

(10) $(a+b)^2 - 4c^2$

教科書 p.21〜27

④	点/30点（各3点）
(1)	
(2)	
(3)	
(4)	
(5)	
(6)	
(7)	
(8)	
(9)	
(10)	

⑤ くふうして，次の値を求めなさい。知

(1) 501^2

(2) $a = 296$ のとき，$a^2 + 8a + 16$ の値

(3) $x = 6.85$，$y = 3.15$ のとき，$x^2 - y^2$ の値

教科書 p.30〜31

⑤	点/15点（各5点）
(1)	
(2)	
(3)	

⑥ 連続する3つの整数のうち，もっとも大きい数の2乗から，残りの2つの数の積をひいた差は，中央の数の3倍より1大きい。このことを証明しなさい。考

教科書 p.29

⑥	点/10点

| 知 | /90点 | 考 | /10点 |

定期テスト予想問題

教科書10〜37ページ

時間
30分　／100点　合格70点

❶ $\dfrac{16}{25}$ の平方根を求めなさい。知

教科書 p.40

❶　　点/2点

❷ 次の問いに答えなさい。(1)考，(2)〜(5)知

教科書 p.42〜43，46〜49，53

(1)　$\sqrt{175a}$ の値が自然数となる最小の自然数 a を求めなさい。

(2)　次の数を小さい方から順に並べなさい。
　　　$\sqrt{0.6}$，　0.6，　2，　$\sqrt{2}$

(3)　$4<\sqrt{a}<5$ となる自然数 a は，いくつありますか。

(4)　次の数のうち，無理数を答えなさい。
　　　$\dfrac{9}{49}$，　$\sqrt{\dfrac{9}{49}}$，　$\sqrt{490}$，　$\sqrt{49}$，　$\sqrt{4.9}$，　$\sqrt{0.49}$

(5)　ある距離の近似値 25700 m で，有効数字が3けたであるとき，整数部分が1けたの小数と10の何乗かの積の形に表しなさい。

❷　　点/20点（各4点）

(1)	
(2)	
(3)	
(4)	
(5)	

❸ 次の計算をしなさい。知

教科書 p.51〜53

(1)　$\sqrt{3}\times\sqrt{10}$　　　　(2)　$\sqrt{75}\div(-\sqrt{3})$

(3)　$\sqrt{2}\times\sqrt{6}\times\sqrt{21}$　　　　(4)　$\sqrt{40}\div\sqrt{2}\times\sqrt{45}$

❸　　点/12点（各3点）

(1)	
(2)	
(3)	
(4)	

❹ 次の数の分母を有理化しなさい。知

教科書 p.54

(1)　$\dfrac{10}{\sqrt{2}}$　　　　(2)　$\dfrac{15}{\sqrt{18}}$

❹　　点/6点（各3点）

(1)	
(2)	

　成績評価の観点　知…数量や図形などについての知識・技能　考…数学的な思考・判断・表現

5 $\sqrt{6} = 2.449$ として，次の値を求めなさい。知

(1) $\sqrt{600}$

(2) $\dfrac{4\sqrt{3}}{\sqrt{2}}$

教科書 p.55

5 点/6点（各3点）

(1)	
(2)	

6 次の計算をしなさい。知

(1) $\sqrt{2} + \sqrt{2}$

(2) $4\sqrt{3} - 7\sqrt{3}$

(3) $2\sqrt{5} - \sqrt{3} + 8\sqrt{5}$

(4) $-\sqrt{6} - 7\sqrt{6} - 4\sqrt{6}$

(5) $\sqrt{7} - \sqrt{28}$

(6) $\dfrac{5}{\sqrt{5}} - 3\sqrt{5}$

(7) $\sqrt{32} + \sqrt{72} + \sqrt{50}$

(8) $\sqrt{20} - \sqrt{48} - 4\sqrt{5} - 2\sqrt{3}$

教科書 p.56〜57

6 点/24点（各3点）

(1)	
(2)	
(3)	
(4)	
(5)	
(6)	
(7)	
(8)	

7 次の計算をしなさい。知

(1) $\sqrt{2}(5 + 4\sqrt{2})$

(2) $\sqrt{3}(\sqrt{12} - \sqrt{8})$

(3) $(\sqrt{6} - 1)^2$

(4) $(\sqrt{5} - 2)(\sqrt{5} + 4)$

(5) $(\sqrt{7} + \sqrt{10})(\sqrt{7} - \sqrt{10})$

(6) $(2\sqrt{3} - 5)(\sqrt{3} - 3)$

(7) $\sqrt{6}(\sqrt{24} - \sqrt{3}) + 9\sqrt{2}$

(8) $(\sqrt{5} + \sqrt{2})^2 - \dfrac{30}{\sqrt{10}}$

教科書 p.57〜58

7 点/24点（各3点）

(1)	
(2)	
(3)	
(4)	
(5)	
(6)	
(7)	
(8)	

8 $x = \sqrt{7} + \sqrt{3}$，$y = \sqrt{7} - \sqrt{3}$ のとき，次の式の値を求めなさい。考

(1) xy

(2) $x^2 - y^2$

教科書 p.65

8 点/6点（各3点）

(1)	
(2)	

知	/90点	考	/10点

解答▶▶ p.59

時間 30分 ／100点　合格 70点

① 次の二次方程式を解きなさい。ただし，⑸，⑹は $(x+m)^2=n$ の形にして，⑺，⑻は解の公式を使って解きなさい。知

(1)　$2x^2=8$　　　　　　　　(2)　$x^2-75=0$

(3)　$(x+5)^2=1$　　　　　　(4)　$(x-3)^2=28$

(5)　$x^2+2x-5=0$　　　　　(6)　$x^2-4x=6$

(7)　$2x^2-x-5=0$　　　　　(8)　$3x^2+2x-2=0$

教科書 p.69〜74

① 点／24点（各3点）

(1)	
(2)	
(3)	
(4)	
(5)	
(6)	
(7)	
(8)	

② 次の二次方程式を解きなさい。知

(1)　$(x-1)(x-2)=0$　　　　(2)　$x^2-4x+4=0$

(3)　$a^2+10a+25=0$　　　　(4)　$x^2+3x-40=0$

(5)　$x^2+15x+54=0$　　　　(6)　$3x^2-6x-9=0$

教科書 p.75〜76

② 点／24点（各4点）

(1)	
(2)	
(3)	
(4)	
(5)	
(6)	

③ 次の二次方程式を解きなさい。知

(1)　$x(x+6)=16$　　　　　　(2)　$x(12-x)=32$

(3)　$(x+3)(x-2)=2x$　　　　(4)　$(x+4)(x-1)=6$

(5)　$2x^2-4x=x(4x+2)$　　　(6)　$(x+3)(x-21)=2(x^2+9)$

教科書 p.77

③ 点／24点（各4点）

(1)	
(2)	
(3)	
(4)	
(5)	
(6)	

　成績評価の観点　知…数量や図形などについての知識・技能　考…数学的な思考・判断・表現

④ 二次方程式 $ax^2 - x - 4 = 0$ の解の1つが -2 であるとき，次の問いに答えなさい。[知]

(1) a の値を求めなさい。

(2) 他の解を求めなさい。

④ 　　　　　　　　点/8点（各4点）

(1)	
(2)	

⑤ 二次方程式 $x^2 - 12x + a = 0$ について，次の問いに答えなさい。[知]

(1) 解の1つが5であるとき，他の解を求めなさい。

(2) 解が1つしかないとき，a の値を求めなさい。

⑤ 　　　　　　　　点/8点（各4点）

(1)	
(2)	

⑥ 連続した3つの自然数があります。中央の数に，残りの2数の積を加えると55になりました。この3つの自然数を求めなさい。

教科書 p.82

⑥ 　　　　　　　　点/4点

[考]

⑦ ある正の数 x を2乗して5を加えるところを，間違えて5を加えてから2倍したため，計算の結果は190だけ小さくなりました。この正の数 x を求めなさい。[考]

教科書 p.88

⑦ 　　　　　　　　点/4点

⑧ 縦 20 m，横 26 m の長方形の土地があります。これに右の図のように，縦と横に同じ幅の道をつけて，残りの土地の面積が 396 m² になるようにします。道幅を何 m にすればよいですか。[考]

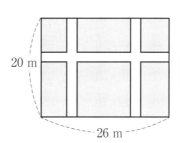

20 m

26 m

教科書 p.80〜81

⑧ 　　　　　　　　点/4点

時間
30分　／100点

合格
70点

❶ 次の場合，x と y の関係を式に表しなさい。知

教科書 p.92～93

(1)　1辺が x cm の立方体の表面積 y cm²

(2)　底面の半径が x cm，高さが 7 cm の円柱の体積 y cm³

❶　点/8点（各4点）

(1)	
(2)	

❷ y は x の2乗に比例し，$x=4$ のとき $y=48$ です。知

教科書 p.94

(1)　x と y の関係を式に表しなさい。

(2)　対応する x^2 と y の値の商 $\dfrac{y}{x^2}$ を求めなさい。

(3)　x の値が 3 倍になると，y の値は何倍になりますか。

❷　点/12点（各4点）

(1)	
(2)	
(3)	

❸ 関数 $y=ax^2$ で，$x=-2$ のとき $y=20$ です。知

教科書 p.94

(1)　a の値を求めなさい。

(2)　$x=3$ のときの y の値を求めなさい。

(3)　$y=180$ のときの x の値を求めなさい。

❸　点/12点（各4点）

(1)	
(2)	
(3)	

❹ 右の図は，次の4つの関数のグラフ
です。それぞれの関数のグラフを記
号で答えなさい。知

(1)　$y=\dfrac{1}{4}x^2$　　(2)　$y=-\dfrac{1}{3}x^2$

(3)　$y=x^2$　　(4)　$y=-2x^2$

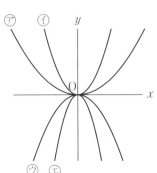

教科書 p.95～101

❹　点/16点（各4点）

(1)	
(2)	
(3)	
(4)	

成績評価の観点　知…数量や図形などについての知識・技能　考…数学的な思考・判断・表現

5 関数 $y=-3x^2$ について，次の問いに答えなさい。知

教科書 p.105〜107

(1) x の変域が $3 \leqq x \leqq 5$ のとき，y の変域を求めなさい。

(2) x の変域が $-3 \leqq x \leqq 2$ のとき，y の変域を求めなさい。

(3) x の値が1から5まで増加するときの変化の割合を求めなさい。

(4) x の値が -4 から -2 まで増加するときの変化の割合を求めなさい。

5 点/16点（各4点）

(1)	
(2)	
(3)	
(4)	

6 関数 $y=ax^2$ で，x の値が3から6まで増加するときの変化の割合は，一次関数 $y=3x+1$ の変化の割合と等しくなりました。a の値を求めなさい。知

教科書 p.106〜107

6 点/4点

7 高いところから物が落下するとき，落下しはじめてから x 秒間に落下する距離を y m とすると，$y=5x^2$ という関係があります。考

教科書 p.108

(1) 落下しはじめてから3秒間で，何 m 落下しますか。

(2) 落下する距離が 80 m になるのは，落下しはじめてから何秒後ですか。

(3) 落下しはじめてから5秒後から7秒後までの平均の速さを求めなさい。

7 点/12点（各4点）

(1)	
(2)	
(3)	

8 右の図のように，関数 $y=\dfrac{1}{4}x^2$ のグラフ上に2点 A，B があります。
A，B の x 座標がそれぞれ -4，2 であるとき，次の問いに答えなさい。考

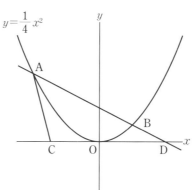

$y=\dfrac{1}{4}x^2$

(1) 2点 A，B の座標を求めなさい。

(2) 2点 A，B を通る直線の式を求めなさい。

(3) 点 C は x 軸上の点で，その x 座標は -3 です。また，点 D は直線 AB と x 軸との交点です。△ACD の面積を求めなさい。

教科書 p.119

8 点/20点（各5点）

(1)	A の座標
	B の座標
(2)	
(3)	

知	/68点	考	/32点

| 時間 30分 | ／100点 | 合格 70点 |

❶ 下の図で，△ABC∽△DEF です。知

教科書 p.124〜125

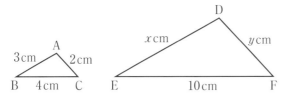

⑴　△ABC と △DEF の相似比を求めなさい。

⑵　x，y の値を求めなさい。

❶　　　　　　　　　　点/9点(各3点)

⑴	
⑵	x の値
	y の値

❷ 右の図の長方形 ABCD で，E は
BC 上の点，F は CD 上の点で，
∠AEF＝90° です。このとき，
△ABE∽△ECF であることを証明
します。空欄をうめなさい。知

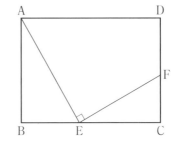

教科書 p.129〜131

〔証明〕

　　△ABE と △ECF で，

　　∠ABE＝∠[㋐]＝90°　……①

　　△ABE で，三角形の内角・外角の性質より，

　　∠BAE＋∠ABE＝∠[㋑]＋∠AEF

　　ここで，∠ABE＝∠[㋒] だから，∠BAE＝∠[㋓]　……②

　　①，②から，[㋔] ので，△ABE∽△ECF

　　また，AB＝6 cm，AD＝10 cm とすると，

　　△ABE と △ECF の相似比が 1：1 のときは，CF＝[㋕] cm，

　　相似比が 2：1 のときは，CF＝[㋖] cm となり，

　　相似比が 2：3 のときは，CF＝[㋗] cm となる。

❷　　　　　　　　　　点/24点(各3点)

㋐	
㋑	
㋒	
㋓	
㋔	
㋕	
㋖	
㋗	

❸ 下の図で，x，y の値を，それぞれ求めなさい。知

教科書 p.133〜137

⑴　BC∥DE

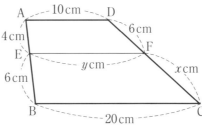

⑵　AD，EF，BC は平行

❸　　　　　　　　　　点/20点(各5点)

⑴	x の値
	y の値
⑵	x の値
	y の値

　成績評価の観点　知…数量や図形などについての知識・技能　考…数学的な思考・判断・表現

4 右の図の △ABC で，D，E は AC を 3 等分する点であり，F は BC の中点です。また，G は AF と BD の交点です。考

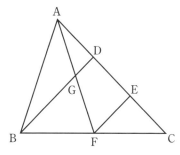

(1) FE＝6 cm のとき，BG の長さを求めなさい。

(2) △ABC と △ABG の面積の比を，もっとも簡単な整数の比で表しなさい。

教科書 p.142〜143

4　　　　　点／12点（各6点）

(1)

(2)

5 右の図で，四角形 ABCD と四角形 EFGH は相似です。知

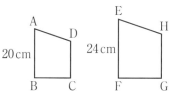

(1) BC＝15 cm のとき，FG の長さを求めなさい。

(2) 四角形 EFGH の面積が 4320 cm² のとき，四角形 ABCD の面積を求めなさい。

(3) 四角形 ABCD の辺 AB を軸に回転させてできる立体の体積が 4500π cm³ のとき，四角形 EFGH の辺 EF を軸に回転させてできる立体の体積を求めなさい。

教科書 p.146〜152

5　　　　　点／15点（各5点）

(1)

(2)

(3)

6 右の図の円錐を，底面に平行な平面で，母線が OB：BA＝3：2 となるように切ったときの 2 つの立体 P，Q について，次の問いに答えなさい。考

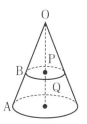

(1) 立体 P の体積が 540π cm³ のとき，立体 Q の体積を求めなさい。

(2) 立体 Q の体積が 784π cm³ のとき，もとの円錐の体積を求めなさい。

教科書 p.149〜152

6　　　　　点／14点（各7点）

(1)

(2)

7 ある木の影の長さを測ったところ，9 m でした。同じ時刻に，木の横に立っている身長 1.5 m の人の影の長さは 1.8 m でした。この木の高さを求めなさい。知

教科書 p.155

7　　　　　点／6点

知　　　／74点　　考　　　／26点

解答▶▶ p.61

時間30分　／100点　合格70点

1 下の図で，∠x，∠y の大きさを，それぞれ求めなさい。知

(1)
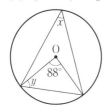

(2)
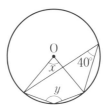

教科書 p.162〜165

① 点/16点（各4点）

	∠x の大きさ
(1)	
	∠y の大きさ
	∠x の大きさ
(2)	
	∠y の大きさ

2 下の図で，∠x，∠y の大きさを，それぞれ求めなさい。知

(1)
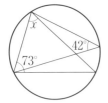

(2)
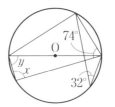

教科書 p.164〜165

② 点/12点（各4点）

(1)	
	∠x の大きさ
(2)	
	∠y の大きさ

3 下の図について，次の問いに答えなさい。ただし，点 A〜E は，円 O の円周上の点です。考

(1) BC と CD の長さの比を求めなさい。

(2) BD と DE の長さの比を求めなさい。

(3) AB と BC の長さの比が 2：1 であるとき，∠ABE の大きさを求めなさい。

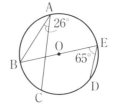

教科書 p.165〜166

③ 点/15点（各5点）

(1)	
(2)	
(3)	

4 下の図で，∠x の大きさを，それぞれ求めなさい。考

(1)
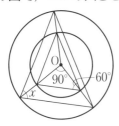

(2)
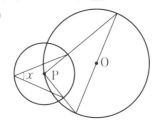

教科書 p.162〜165

④ 点/10点（各5点）

| (1) | |
| (2) | |

　成績評価の観点　知…数量や図形などについての知識・技能　考…数学的な思考・判断・表現

⑤ 下の図で，∠x の大きさを，それぞれ求めなさい。知

教科書 p.162〜165

(1)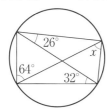

(2)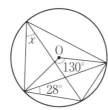

⑤　点/10点（各5点）

(1)	
(2)	

⑥ 下の図の四角形 ABCD で，∠x，∠y の大きさを，それぞれ求めなさい。考

教科書 p.168〜169

(1)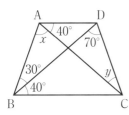

(2)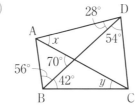

⑥　点/20点（各5点）

	∠x の大きさ	
(1)	∠y の大きさ	
(2)	∠x の大きさ	
	∠y の大きさ	

⑦ 下の図で，3 点 P，Q，R のそれぞれから等しい距離(きょり)にある点 S から円 O へひいた接線 ST を作図しなさい。知

教科書 p.173

⑦　点/7点

左の図に作図しなさい。

⑧ 右の図の A，B，C，D は円周上の点で，AB＝AC です。線分 BD 上に CD＝BE となるように点 E をとります。考

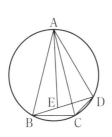

教科書 p.174

⑧　点/10点（各5点）

(1) △ABE≡△ACD を証明しなさい。

(2) ∠BAC＝28° のとき，∠AED の大きさを求めなさい。

(1)	
(2)	

知　/45点　考　/55点

時間30分 　／100点　合格70点

❶ 下の図で，x の値を，それぞれ求めなさい。知

教科書 p.182〜184

(1)
3cm
$x$cm
4cm

(2)
6cm
6cm
$x$cm
10cm

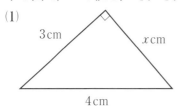
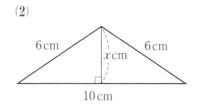

(3)
A　8cm　D
4cm
$x$cm
B　　　C

(4)
7cm
$x$cm
4cm
10cm

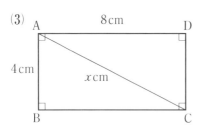
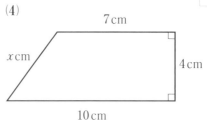

❶　点/20点（各5点）

(1)

(2)

(3)

(4)

❷ 次の長さを3辺とする三角形のうち，直角三角形であるものを選び，記号で答えなさい。知

教科書 p.185〜186

㋐　3cm，5cm，6cm
㋑　9cm，12cm，15cm
㋒　7cm，10cm，13cm
㋓　2cm，$2\sqrt{3}$ cm，4cm

❷　点/5点

❸ 次の3点を頂点とする三角形の3辺の長さを求めなさい。知
　　A (1, 1)，　B (4, 2)，　C (−1, 7)

教科書 p.194

❸　点/15点（各5点）

AB の長さ

BC の長さ

CA の長さ

❹ 下の図で，円 O の半径が5 cm であるとき，x の値を，それぞれ求めなさい。知

教科書 p.193

(1)
O
4 cm
$x$cm

(2)
B
O
$x$cm
A　2cm

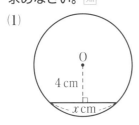
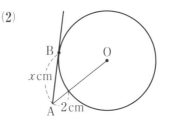

❹　点/12点（各6点）

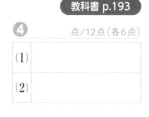

(1)

(2)

成績評価の観点　知…数量や図形などについての知識・技能　考…数学的な思考・判断・表現

5 右の図の四角形について，次の問いに
答えなさい。知

(1) x の値を求めなさい。

(2) この四角形の面積を求めなさい。

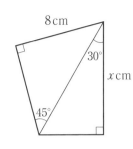

教科書 p.192

5 点/12点（各6点）

(1)	
(2)	

6 下の図の △ABC で，AH はこの三角形の高さです。知

(1) BH＝x cm とし，AH に着
目して次の方程式をつくり
ました。
◯ にあてはまる式を答え
なさい。
$20^2 - x^2 = 13^2 - (\boxed{})^2$

(2) 高さ AH を求めなさい。

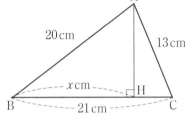
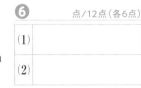

教科書 p.201

6 点/12点（各6点）

(1)	
(2)	

7 下の図で，x の値を，それぞれ求めなさい。知

(1) 直方体の対角線の長さ

(2) 正四角錐の高さ

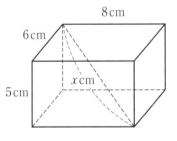

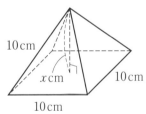

教科書 p.195〜196

7 点/12点（各6点）

(1)	
(2)	

8 右の図は円錐の展開図です。こ
れを組み立ててできる円錐につ
いて，次の問いに答えなさい。
考

(1) 底面の半径を求めなさい。

(2) 体積を求めなさい。

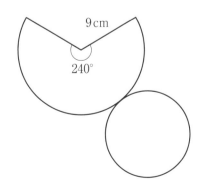

教科書 p.201

8 点/12点（各6点）

(1)	
(2)	

知 ／88点　考 ／12点

8章　標本調査とデータの活用

1 A中学校の生徒580人について，夏休み中にどれくらいの本を読んでいるのかを調べるために，50人を選んで標本調査をすることにしました。知

(1) この調査での母集団を答えなさい。

(2) この調査での標本を答えなさい。

(3) 標本の大きさを答えなさい。

(4) 標本の選び方として，次の⑦～⊥のうち，適切なものをすべて答えなさい。

　⑦　図書室に入室してきた50番目までの人を選ぶ。

　⑦　くじ引きで50人を選ぶ。

　⑦　全員に通し番号をつけて，乱数表で50人を選ぶ。

　⊥　女子から50人を選ぶ。

教科書 p.206～208

1　点/40点（各10点）

(1)	
(2)	
(3)	
(4)	

2 ある工場で大量に製造される品物から200個を無作為に抽出したところ，そのうち5個が不良品でした。この工場で10000個の品物を製造したとき，そのうちの不良品の個数は，およそ何個と推定されますか。考

教科書 p.212～213

3 袋の中に黒玉だけがはいっています。同じ大きさの白玉300個をその袋の中に入れ，黒玉，白玉をよくかき混ぜて，50個の玉を無作為に抽出すると，12個の白玉がふくまれていました。この袋にはいっていた黒玉の数は，およそ何個と推定されますか。考

教科書 p.212～213

4 ある池のコイの総数を調べるために，次の実験をしました。
網ですくうと25匹とれ，その全部に印をつけて池にもどしました。数日後，再び同じ網で2回すくったところ，1回目は28匹とれ，その中に印をつけたコイが4匹いました。2回目は22匹とれ，その中に印をつけたコイが2匹いました。この池にいるコイの総数は，およそ何百匹と推定されますか。考

教科書 p.214

4　点/20点

教科書ぴったりトレーニング
〈 啓林館版・中学数学 3 年 〉
この解答集は取り外してお使いください。

1章　式の展開と因数分解

p.6〜7 **ぴたトレ0**

(1)$7x+3$　　(2)$7x-1$　　(3)$x+4$

(4)$3a+4$　　(5)$7a-b$　　(6)$4x-11y$

(7)$2x-2y$　　(8)$-a+5b$

かっこをはずすとき，かっこの前が－のときは，かっこの中の各項の符号を変えたものの和として表します。

(4)$(2a-4)-(-a-8)$
$=2a-4+a+8=3a+4$

(8)$(7a+2b)-(8a-3b)$
$=7a+2b-8a+3b=-a+5b$

(1)たす　$6x^2+2x$，　ひく　$-2x^2-8x$

(2)たす　$-2x^2+x$，　ひく　$-4x^2+15x$

x^2 と x は同類項ではないことに注意しましょう。

(1)$(2x^2-3x)+(4x^2+5x)$
$=2x^2-3x+4x^2+5x=6x^2+2x$
$(2x^2-3x)-(4x^2+5x)$
$=2x^2-3x-4x^2-5x=-2x^2-8x$

(2)$(-3x^2+8x)+(x^2-7x)$
$=-3x^2+8x+x^2-7x=-2x^2+x$
$(-3x^2+8x)-(x^2-7x)$
$=-3x^2+8x-x^2+7x=-4x^2+15x$

(1)$10x+15$　　(2)$-12x+21$

(3)$-18x-24$　　(4)$15x-10$

(5)$10x-18y$　　(6)$-4a-32b$

(7)$4x+7y$　　(8)$-8x+6y$

分配法則を使ってかっこをはずします。

(8)$(20x-15y)\times\left(-\dfrac{2}{5}\right)$
$=20x\times\left(-\dfrac{2}{5}\right)-15y\times\left(-\dfrac{2}{5}\right)$
$=4x\times(-2)-3y\times(-2)$
$=-8x+6y$

(1)$2x+3$　　(2)$-2x+1$　　(3)$3x-18$

(4)$30x+25$　　(5)$3x+4y$　　(6)$-a-3b$

(7)$5x-15y$　　(8)$-16x+8y$

整数でわるときは，

$(a+b)\div m=\dfrac{a}{m}+\dfrac{b}{m}$

を使ってかっこをはずします。
分数でわるときは，わる数の逆数をかけます。

(5)$(15x+20y)\div 5=\dfrac{15x}{5}+\dfrac{20y}{5}=3x+4y$

(8)$(24x-12y)\div\left(-\dfrac{3}{2}\right)=(24x-12y)\times\left(-\dfrac{2}{3}\right)$

$=24x\times\left(-\dfrac{2}{3}\right)-12y\times\left(-\dfrac{2}{3}\right)=-16x+8y$

p.9 **ぴたトレ1**

1 (1)$16x^2+4xy$　　(2)$21x^2-35xy$

(3)$-6a^2-30ab$　　(4)$-9a^2+12ab$

(1)$(4x+y)\times 4x=4x\times 4x+y\times 4x$

(2)$(3x-5y)\times 7x=3x\times 7x-5y\times 7x$

(3)$(a+5b)\times(-6a)=a\times(-6a)+5b\times(-6a)$

(4)$(3a-4b)\times(-3a)=3a\times(-3a)-4b\times(-3a)$

2 (1)$9x^2+21xy$　　(2)$10x^2-45xy$

(3)$-35x^2-21xy$　　(4)$20a^2+32ab$

(1)$3x(3x+7y)=3x\times 3x+3x\times 7y$

(2)$5x(2x-9y)=5x\times 2x+5x\times(-9y)$

(3)$-7x(5x+3y)=-7x\times 5x+(-7x)\times 3y$

(4)$-4a(-5a-8b)=-4a\times(-5a)+(-4a)\times(-8b)$

3 (1)$4x+3$　　(2)$3x-4$　　(3)$-2x-5$　　(4)$4a+2$

(1)$(8x^2+6x)\div 2x=\dfrac{8x^2}{2x}+\dfrac{6x}{2x}$

(2)$(9x^2-12x)\div 3x=\dfrac{9x^2}{3x}-\dfrac{12x}{3x}$

(3)$(4x^2+10x)\div(-2x)=\dfrac{4x^2}{-2x}+\dfrac{10x}{-2x}$

(4)$(-28a^2-14a)\div(-7a)=\dfrac{-28a^2}{-7a}-\dfrac{14a}{-7a}$

4 (1)$9x+6$　　(2)$10x-4$　　(3)$-20a-12$

(4)$-27x+54$

(1)$(3x^2+2x)\div\dfrac{x}{3}=(3x^2+2x)\times\dfrac{3}{x}$

$=3x^2\times\dfrac{3}{x}+2x\times\dfrac{3}{x}=9x+6$

(2)$(5x^2-2x)\div\dfrac{1}{2}x=(5x^2-2x)\times\dfrac{2}{x}$

$=5x^2\times\dfrac{2}{x}-2x\times\dfrac{2}{x}=10x-4$

$(3)(25a^2+15a)\div\left(-\dfrac{5}{4}a\right)$

$\quad=(25a^2+15a)\times\left(-\dfrac{4}{5a}\right)$

$\quad=25a^2\times\left(-\dfrac{4}{5a}\right)+15a\times\left(-\dfrac{4}{5a}\right)=-20a-12$

$(4)(12x^2-24x)\div\left(-\dfrac{4}{9}x\right)$

$\quad=(12x^2-24x)\times\left(-\dfrac{9}{4x}\right)$

$\quad=12x^2\times\left(-\dfrac{9}{4x}\right)-24x\times\left(-\dfrac{9}{4x}\right)=-27x+54$

p.11　ぴたトレ1

1 $(1)ac-ad-bc+bd$　　$(2)ab+a+2b+2$

　$(3)xy-7x+3y-21$　$(4)xy-3x-8y+24$

解き方

$(1)c-d$ を M とすると，

$\quad(a-b)(c-d)=(a-b)M=aM-bM$

$=a(c-d)-b(c-d)$

$=a\times c-a\times d-b\times c+b\times d$

$(2)b+1$ を M とすると，

$\quad(a+2)(b+1)=(a+2)M=aM+2M$

$=a(b+1)+2(b+1)$

$=a\times b+a\times1+2\times b+2\times1$

$(3)y-7$ を M とすると，

$\quad(x+3)(y-7)=(x+3)M=xM+3M$

$=x(y-7)+3(y-7)$

$=x\times y-x\times7+3\times y-3\times7$

$(4)y-3$ を M とすると，

$\quad(x-8)(y-3)=(x-8)M=xM-8M$

$=x(y-3)-8(y-3)$

$=x\times y-x\times3-8\times y+8\times3$

2 $(1)a^2+7a+10$　　　$(2)8a^2+2a-21$

　$(3)30x^2-29x+4$　$(4)6y^2+y-35$

解き方

$(1)a+2$ を M とすると，

$\quad(a+5)(a+2)=(a+5)M=aM+5M$

$=a(a+2)+5(a+2)$

$=a\times a+a\times2+5\times a+5\times2=a^2+7a+10$

（別解）おきかえずに展開する方法

$\quad(a+5)(a+2)=a(a+2)+5(a+2)$

$=a\times a+a\times2+5\times a+5\times2$

$=a^2+2a+5a+10=a^2+7a+10$

(2)おきかえずに展開する方法で解くと，

$\quad(4a+7)(2a-3)=4a(2a-3)+7(2a-3)$

$=4a\times2a-4a\times3+7\times2a-7\times3$

$=8a^2-12a+14a-21=8a^2+2a-21$

$(3)(5x-4)(6x-1)=5x(6x-1)-4(6x-1)$

$=5x\times6x-5x\times1-4\times6x-4\times(-1)$

$=30x^2-5x-24x+4=30x^2-29x+4$

$(4)(3y-7)(2y+5)=3y(2y+5)-7(2y+5)$

$\quad=3y\times2y+3y\times5-7\times2y-7\times5$

$\quad=6y^2+15y-14y-35=6y^2+y-35$

3 $(1)a^2+3ab+2b^2$　　　$(2)4a^2+8ab-21b^2$

　$(3)3x^2-20xy+32y^2$　$(4)20x^2-9xy-18y^2$

解き方

$(1)(a+b)(a+2b)$

$=a(a+2b)+b(a+2b)$

$=a\times a+a\times2b+b\times a+b\times2b$

$=a^2+2ab+ab+2b^2$

$=a^2+3ab+2b^2$

$(2)(2a+7b)(2a-3b)$

$=2a\times2a-2a\times3b+7b\times2a-7b\times3b$

$=4a^2-6ab+14ab-21b^2=4a^2+8ab-21b^2$

$(3)(3x-8y)(x-4y)$

$=3x\times x-3x\times4y+(-8y)\times x+(-8y)\times(-4y)$

$=3x^2-12xy-8xy+32y^2=3x^2-20xy+32y^2$

$(4)(5x-6y)(4x+3y)$

$=20x^2+15xy-24xy-18y^2$

$=20x^2-9xy-18y^2$

4 $(1)a^2+2ab+4a+2b+3$

　$(2)6a^2+7ab-3b^2+15a-5b$

　$(3)5a^2-23ab-6a+12b^2+24b$

　$(4)6x^2-17xy+8x+7y^2-4y$

解き方

$(1)(a+1)(a+2b+3)$

$=a(a+2b+3)+(a+2b+3)$

$=a^2+2ab+3a+a+2b+3$

$=a^2+2ab+4a+2b+3$

$(2)(2a+3b+5)(3a-b)$

$=2a(3a-b)+3b(3a-b)+5(3a-b)$

$=6a^2-2ab+9ab-3b^2+15a-5b$

$=6a^2+7ab-3b^2+15a-5b$

（別解）うしろの式を，前の式にかけて展開します。

$\quad(2a+3b+5)(3a-b)$

$=3a(2a+3b+5)-b(2a+3b+5)$

$=6a^2+9ab+15a-2ab-3b^2-5b$

$=6a^2+7ab+15a-3b^2-5b$

$(3)(a-4b)(5a-3b-6)$

$=a(5a-3b-6)-4b(5a-3b-6)$

$=5a^2-3ab-6a-20ab+12b^2+24b$

$=5a^2-23ab-6a+12b^2+24b$

$(4)(3x-7y+4)(2x-y)$

$=2x(3x-7y+4)-y(3x-7y+4)$

$=6x^2-14xy+8x-3xy+7y^2-4y$

$=6x^2-17xy+8x+7y^2-4y$

ぴたトレ1

(1)$x^2+8x+15$　(2)x^2+6x+8

(3)$x^2-10x+21$　(4)x^2-7x+6

(5)$x^2+3x-10$　(6)$x^2-5x-24$

(1)$(x+3)(x+5)$ を展開した式で，

　x の係数は，$3+5=8$

　数の項は，$3\times5=15$

　よって，　$(x+3)(x+5)=x^2+8x+15$

(2)$(x+4)(x+2)=x^2+(4+2)x+4\times2$

　　　　　　$=x^2+6x+8$

(3)$(x-7)(x-3)$ を展開した式で，

　x の係数は，$(-7)+(-3)=-10$

　数の項は，　$(-7)\times(-3)=21$

　よって，　$(x-7)(x-3)=x^2-10x+21$

(4)$(x-6)(x-1)$

　$=x^2+\{(-6)+(-1)\}x+(-6)\times(-1)$

　$=x^2-7x+6$

(5)$(x+5)(x-2)$ を展開した式で，

　x の係数は，$5+(-2)=3$

　数の項は，　$5\times(-2)=-10$

　よって，　$(x+5)(x-2)=x^2+3x-10$

(6)$(x-8)(x+3)=x^2+\{(-8)+3\}x+(-8)\times3$

　　　　　　　$=x^2-5x-24$

(1)$x^2+8x+16$　(2)$x^2+14x+49$

(3)a^2+4a+4　　(4)x^2-2x+1

(5)$x^2-10x+25$　(6)y^2-6y+9

(1)$(x+4)^2=x^2+2\times x\times4+4^2=x^2+8x+16$

(2)$(x+7)^2=x^2+2\times x\times7+7^2=x^2+14x+49$

(3)$(a+2)^2=a^2+2\times a\times2+2^2=a^2+4a+4$

(4)$(x-1)^2=x^2-2\times x\times1+1^2=x^2-2x+1$

(5)$(x-5)^2=x^2-2\times x\times5+5^2=x^2-10x+25$

(6)$(y-3)^2=y^2-2\times y\times3+3^2=y^2-6y+9$

(1)$x^2-12xy+36y^2$　(2)$9a^2+6ab+b^2$

(3)$25a^2+20ab+4b^2$　(4)$16x^2-24xy+9y^2$

(5)$x^2+3xy+\dfrac{9}{4}y^2$　(6)$a^2-6ab+9b^2$

(1)$(x-6y)^2=x^2-2\times x\times6y+(6y)^2$

　　　　　　$=x^2-12xy+36y^2$

(2)$(3a+b)^2=(3a)^2+2\times3a\times b+b^2$

　　　　　　$=9a^2+6ab+b^2$

(3)$(5a+2b)^2=(5a)^2+2\times5a\times2b+(2b)^2$

　　　　　　　$=25a^2+20ab+4b^2$

(4)$(4x-3y)^2=(4x)^2-2\times4x\times3y+(3y)^2$

　　　　　　　$=16x^2-24xy+9y^2$

(5)$\left(x+\dfrac{3}{2}y\right)^2=x^2+2\times x\times\dfrac{3}{2}y+\left(\dfrac{3}{2}y\right)^2$

　　　　　　　$=x^2+3xy+\dfrac{9}{4}y^2$

(6)$(-a+3b)^2=(-a)^2+2\times(-a)\times3b+(3b)^2$

　　　　　　　$=a^2-6ab+9b^2$

ぴたトレ1

1 (1)x^2-36　(2)$4-a^2$　(3)$9a^2-25$

(4)$9x^2-16y^2$

解き方

(1)$(x+6)(x-6)=x^2-6^2=x^2-36$

(2)$(2-a)(2+a)=2^2-a^2=4-a^2$

(3)$(3a+5)(3a-5)=(3a)^2-5^2=9a^2-25$

(4)$(3x-4y)(3x+4y)=(3x)^2-(4y)^2=9x^2-16y^2$

2 (1)$2x^2-17x+35$　(2)$-x^2+28x-15$

(3)$2x^2-8x-3$　　(4)$16x$

解き方

(1)$(x-5)^2+(x-2)(x-5)$

　$=(x^2-2\times x\times5+5^2)+\{x^2+(-2-5)x$

　　$+(-2)\times(-5)\}$

　$=x^2-10x+25+x^2-7x+10$

　$=2x^2-17x+35$

(2)$(3x+5)(x-3)-4x(x-8)$

　$=(3x^2-9x+5x-15)-4x^2+32x$

　$=-x^2+28x-15$

(3)$(x-3)(x-7)+(x+6)(x-4)$

　$=\{x^2+(-3-7)x+(-3)\times(-7)\}$

　　$+\{x^2+(6-4)x+6\times(-4)\}$

　$=x^2-10x+21+x^2+2x-24$

　$=2x^2-8x-3$

(4)$(x+4)^2-(x-4)^2$

　$=(x^2+2\times x\times4+4^2)-(x^2-2\times x\times4+4^2)$

　$=(x^2+8x+16)-(x^2-8x+16)$

　$=x^2+8x+16-x^2+8x-16=16x$

3 (1)$a^2+2ab+b^2+a+b-12$

(2)$a^2+4ab+4b^2-9$

(3)$x^2+2xy+y^2-10x-10y+25$

解き方

(1)$a+b$ を M とすると，

　$(a+b+4)(a+b-3)$

　$=(M+4)(M-3)$

　$=M^2+M-12$

　$=(a+b)^2+(a+b)-12$

　$=a^2+2ab+b^2+a+b-12$

(2)$a+2b$ を M とすると，

　$(a+2b+3)(a+2b-3)$

　$=(M+3)(M-3)=M^2-9$

　$=(a+2b)^2-9$

　$=a^2+4ab+4b^2-9$

(3)$x+y$ をMとすると，

$\quad(x+y-5)^2$

$\quad=(M-5)^2=M^2-10M+25$

$\quad=(x+y)^2-10(x+y)+25$

$\quad=x^2+2xy+y^2-10x-10y+25$

p.16〜17 ぴたトレ**2**

① (1)$12x^2-8xy$　　　　(2)$15a^2-9ab+21ac$

　(3)$3x^2-10xy+8x$　(4)$5a^2-10ab+15ac$

解き方

(1)$(3x-2y)\times 4x=3x\times 4x-2y\times 4x$

(2)$-3a(-5a+3b-7c)$

$\quad=-3a\times(-5a)+(-3a)\times 3b+(-3a)\times(-7c)$

(3)$12x\left(\dfrac{1}{4}x-\dfrac{5}{6}y+\dfrac{2}{3}\right)$

$\quad=12x\times\dfrac{1}{4}x-12x\times\dfrac{5}{6}y+12x\times\dfrac{2}{3}$

(4)$(-2a+4b-6c)\times\left(-\dfrac{5}{2}a\right)$

$\quad=-2a\times\left(-\dfrac{5}{2}a\right)+4b\times\left(-\dfrac{5}{2}a\right)-6c\times\left(-\dfrac{5}{2}a\right)$

② (1)$2a-3b+2$　　　　(2)$-a+\dfrac{1}{2}b+\dfrac{1}{3}$

　(3)$-6x+9-3y$　(4)$2x^2y-5x^2y^2+4xy^2$

解き方

(1)$(8a^2b-12ab^2+8ab)\div 4ab$

$\quad=\dfrac{8a^2b}{4ab}-\dfrac{12ab^2}{4ab}+\dfrac{8ab}{4ab}$

(2)$(6a^2b-3ab^2-2ab)\div(-6ab)$

$\quad=-\dfrac{6a^2b}{6ab}+\dfrac{3ab^2}{6ab}+\dfrac{2ab}{6ab}$

(3)$(-8x^2y+12xy-4xy^2)\div\dfrac{4}{3}xy$

$\quad=-8x^2y\times\dfrac{3}{4xy}+12xy\times\dfrac{3}{4xy}-4xy^2\times\dfrac{3}{4xy}$

(4)$(-14x+35xy-28y)\div\left(-\dfrac{7}{xy}\right)$

$\quad=-14x\times\left(-\dfrac{xy}{7}\right)+35xy\times\left(-\dfrac{xy}{7}\right)$

$\quad\quad-28y\times\left(-\dfrac{xy}{7}\right)$

③ (1)$-2ab+4a-7b+14$

　(2)$3abx-ax^2+12b-4x$

　(3)$-15x^2-26x+21$

　(4)$18x^2+9x-20$

　(5)$8a^2-26ab+15b^2$

　(6)$-12a^2+26ab-10ac+15bc-12b^2$

　(7)$12x^2-xy-\dfrac{1}{6}y^2$

　(8)$4x^2-4xy-6x-3y^2+9y$

解き方

(1)$(-2a-7)(b-2)$

$\quad=-2a\times b+(-2a)\times(-2)+(-7)\times b+(-7)\times(-2)$

(2)$(ax+4)(3b-x)$

$\quad=ax\times 3b+ax\times(-x)+4\times 3b+4\times(-x)$

(3)$(5x-3)(-3x-7)=-15x^2-35x+9x+21$

(4)$(4+3x)(6x-5)=24x-20+18x^2-15x$

(5)$(2a-5b)(4a-3b)=8a^2-6ab-20ab+15b^2$

(6)$(6a-4b+5c)(3b-2a)$

$\quad=18ab-12a^2-12b^2+8ab+15bc-10ac$

(7)$\left(4x+\dfrac{1}{3}y\right)\left(3x-\dfrac{1}{2}y\right)$

$\quad=4x\times 3x-4x\times\dfrac{1}{2}y+\dfrac{1}{3}y\times 3x-\dfrac{1}{3}y\times\dfrac{1}{2}y$

(8)$\left(\dfrac{x}{3}-\dfrac{y}{2}\right)(12x+6y-18)$

$\quad=\dfrac{x}{3}\times 12x+\dfrac{x}{3}\times 6y-\dfrac{x}{3}\times 18$

$\quad\quad-\dfrac{y}{2}\times 12x-\dfrac{y}{2}\times 6y-\dfrac{y}{2}\times(-18)$

④ (1)$a^2-5ab-36b^2$　　(2)$m^2-18m+81$

　(3)$16x^2-49$　　(4)y^2+y-56

　(5)$9x^2-24xy+16y^2$　(6)$9-25x^2$

　(7)$9a^2+3ax-56x^2$　(8)$0.04a^2-0.09b^2$

　(9)$25x^2+20xy+4y^2$　(10)$a^2+\dfrac{5}{6}ab+\dfrac{1}{6}b^2$

　(11)$9x^2-\dfrac{1}{4}y^2$　　(12)$\dfrac{1}{9}a^2+2a+9$

解き方

(1)$(a-9b)(a+4b)$

$\quad=a^2+(-9b+4b)a+(-9b)\times 4b$

(2)$(m-9)^2=m^2-2\times m\times 9+9^2$

(3)$(4x+7)(4x-7)=(4x)^2-7^2$

(4)$(y-7)(8+y)=(y-7)(y+8)$

(5)$(3x-4y)^2=(3x)^2-2\times 3x\times 4y+(4y)^2$

(6)$(3+5x)(-5x+3)=(3+5x)(3-5x)$

$\quad=3^2-(5x)^2$

(7)$(3a+8x)(3a-7x)$

$\quad=(3a)^2+(8x-7x)\times 3a+8x\times(-7x)$

(8)$(0.2a+0.3b)(0.2a-0.3b)$

$\quad=(0.2a)^2-(0.3b)^2$

(9)$(-5x-2y)^2$

$\quad=(-5x)^2-2\times(-5x)\times 2y+(2y)^2$

(10)$\left(a+\dfrac{1}{2}b\right)\left(a+\dfrac{1}{3}b\right)$

$\quad=a^2+\left(\dfrac{1}{2}b+\dfrac{1}{3}b\right)a+\dfrac{1}{2}b\times\dfrac{1}{3}b$

(11)$\left(3x+\dfrac{1}{2}y\right)\left(3x-\dfrac{1}{2}y\right)=(3x)^2-\left(\dfrac{1}{2}y\right)^2$

(12)$\left(\dfrac{1}{3}a+3\right)^2=\left(\dfrac{1}{3}a\right)^2+2\times\dfrac{1}{3}a\times 3+3^2$

(1)$5x^2-20x-11$　　(2)$6a^2-30a-32$

(3)$x^2-2xy+y^2+6x-6y$

(4)$4a^2-12ab+9b^2+2a-3b-20$

(1)$(2x-5)^2+(x+6)(x-6)$

$=(2x)^2-2\times2x\times5+5^2+x^2-6^2$

$=4x^2-20x+25+x^2-36$

(2)$(3a-5)(3a+1)-3(a+3)^2$

$=(3a)^2+(-5+1)\times3a-5\times1-3(a^2+6a+9)$

$=9a^2-12a-5-3a^2-18a-27$

(3)$x-y$ を M とすると，

$(x-y)(x-y+6)=M(M+6)=M^2+6M$

$=(x-y)^2+6(x-y)$

$=x^2-2xy+y^2+6x-6y$

(4)$2a-3b$ を M とすると，

$(2a-3b-4)(2a-3b+5)=(M-4)(M+5)$

$=M^2+M-20=(2a-3b)^2+(2a-3b)-20$

$=4a^2-12ab+9b^2+2a-3b-20$

p.19　ぴたトレ1

(1)$3a(x-2y)$　　(2)$6y(x^2+3y)$

(3)$x(a-b+3)$　　(4)$4x(3x+y-4y^2)$

$Ma+Mb$ の形の式は，各項に共通な因数 M を見つけ，その共通因数 M をくくり出して，$Ma+Mb=M(a+b)$ と因数分解します。

(1)共通因数は $3a$

$3ax-6ay=3a\times x-3a\times2y=3a(x-2y)$

(2)共通因数は $6y$

$6x^2y+18y^2=6y\times x^2+6y\times3y=6y(x^2+3y)$

(3)共通因数は x

$ax-bx+3x=x\times a-x\times b+x\times3$

$=x(a-b+3)$

(4)共通因数は $4x$

$12x^2+4xy-16xy^2=4x\times3x+4x\times y-4x\times4y^2$

$=4x(3x+y-4y^2)$

(1)$(m+n)(m-n)$　　(2)$(x+6)(x-6)$

(3)$(y+1)(y-1)$　　(4)$(3x+4)(3x-4)$

(5)$(5x+y)(5x-y)$　　(6)$(2x+7y)(2x-7y)$

和と差の積を利用して，

$a^2-b^2=(a+b)(a-b)$ と因数分解します。

(1)m と n の和 $(m+n)$，差 $(m-n)$

$m^2-n^2=(m+n)(m-n)$

(2)$x^2-36=x^2-6^2$

x と 6 の和 $(x+6)$，差 $(x-6)$

$x^2-36=(x+6)(x-6)$

(3)$y^2-1=y^2-1^2$

y と 1 の和 $(y+1)$，差 $(y-1)$

$y^2-1=(y+1)(y-1)$

(4)$9x^2-16=(3x)^2-4^2$

$3x$ と 4 の和 $(3x+4)$，差 $(3x-4)$

$9x^2-16=(3x+4)(3x-4)$

(5)$25x^2-y^2=(5x)^2-y^2$

$5x$ と y の和 $(5x+y)$，差 $(5x-y)$

$25x^2-y^2=(5x+y)(5x-y)$

(6)$4x^2-49y^2=(2x)^2-(7y)^2$

$2x$ と $7y$ の和 $(2x+7y)$，差 $(2x-7y)$

$4x^2-49y^2=(2x+7y)(2x-7y)$

3 (1)$(x-3)^2$　　(2)$(x+6)^2$　　(3)$(x-5)^2$

(4)$(x-9)^2$　　(5)$(2x+5)^2$　　(6)$(4x-7)^2$

平方の公式を利用して，

$a^2+2ab+b^2=(a+b)^2$

$a^2-2ab+b^2=(a-b)^2$

と因数分解します。

(1)x^2-6x+9　　　　$9=3^2$，$6x=2\times x\times3$ より，

$x^2-6x+9=(x-3)^2$

(2)$x^2+12x+36$　　　$36=6^2$，$12x=2\times x\times6$ より，

$x^2+12x+36=(x+6)^2$

(3)$x^2-10x+25$　　　$25=5^2$，$10x=2\times x\times5$ より，

$x^2-10x+25=(x-5)^2$

(4)$x^2-18x+81$　　　$81=9^2$，$18x=2\times x\times9$ より，

$x^2-18x+81=(x-9)^2$

(5)$4x^2+20x+25$

$4x^2=(2x)^2$，$25=5^2$，$20x=2\times2x\times5$ より，

$4x^2+20x+25=(2x+5)^2$

(6)$16x^2-56x+49$

$16x^2=(4x)^2$，$49=7^2$，$56x=2\times4x\times7$ より，

$16x^2-56x+49=(4x-7)^2$

4 (順に)(1)16，8　(2)100，10　(3)12，3，2

(1)$x^2+\boxed{a}x+64=(x+\boxed{b})^2$

$b^2=64$　　$ax=2\times x\times b$

(2)$x^2-20x+\boxed{a}=(x-\boxed{b})^2$

$b^2=a$　　$20x=2\times x\times b$

(3)$9x^2+\boxed{a}x+4=(\boxed{b}x+\boxed{c})^2$

$(bx)^2=9x^2$　　$c^2=4$　　$a=2\times b\times c$

p.21　ぴたトレ1

1 (1)$(x+1)(x+3)$　　(2)$(x+1)(x+4)$

(3)$(x+3)(x+9)$　　(4)$(x+6)(x+7)$

(5)$(x+7)(x+8)$　　(6)$(x+8)(x+9)$

$x^2+(a+b)x+ab$ の因数分解は，

和…$a+b$，積…ab となる2数を考えて，

$(x+a)(x+b)$ と因数分解します。

(1)x^2+4x+3

積が 3，和が 4 となる2数は，1 と 3

$x^2+4x+3=(x+1)(x+3)$

(2)x^2+5x+4

積が 4, 和が 5 となる 2 数は, 1 と 4

$x^2+5x+4=(x+1)(x+4)$

(3)$x^2+12x+27$

積が 27, 和が 12 となる 2 数は, 3 と 9

$x^2+12x+27=(x+3)(x+9)$

(4)$x^2+13x+42$

積が 42, 和が 13 となる 2 数は, 6 と 7

$x^2+13x+42=(x+6)(x+7)$

(5)$x^2+15x+56$

積が 56, 和が 15 となる 2 数は, 7 と 8

$x^2+15x+56=(x+7)(x+8)$

(6)$x^2+17x+72$

積が 72, 和が 17 となる 2 数は, 8 と 9

$x^2+17x+72=(x+8)(x+9)$

2 (1)$(\boldsymbol{x-2})(\boldsymbol{x-4})$　(2)$(\boldsymbol{x-1})(\boldsymbol{x-6})$

(3)$(\boldsymbol{x-3})(\boldsymbol{x-7})$　(4)$(\boldsymbol{x-4})(\boldsymbol{x-8})$

(5)$(\boldsymbol{x-6})(\boldsymbol{x-8})$　(6)$(\boldsymbol{x-6})(\boldsymbol{x-9})$

解き方

考え方は **1** と同じですが, x^2+mx+n

$m<0$, $n>0$ のときは, $a<0$, $b<0$ となります。

(1)x^2-6x+8

積が 8, 和が -6 となる 2 数は, -2 と -4

$x^2-6x+8=(x-2)(x-4)$

(2)x^2-7x+6

積が 6, 和が -7 となる 2 数は, -1 と -6

$x^2-7x+6=(x-1)(x-6)$

(3)$x^2-10x+21$

積が 21, 和が -10 となる 2 数は, -3 と -7

$x^2-10x+21=(x-3)(x-7)$

(4)$x^2-12x+32$

積が 32, 和が -12 となる 2 数は, -4 と -8

$x^2-12x+32=(x-4)(x-8)$

(5)$x^2-14x+48$

積が 48, 和が -14 となる 2 数は, -6 と -8

$x^2-14x+48=(x-6)(x-8)$

(6)$x^2-15x+54$

積が 54, 和が -15 となる 2 数は, -6 と -9

$x^2-15x+54=(x-6)(x-9)$

3 (1)$(\boldsymbol{x-1})(\boldsymbol{x+4})$　(2)$(\boldsymbol{x-4})(\boldsymbol{x+7})$

(3)$(\boldsymbol{x-7})(\boldsymbol{x+9})$　(4)$(\boldsymbol{x+2})(\boldsymbol{x-3})$

(5)$(\boldsymbol{x+4})(\boldsymbol{x-8})$　(6)$(\boldsymbol{x+4})(\boldsymbol{x-9})$

考え方は **1** と同じですが, x^2+mx+n

$n<0$ のときは, $ab<0$, つまり, a, b は異符号で,

m の符号は, a と b の絶対値の大きい方の符号に

なります。

---

(1)x^2+3x-4

積が -4, 和が 3 となる 2 数は, -1 と 4

$x^2+3x-4=(x-1)(x+4)$

(2)$x^2+3x-28$

積が -28, 和が 3 となる 2 数は, -4 と 7

$x^2+3x-28=(x-4)(x+7)$

(3)$x^2+2x-63$

積が -63, 和が 2 となる 2 数は, -7 と 9

$x^2+2x-63=(x-7)(x+9)$

(4)x^2-x-6

積が -6, 和が -1 となる 2 数は, 2 と -3

$x^2-x-6=(x+2)(x-3)$

(5)$x^2-4x-32$

積が -32, 和が -4 となる 2 数は, 4 と -8

$x^2-4x-32=(x+4)(x-8)$

(6)$x^2-5x-36$

積が -36, 和が -5 となる 2 数は, 4 と -9

$x^2-5x-36=(x+4)(x-9)$

p.23 ▶▶ **ぴたトレ1**

1 (1)$3(\boldsymbol{x-1})(\boldsymbol{x-2})$　(2)$\boldsymbol{b}(\boldsymbol{x+3})(\boldsymbol{x+5})$

(3)$\boldsymbol{a}(\boldsymbol{x+2})^2$　　　(4)$2\boldsymbol{b}(\boldsymbol{a-4})^2$

(5)$-2\boldsymbol{y}(\boldsymbol{x-4})(\boldsymbol{x+3})$

(6)$\boldsymbol{ab}(2\boldsymbol{a+3b})(2\boldsymbol{a-3b})$

解き方

(1)$3x^2-9x+6=3(x^2-3x+2)$

$\qquad\qquad\quad=3(x-1)(x-2)$

(2)$bx^2+8bx+15b=b(x^2+8x+15)$

$\qquad\qquad\qquad=b(x+3)(x+5)$

(3)$ax^2+4ax+4a=a(x^2+4x+4)=a(x+2)^2$

(4)$2a^2b-16ab+32b=2b(a^2-8a+16)$

$\qquad\qquad\qquad\quad=2b(a-4)^2$

(5)$-2x^2y+2xy+24y=-2y(x^2-x-12)$

$\qquad\qquad\qquad\qquad=-2y(x-4)(x+3)$

(6)$4a^3b-9ab^3=ab(4a^2-9b^2)$

$\qquad\qquad\quad=ab(2a+3b)(2a-3b)$

2 (1)$(\boldsymbol{a+3})(\boldsymbol{x-5})$　(2)$(\boldsymbol{x+9})(\boldsymbol{x+11})$

(3)$(\boldsymbol{a-2})^2$　　　(4)$(\boldsymbol{x+y+z})(\boldsymbol{x+y-z})$

(5)$(3\boldsymbol{x+1})(\boldsymbol{y-5})$　(6)$(\boldsymbol{x-1})(\boldsymbol{y-1})$

解き方

(1)$a+3$ を M とすると,

$\qquad x(a+3)-5(a+3)=xM-5M$

$\quad=M(x-5)=(a+3)(x-5)$

(2)$x+7$ を M とすると,

$\qquad(x+7)^2+6(x+7)+8=M^2+6M+8$

$=(M+2)(M+4)=(x+7+2)(x+7+4)$

$=(x+9)(x+11)$

(3)$a-1$ を M とすると，

$\quad (a-1)^2-2(a-1)+1=M^2-2M+1$

$\qquad =(M-1)^2=(a-1-1)^2=(a-2)^2$

(4)$x+y$ を M とすると，

$\quad (x+y)^2-z^2=M^2-z^2=(M+z)(M-z)$

$\qquad =(x+y+z)(x+y-z)$

(5)$y-5$ を M とすると，

$\quad 3x(y-5)-5+y=3x(y-5)+(y-5)$

$\qquad =3xM+M=(3x+1)M=(3x+1)(y-5)$

(6)$xy-x-y+1=x(y-1)-(y-1)$

$\quad y-1$ を M とすると，

$\quad x(y-1)-(y-1)=xM-M$

$\qquad =(x-1)M=(x-1)(y-1)$

24~25 ぴたトレ**2**

(1)$xy(y-x)$　　　　(2)$4ab(3a+4)$

(3)$x(4y-1)$　　　　(4)$x(a-b+c)$

(5)$3b(ac-5a+3c)$　(6)$4xy(x-2y+3)$

全部の項にある共通因数をくくり出します。

(1)$xy^2-x^2y=xy(y-x)$

(2)$12a^2b+16ab=4ab(3a+4)$

(3)$-x+4xy=x(-1+4y)$

(4)$ax-bx+cx=x(a-b+c)$

(5)$3abc-15ab+9bc=3b(ac-5a+3c)$

(6)$4x^2y-8xy^2+12xy=4xy(x-2y+3)$

(1)$(2b+c)(2b-c)$　　(2)$(1+3x)(1-3x)$

(3)$\left(a+\dfrac{1}{3}b\right)\left(a-\dfrac{1}{3}b\right)$　(4)$(0.6x+y)(0.6x-y)$

(5)$(2x+3)^2$　　　　(6)$(3a+1)^2$

(7)$\left(x-\dfrac{1}{2}\right)^2$　　　　(8)$\left(a+\dfrac{1}{3}\right)^2$

(1)～(4)は，和と差の積を使って，(5)～(8)は，平方の公式を使います。

(1)$4b^2-c^2=(2b)^2-c^2$

(2)$1-9x^2=1^2-(3x)^2$

(3)$a^2-\dfrac{1}{9}b^2=a^2-\left(\dfrac{1}{3}b\right)^2$

(4)$0.36x^2-y^2=(0.6x)^2-y^2$

(5)$4x^2+12x+9=(2x)^2+2\times2x\times3+3^2$

(6)$9a^2+6a+1=(3a)^2+2\times3a\times1+1^2$

(7)$x^2-x+\dfrac{1}{4}=x^2-2\times x\times\dfrac{1}{2}+\left(\dfrac{1}{2}\right)^2$

(8)$a^2+\dfrac{2}{3}a+\dfrac{1}{9}=a^2+2\times a\times\dfrac{1}{3}+\left(\dfrac{1}{3}\right)^2$

(1)$(x-3)(x+10)$　(2)$(a+5)(a+8)$

(3)$(x+3)(x-12)$　(4)$(x-7)(x-12)$

(5)$(a+7)(a-10)$　(6)$(x-5)(x+8)$

解き方
$x^2+mx+n=(x+a)(x+b)$

$ab=n$，$a+b=m$ となる 2 数 a と b を考える因数分解です。

(1)$ab=-30$，$a+b=7$　　　　$a=-3$，$b=10$

(2)$13a+40+a^2=a^2+13a+40$

$\quad a'b'=40$，$a'+b'=13$　　$a'=5$，$b'=8$

(3)$ab=-36$，$a+b=-9$　　　$a=3$，$b=-12$

(4)$84-19x+x^2=x^2-19x+84$

$\quad ab=84$，$a+b=-19$　　　$a=-7$，$b=-12$

(5)$a'b'=-70$，$a'+b'=-3$　　$a'=7$，$b'=-10$

(6)$x^2-40+3x=x^2+3x-40$

$\quad ab=-40$，$a+b=3$　　　$a=-5$，$b=8$

(1)$ab(a-b+1)$　　　(2)$(m-5)^2$

(3)$(x-3)(x+14)$　　(4)$(7y+8)(7y-8)$

(5)$(a+8)^2$　　　　(6)$2(x^2-3x+1)$

(7)$(x-3)(x-4)$　　(8)$(4a-9)^2$

(9)$3x(x-2)$　　　　(10)$(9a+b)(9a-b)$

(11)$(x+0.1)(x-0.1)$　(12)$3xy(3x-2+4y)$

(13)$(a+8)(a-9)$　　(14)$(8x+1)^2$

解き方
いろいろな種類が混じった因数分解の問題では，式を見て，どの公式を使って因数分解すればよいのかを見分けることがたいせつなポイントになります。

①共通因数があることを見て，共通因数をくくり出し，因数分解する…(1)，(6)，(9)，(12)

②2 つの項だけで，a^2-b^2 の形の式は，和と差の積の公式を使う因数分解…(4)，(10)，(11)

③3 つの項の $a^2+2ab+b^2$ の形の式は，平方の公式を使う因数分解…(2)，(5)，(8)，(14)

④3 つの項の式で，③の形の式でない式は，

$\quad x^2+mx+n=(x+a)(x+b)$

$\quad ab=n$，$a+b=m$ となる 2 数 a と b を考えて因数分解する…(3)，(7)，(13)

(1)$a^2b-ab^2+ab=ab(a-b+1)$

(2)$m^2-10m+25=m^2-2\times m\times5+5^2$

(3)$x^2+11x-42=(x-3)(x+14)$

(4)$49y^2-64=(7y)^2-8^2=(7y+8)(7y-8)$

(5)$a^2+16a+64=a^2+2\times a\times8+8^2$

(6)$2x^2-6x+2=2(x^2-3x+1)$

(7)$x^2-7x+12=(x-3)(x-4)$

(8)$16a^2-72a+81=(4a)^2-2\times(4a)\times9+9^2$

(9)$3x^2-6x=3x(x-2)$

(10)$81a^2-b^2=(9a)^2-b^2$

(11)$x^2-0.01=x^2-(0.1)^2$

(12)$9x^2y-6xy+12xy^2=3xy(3x-2+4y)$

(13)$a^2-a-72=(a+8)(a-9)$

(14)$1+16x+64x^2=1^2+2\times1\times8x+(8x)^2$

⑤ (1)$2(5x+4y)(5x-4y)$　(2)$(x-y)(y+2)$

(3)$(y+1)(x+y)(x-y)$　(4)$2x(a-3)^2$

(5)$(a+b+4)(a+b-6)$

(6)$(x+y-1)(x-y-1)$

(7)$3b(x+2)(x-8)$　　(8)$(2x+3y)(x-3)$

解き方

(1)$50x^2-32y^2=2(25x^2-16y^2)$
$\qquad\qquad\quad=2(5x+4y)(5x-4y)$

(2)$y+2$ を M とすると，

$\quad x(y+2)-y(y+2)=xM-yM$

$\quad=(x-y)M=(x-y)(y+2)$

(3)$y+1$ を M とすると，

$\quad(y+1)x^2-(y+1)y^2=Mx^2-My^2$

$\quad=M(x^2-y^2)=M(x+y)(x-y)$

$\quad=(y+1)(x+y)(x-y)$

(4)$2a^2x-12ax+18x=2x(a^2-6a+9)$

$\qquad\qquad\qquad=2x(a-3)^2$

(5)$a+b$ を M とすると，

$\quad(a+b)^2-2(a+b)-24$

$\quad=M^2-2M-24$

$\quad=(M+4)(M-6)$

$\quad=(a+b+4)(a+b-6)$

(6)$x-1$ を M とすると，

$\quad(x-1)^2-y^2=M^2-y^2=(M+y)(M-y)$

$\quad=(x-1+y)(x-1-y)=(x+y-1)(x-y-1)$

(7)$3bx^2-18bx-48b$

$\quad=3b(x^2-6x-16)=3b(x+2)(x-8)$

(8)$x-3$ を M とすると，

$\quad2x(x-3)-3y(3-x)=2x(x-3)+3y(x-3)$

$\quad=2xM+3yM=(2x+3y)M$

$\quad=(2x+3y)(x-3)$

---

p.27 ぴたトレ1

1 連続する2つの奇数は，整数 x を使って，

$2x-1$，$2x+1$ と表される。

それらの積に1をたした数は，

$(2x-1)(2x+1)+1=4x^2-1+1=4x^2$

x^2 は整数だから，$4x^2$ は4の倍数である。

したがって，連続する2つの奇数の積に1をた

した数は，4の倍数になる。

2 (A)$n^2-\dfrac{1}{2}n-\dfrac{1}{2}$　(B)n^2　(C)$n^2+\dfrac{1}{2}n-\dfrac{1}{2}$

面積がいちばん大きいのは（C）

解き方

$-\dfrac{1}{2}n-\dfrac{1}{2}<0$，$\dfrac{1}{2}n-\dfrac{1}{2}>0$

$n^2-\dfrac{1}{2}n-\dfrac{1}{2}<n^2<n^2+\dfrac{1}{2}n-\dfrac{1}{2}$　より，

（C）がいちばん面積が大きいといえます。

---

3 (1)$28^2-22^2=(28+22)\times(28-22)$

$\qquad\qquad=50\times6=300$

(2)$48^2=(50-2)^2$

$\qquad\quad=2500-200+4=2304$

(3)$71\times69=(70+1)\times(70-1)$

$\qquad\qquad=4900-1=4899$

解き方　因数分解や展開を利用して，数の計算を簡単に
します。

4 (1)3400　(2)240

解き方

(1)$x^2-y^2=(x+y)(x-y)$

$\qquad\quad=(67+33)\times(67-33)$

$\qquad\quad=100\times34=3400$

(2)$(a-4b)(a-16b)-(a-8b)^2$

$\quad=a^2-20ab+64b^2-a^2+16ab-64b^2$

$\quad=-4ab=-4\times15\times(-4)=240$

---

p.28〜29 ぴたトレ2

1 連続する2つの整数は，x，$x+1$ と表される。

それらの2乗の和から1をひいた数は，

$x^2+(x+1)^2-1=2x^2+2x=2x(x+1)$

したがって，連続する2つの整数それぞれを2

乗した数の和から1をひいた数は，もとの2数

の積の2倍に等しくなる。

2 十の位の数を a，一方の一の位の数を b，他

の一の位の数を $10-b$ とすると，

$\quad(10a+b)\{10a+(10-b)\}$

$=100a^2+100a+10b-b^2$

$\quad100a(a+1)+b(10-b)$

$=100a^2+100a+10b-b^2$

よって，等しくなる。

3 $240\pi\ \text{cm}^2$

解き方

（大きい半円の面積）−（小さい半円の面積）

$\pi\times29^2\times\dfrac{1}{2}-\pi\times19^2\times\dfrac{1}{2}=\dfrac{1}{2}\pi(29^2-19^2)$

$=\dfrac{1}{2}\pi(29+19)\times(29-19)=\dfrac{1}{2}\pi\times48\times10$

$=240\pi\,(\text{cm}^2)$

4 道の面積は，

（道と花だんの合計面積）−（花だんの面積）

だから，道の面積を S とすると，

$S=(p+2a)(q+2a)-pq$

$\quad=pq+2ap+2aq+4a^2-pq$

$\quad=2ap+2aq+4a^2$

$\quad=a(2p+2q+4a)$

次に，ℓ の長さを考えると，

$$\ell = \left(p + \frac{1}{2}a \times 2\right) \times 2 + \left(q + \frac{1}{2}a \times 2\right) \times 2$$
$$= 2p + 2a + 2q + 2a = 2p + 2q + 4a$$

だから，

$$a\ell = a(2p + 2q + 4a)$$

よって，$S = a\ell$ より，この道の面積は，
$a\ell$ に等しい。

道の面積を p，q，a を用いて表したのち，$a\ell$ と
くらべます。

▶ (1) 5　　(2) 14

(2) $504 = 2^3 \times 3^2 \times 7 = 2^2 \times 3^2 \times 2 \times 7$

▶ (1) 4700　(2) 4　(3) 3.99　(4) 0.9801

(5) 174　(6) 1.8

(1) $47 \times 56 + 44 \times 47$
　　$= 47 \times (56 + 44) = 4700$
(2) $5.2^2 - 4.8^2 = (5.2 + 4.8) \times (5.2 - 4.8)$
　　　　　　　　$= 10 \times 0.4 = 4$
(3) $2.1 \times 1.9 = (2 + 0.1) \times (2 - 0.1)$
　　　　　　　$= 4 - 0.01 = 3.99$
(4) $0.99^2 = (1 - 0.01)^2 = 1 - 0.02 + 0.0001 = 0.9801$
(5) $45^2 - 44^2 + 43^2 - 42^2$
　　$= (45^2 - 44^2) + (43^2 - 42^2)$
　　$= (45 + 44) \times (45 - 44) + (43 + 42) \times (43 - 42)$
　　$= 89 + 85 = 174$
(6) $7.6^2 \times 0.6 - 7.4^2 \times 0.6$
　　$= (7.6^2 - 7.4^2) \times 0.6$
　　$= (7.6 + 7.4) \times (7.6 - 7.4) \times 0.6$
　　$= 15 \times 0.2 \times 0.6 = 3 \times 0.6 = 1.8$

▶ (1) $x^2 + 16x - 14$　(2) 8　(3) 28　(4) 60

(1) $a^2 + bc = (3x - 1)^2 + (-2x + 3)(4x - 5)$
　　　　　　$= 9x^2 - 6x + 1 - 8x^2 + 10x + 12x - 15$
　　　　　　$= x^2 + 16x - 14$
(2) $(x - 2y)^2 - (x - y)(x - 4y)$
　　$= x^2 - 4xy + 4y^2 - (x^2 - 5xy + 4y^2)$
　　$= xy = 8$
(3) $x^2 - y^2 = (x + y)(x - y) = 7 \times 4$
(4) $a(x + y) - b(x + y) = (a - b)(x + y) = 5 \times 12$

理解の**コツ**
- 複雑と思われる数の計算でも，乗法の公式や因数分解の公式を使ってくふうすると，簡単になることを確かめておくとよい。
- 式の値を求める計算では，乗法の公式や因数分解の公式を用いて式を簡単にしてから代入するとよい。

---

p.30〜31　　　　　　　　　　ぴたトレ**3**

❶ (1) $9x^2 - 8xy$　(2) $6a^2 - 3ab - 9a$　(3) $-2a - 3b$

　(4) $6xy - 10y^2$

解き方
(2) $\frac{3}{4}a(8a - 4b - 12)$
　　$= \frac{3}{4}a \times 8a - \frac{3}{4}a \times 4b - \frac{3}{4}a \times 12$
(4) $(15x^2y - 25xy^2) \div \frac{5}{2}x$
　　$= (15x^2y - 25xy^2) \times \frac{2}{5x}$

❷ (1) $6x^2 - 13x - 8$　　　　(2) $a^2 + \frac{1}{6}a - \frac{1}{6}$

　(3) $9a^2 - \frac{6}{5}ab + \frac{1}{25}b^2$　(4) $x^2 - \frac{1}{9}$

　(5) $-0.01x^2 + 0.49$

　(6) $6a^2 - 11ab + 10a + 3b^2 - 15b$

解き方
(2) $\left(a + \frac{1}{2}\right)\left(a - \frac{1}{3}\right)$
　　$= a^2 + \left(\frac{1}{2} - \frac{1}{3}\right)a + \frac{1}{2} \times \left(-\frac{1}{3}\right)$
(5) $(-0.1x + 0.7)(0.1x + 0.7)$
　　$= (0.7 + 0.1x)(0.7 - 0.1x) = 0.7^2 - (0.1x)^2$

❸ (1) $10x^2 - 4xy + 2y^2$　(2) $4a^2 - 7ab + 34b^2$

　(3) $\frac{3}{2}a - \frac{13}{16}$　　　　(4) $2xy$

解き方
(1) $(x - 3y)(x - y) - (y - 3x)(3x + y)$
　　$= (x^2 - 4xy + 3y^2) - (y^2 - 9x^2)$
(3) $\left(a - \frac{1}{2}\right)\left(a + \frac{3}{2}\right) - \left(a - \frac{1}{4}\right)^2$
　　$= \left(a^2 + a - \frac{3}{4}\right) - \left(a^2 - \frac{1}{2}a + \frac{1}{16}\right)$
(4) $\left(\frac{x}{2} + y\right)^2 - \left(\frac{x}{2} - y\right)^2$
　　$= \left(\frac{x^2}{4} + xy + y^2\right) - \left(\frac{x^2}{4} - xy + y^2\right)$

❹ (1) $4xy(2a - 3b - 6c)$　(2) $(x - 8)^2$

　(3) $(2a + 7)(2a - 7)$　　(4) $(a - 8)(a - 11)$

　(5) $(7x - 1)^2$　　　　　(6) $\left(4a + \frac{b}{9}\right)\left(4a - \frac{b}{9}\right)$

解き方
(1) 共通因数は $4xy$
(5) $49x^2 - 14x + 1 = (7x)^2 - 2 \times 7x \times 1 + 1^2$
(6) $16a^2 - \frac{b^2}{81} = (4a)^2 - \left(\frac{b}{9}\right)^2$

❺ (1) $3y(x + 4)(x - 4)$　(2) $(a - b)(c + 3)$

　(3) $(a - b)(c + d)(c - d)$　(4) $(x + 1)(x - 14)$

解き方
(1) 共通因数は $3y$
　　$3x^2y - 48y = 3y(x^2 - 16)$

　　　　　　　　　　　　　　　　数学　**9**

(3)$a-b$ を M とすると，

$$Mc^2-Md^2=M(c^2-d^2)=M(c+d)(c-d)$$
$$=(a-b)(c+d)(c-d)$$

⑥ (1)**159201**　(2)**200**

(1)$399^2=(400-1)^2$
$$=160000-800+1=159201$$
(2)$x^2-4x-21=(x-7)(x+3)$
$$=(17-7)\times(17+3)=10\times20=200$$

⑦ 連続する 3 つの自然数は，$x-1$，x，$x+1$ と表される。

最小の数の 2 乗と最大の数の 2 乗の和から中央の数の 2 乗をひいた差は，

$$(x-1)^2+(x+1)^2-x^2$$
$$=x^2+2 \quad\cdots\cdots①$$

中央の数の 2 乗より 2 だけ大きい数は，

$$x^2+2 \quad\cdots\cdots②$$

①，②より，連続する 3 つの自然数で，最小の数の 2 乗と最大の数の 2 乗の和から中央の数の 2 乗をひいた差は，中央の数の 2 乗より 2 だけ大きい数となる。

解き方 連続する 3 つの自然数を $x-1$，x，$x+1$ とおいて，問題の内容を式に表します。

⑧ 台形 ABCD の面積 S は，

$$S=\frac{(AD+BC)h}{2} \quad\cdots\cdots①$$

また，　$\ell=\dfrac{AD+BC}{2}$

よって，$h\ell=\dfrac{(AD+BC)h}{2} \quad\cdots\cdots②$

①，②から，$S=h\ell$

解き方 $\ell=\dfrac{AD+BC}{2}$ を利用します。

2章 平方根

p.33 ぴたトレ0

(1) 4　　(2) 25　　(3) 16　　(4) 100

(5) 0.01　(6) 1.69　(7) $\dfrac{4}{9}$　(8) $\dfrac{9}{16}$

$(-a)^2$ と $-a^2$ は違うので，注意しましょう。

$(-a)^2=(-a)\times(-a)=a^2$

$-a^2=-(a\times a)=-a^2$

$(4)(-10)^2=(-10)\times(-10)=100$

$(5)0.1^2=0.1\times0.1=0.01$

$(8)\left(-\dfrac{3}{4}\right)^2=\left(-\dfrac{3}{4}\right)\times\left(-\dfrac{3}{4}\right)=\dfrac{9}{16}$

(1) 0.4　(2) 0.75　(3) 0.625　(4) 0.15

(5) 3.2　(6) 0.24

分数を小数で表すには，分子を分母でわった式
$\dfrac{b}{a}=b\div a$ を使います。

$(3)\dfrac{5}{8}=5\div8=0.625$

$(6)\dfrac{6}{25}=6\div25=0.24$

p.35 ぴたトレ1

1 (1) 2，-2　　(2) 8，-8　　(3) 9，-9

$(4)\dfrac{2}{5}$，$-\dfrac{2}{5}$　$(5)\dfrac{1}{4}$，$-\dfrac{1}{4}$　$(6)\dfrac{7}{10}$，$-\dfrac{7}{10}$

(7) 0.5，-0.5　(8) 0.2，-0.2　(9) 0.9，-0.9

$(1)2^2=4$　　　$(-2)^2=4$

$(2)8^2=64$　　$(-8)^2=64$

$(3)9^2=81$　　$(-9)^2=81$

$(4)\left(\dfrac{2}{5}\right)^2=\dfrac{4}{25}$　　$\left(-\dfrac{2}{5}\right)^2=\dfrac{4}{25}$

$(5)\left(\dfrac{1}{4}\right)^2=\dfrac{1}{16}$　　$\left(-\dfrac{1}{4}\right)^2=\dfrac{1}{16}$

$(6)\left(\dfrac{7}{10}\right)^2=\dfrac{49}{100}$　　$\left(-\dfrac{7}{10}\right)^2=\dfrac{49}{100}$

$(7)0.5^2=0.25$　　$(-0.5)^2=0.25$

$(8)0.2^2=0.04$　　$(-0.2)^2=0.04$

$(9)0.9^2=0.81$　　$(-0.9)^2=0.81$

2 $(1)\sqrt{3}$，$-\sqrt{3}$　　$(2)\sqrt{8}$，$-\sqrt{8}$

$(3)\sqrt{19}$，$-\sqrt{19}$　　$(4)\sqrt{0.9}$，$-\sqrt{0.9}$

$(5)\sqrt{2.7}$，$-\sqrt{2.7}$　$(6)\sqrt{8.5}$，$-\sqrt{8.5}$

$(7)\sqrt{\dfrac{3}{7}}$，$-\sqrt{\dfrac{3}{7}}$　$(8)\sqrt{\dfrac{7}{10}}$，$-\sqrt{\dfrac{7}{10}}$

$(9)\sqrt{\dfrac{11}{15}}$，$-\sqrt{\dfrac{11}{15}}$

正の数 a の平方根は，正の平方根 $\sqrt{a}$ と負の平方根 $-\sqrt{a}$ の2つあります。

---

3 (1) 2　(2) 3　(3) 6　(4) 0.5　(5) 2.3　(6) -3.7

(7) $\dfrac{4}{5}$　(8) $\dfrac{2}{7}$　(9) $-\dfrac{3}{8}$

$(1)(\sqrt{2})^2=\sqrt{2}\times\sqrt{2}=2$

$(2)(-\sqrt{3})^2=(-\sqrt{3})\times(-\sqrt{3})=3$

$(3)(\sqrt{6})^2=\sqrt{6}\times\sqrt{6}=6$

$(4)(-\sqrt{0.5})^2=(-\sqrt{0.5})\times(-\sqrt{0.5})=0.5$

$(5)(\sqrt{2.3})^2=(\sqrt{2.3})\times(\sqrt{2.3})=2.3$

$(6)-(-\sqrt{3.7})^2=-(-\sqrt{3.7})\times(-\sqrt{3.7})=-3.7$

$(7)\left(\sqrt{\dfrac{4}{5}}\right)^2=\left(\sqrt{\dfrac{4}{5}}\right)\times\left(\sqrt{\dfrac{4}{5}}\right)=\dfrac{4}{5}$

$(8)\left(-\sqrt{\dfrac{2}{7}}\right)^2=\left(-\sqrt{\dfrac{2}{7}}\right)\times\left(-\sqrt{\dfrac{2}{7}}\right)=\dfrac{2}{7}$

$(9)-\left(-\sqrt{\dfrac{3}{8}}\right)^2=-\left(-\sqrt{\dfrac{3}{8}}\right)\times\left(-\sqrt{\dfrac{3}{8}}\right)=-\dfrac{3}{8}$

p.37 ぴたトレ1

1 (1) 3　(2) 8　(3) -1　(4) -7　(5) 0.3　(6) $-\dfrac{7}{9}$

$(1)\sqrt{9}=\sqrt{3^2}=3$

$(2)\sqrt{64}=\sqrt{8^2}=8$

$(3)-\sqrt{1}=-\sqrt{1^2}=-1$

$(4)-\sqrt{49}=-\sqrt{7^2}=-7$

$(5)\sqrt{0.09}=\sqrt{0.3^2}=0.3$

$(6)-\sqrt{\dfrac{49}{81}}=-\sqrt{\left(\dfrac{7}{9}\right)^2}=-\dfrac{7}{9}$

2 $(1)\pm\sqrt{7}$　$(2)\pm\sqrt{10}$　$(3)\pm\sqrt{0.35}$

$(4)\pm0.4$　$(5)\pm\sqrt{\dfrac{2}{7}}$　$(6)\pm\dfrac{5}{8}$

a の平方根は，$\sqrt{a}$ と $-\sqrt{a}$ の2つありますが，まとめて $\pm\sqrt{a}$ と書くことがあります。

(1) 7の平方根は，$\sqrt{7}$ と $-\sqrt{7}$ で，$\pm\sqrt{7}$

(2) 10の平方根は，$\sqrt{10}$ と $-\sqrt{10}$ で，$\pm\sqrt{10}$

(3) 0.35の平方根は，$\sqrt{0.35}$ と $-\sqrt{0.35}$ で，$\pm\sqrt{0.35}$

$(4)0.16=(0.4)^2$ より，0.16の平方根は，
$\sqrt{(0.4)^2}=0.4$ と $-\sqrt{(0.4)^2}=-0.4$ で，±0.4

$(5)\dfrac{2}{7}$ の平方根は，$\sqrt{\dfrac{2}{7}}$ と $-\sqrt{\dfrac{2}{7}}$ で，$\pm\sqrt{\dfrac{2}{7}}$

$(6)\dfrac{25}{64}=\left(\dfrac{5}{8}\right)^2$ より，$\dfrac{25}{64}$ の平方根は，
$\sqrt{\left(\dfrac{5}{8}\right)^2}=\dfrac{5}{8}$ と $-\sqrt{\left(\dfrac{5}{8}\right)^2}=-\dfrac{5}{8}$ で，$\pm\dfrac{5}{8}$

3 $(1)\sqrt{5}<\sqrt{6}$　$(2)7<\sqrt{50}$

$(3)0.9<\sqrt{0.9}$　$(4)-\sqrt{8}>-3$

正の数 a，b について，$a<b$ ならば，
$\sqrt{a}<\sqrt{b}$

(1) 5<6 より，$\sqrt{5}<\sqrt{6}$

$(2)7=\sqrt{49}$，$\sqrt{49}<\sqrt{50}$ より，$7<\sqrt{50}$

(3)$0.9=\sqrt{0.81}$, $\sqrt{0.81}<\sqrt{0.9}$ より, $0.9<\sqrt{0.9}$

(4)$3=\sqrt{9}$, $\sqrt{8}<\sqrt{9}$ より, $\sqrt{8}<3$

　　よって, $-\sqrt{8}>-3$

4 2, 3, 5, 7

解き方 $\sqrt{a}<3$ より, $\sqrt{a}<\sqrt{9}$

よって, $a<9$, 9未満の素数をとり出して

2, 3, 5, 7 の4つ。

5 (1)2　(2)1

解き方 (1)$2^2<8<3^2$ より, $2<\sqrt{8}<3$

(2)$4.1^2=16.81$, $4.2^2=17.64$ より,

　　$16.81<17<17.64$

　　よって, $4.1<\sqrt{17}<4.2$

p.39 **ぴたトレ1**

1 $\sqrt{45}$, π

解き方 無理数は, 循環しない無限小数です。

よって, 根号を使わずに表すことのできない平方根と円周率の π が無理数です。

$\sqrt{64}=\sqrt{8^2}=8$　(有理数)

2 (1)$1.\dot{7}$　(2)$3.\dot{0}\dot{9}$　(3)$2.8\dot{3}\dot{7}$

解き方 (1)$\dfrac{16}{9}=1.7777\cdots\cdots=1.\dot{7}$

(2)$\dfrac{34}{11}=3.090909\cdots\cdots=3.\dot{0}\dot{9}$

(3)$\dfrac{105}{37}=2.837837837\cdots\cdots=2.8\dot{3}\dot{7}$

3 $26.5\leqq a<27.5$

解き方 数直線で表すと, 次のようになります。

4 (1)13 g　(2)-0.004　(3)$\dfrac{1}{35}$　(4)0.0014

解き方 (1)$400-387=13$

(2)$0.75-0.754=-0.004$

(3)$0.6-\dfrac{4}{7}=\dfrac{6}{10}-\dfrac{4}{7}=\dfrac{42}{70}-\dfrac{40}{70}=\dfrac{2}{70}=\dfrac{1}{35}$

(4)まず, 近似値を求めます。

　　近似値は 1.43 だから, $1.43-1.4286=0.0014$

5 (1)小数第2位　(0.01 g の位)

(2)小数第1位　(0.1 cm の位)

(3)一の位　(1 kg の位)

(4)一の位　(1 m の位)

解き方 有効数字が何けたなのかを考えます。

(1)6.5(g)は, 有効数字2けただから, 四捨五入したのは3けた目の小数第2位です。

(2)$7.2\times10=72$(cm)は, 有効数字2けただから, 四捨五入したのは3けた目の小数第1位です。

(3)$9.9\times10^2=990$(kg)は, 有効数字2けただから, 四捨五入したのは3けた目の一の位です。

(4)$4.28\times10^3=4280$(m)は, 有効数字3けただから, 四捨五入したのは4けた目の一の位です。

p.40~41 **ぴたトレ2**

1 (1)±4　(2)$\pm\sqrt{60}$　(3)±50　(4)$\pm\dfrac{11}{9}$　(5)0

(6)$\pm\sqrt{0.1}$

解き方 (1)$16=(\pm4)^2$

(3)$2500=(\pm50)^2$

(4)$\dfrac{121}{81}=\left(\pm\dfrac{11}{9}\right)^2$

2 (1)10　(2)13　(3)-6　(4)0.4　(5)$\dfrac{3}{7}$　(6)$-\dfrac{1}{9}$

解き方 (1)$\sqrt{100}=\sqrt{10^2}=10$

(2)$\sqrt{169}=\sqrt{13^2}=13$

(3)$-\sqrt{36}=-\sqrt{6^2}=-6$

(4)$\sqrt{0.16}=\sqrt{0.4^2}=0.4$

(5)$\sqrt{\dfrac{9}{49}}=\sqrt{\left(\dfrac{3}{7}\right)^2}=\dfrac{3}{7}$

(6)$-\sqrt{\dfrac{1}{81}}=-\sqrt{\left(\dfrac{1}{9}\right)^2}=-\dfrac{1}{9}$

3 (1)$\pm\sqrt{3}$　(2)5　(3)○　(4)13

解き方 (1)3の平方根は $\pm\sqrt{3}$ です。

(2)25の平方根は ±5 で, 正の方の平方根が $\sqrt{25}=5$ で, 負の方の平方根が $-\sqrt{25}=-5$ です。

(4)$-\sqrt{13}$ は, 13の平方根のうち, 負の方を表しているから, $\left(-\sqrt{13}\right)^2=13$ になります。

4 (1)10, 11, 12, 13, 14, 15

(2)50, 51, 52, 53

(3)1, 2, 3

解き方 (1)$3=\sqrt{9}$　　$4=\sqrt{16}$

　　$\sqrt{9}<\sqrt{a}<\sqrt{16}$　　よって, $9<a<16$

(2)$7=\sqrt{49}$　　$7.3=\sqrt{7.3^2}=\sqrt{53.29}$

　　$\sqrt{49}<\sqrt{a}<\sqrt{53.29}$　　よって, $49<a<53.29$

(3)$-2<-\sqrt{a}$ のとき, $2>\sqrt{a}$

　　$2=\sqrt{4}$ だから, $\sqrt{4}>\sqrt{a}$　　よって, $4>a$

　　求める自然数 a は, $a=1$, 2, 3

5 (1)$-\sqrt{7}$, $-\sqrt{3}$, 0, $\sqrt{2}$, $\sqrt{5}$

(2)$\sqrt{10}$, $\sqrt{13}$, 4, $\sqrt{19}$, 5

解き方 (1)$-\sqrt{7}<-\sqrt{3}$　　$\sqrt{2}<\sqrt{5}$

　　よって, $-\sqrt{7}<-\sqrt{3}<0<\sqrt{2}<\sqrt{5}$

(2)$5=\sqrt{25}$, $4=\sqrt{16}$ で,
$\sqrt{10}<\sqrt{13}<\sqrt{16}<\sqrt{19}<\sqrt{25}$
よって, $\sqrt{10}<\sqrt{13}<4<\sqrt{19}<5$

▷ (1)9　(2)7.1

(1)$8.9^2=79.21$, $9.0^2=81$ より,
$8.9<\sqrt{80}<9.0$
よって, 小数第 1 位は 9
(2)$7.0^2=49$, $7.1^2=50.41$
$7.07^2=49.9849$, $7.08^2=50.1264$ より,
$7.07<\sqrt{50}<7.08$
よって, 小数第 2 位は 7
切り上げにより 7.1

▷ 6 cm 3 mm

正四角柱の底面積は,
$600\div15=40(\text{cm}^2)$
底面の 1 辺は $\sqrt{40}$ cm
$\sqrt{40}=6.3245\cdots\cdots$　　6 cm 3 mm

⑧ $\sqrt{189}$, π, $\sqrt{\dfrac{9}{7}}$

$\sqrt{189}=\sqrt{3^3\times7}$
$\sqrt{225}=\sqrt{3^2\times5^2}=\sqrt{15^2}=15$
$\sqrt{1\dfrac{7}{9}}=\sqrt{\dfrac{16}{9}}=\sqrt{\left(\dfrac{4}{3}\right)^2}=\dfrac{4}{3}$

⑨ (1)$2.9\dot{3}$　(2)$1.\dot{0}4\dot{5}$

(1)$\dfrac{44}{15}=44\div15=2.9333\cdots\cdots=2.9\dot{3}$
(2)$\dfrac{116}{111}=116\div111=1.045045\cdots\cdots=1.\dot{0}4\dot{5}$

⑩ (1)$1.685\leqq x<1.695$　(2)$2.60\times10^4\,(\text{m}^2)$

(1)数直線で表すと, 次のようになります。

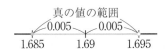

真の値の範囲
0.005　　0.005
1.685　　1.69　　1.695

(2)(整数部分が 1 けたの小数)×(10 の何乗か)の
形にします。

┌ 理解のコツ ┐
・$\sqrt{}$ の中が a^2 になっているときには, $\sqrt{}$ を使わないで表される。
・大きさをくらべるときには, すべての数を $\sqrt{}$ を使って表してから, $\sqrt{}$ の中の数でくらべるとよい。
・有理数か無理数かを見分けるには, 分数の形で表せるかどうかを考えればよい。

p.43 ぴたトレ1

1 (1)$\sqrt{10}$　(2)6　(3)$-\sqrt{15}$　(4)$-\sqrt{21}$
(5)$\sqrt{5}$　(6)$-\sqrt{7}$　(7)$-\sqrt{7}$　(8)2　(9)$-\sqrt{\dfrac{7}{6}}$

解き方
(1)$\sqrt{2}\times\sqrt{5}=\sqrt{2\times5}=\sqrt{10}$
(2)$\sqrt{3}\times\sqrt{12}=\sqrt{3\times12}=\sqrt{36}=\sqrt{6^2}=6$
(3)$-\sqrt{5}\times\sqrt{3}=-\sqrt{5\times3}=-\sqrt{15}$
(4)$\sqrt{7}\times(-\sqrt{3})=-\sqrt{7\times3}=-\sqrt{21}$
(5)$\sqrt{30}\div\sqrt{6}=\sqrt{\dfrac{30}{6}}=\sqrt{5}$
(6)$\sqrt{35}\div(-\sqrt{5})=-\sqrt{\dfrac{35}{5}}=-\sqrt{7}$
(7)$(-\sqrt{56})\div\sqrt{8}=-\sqrt{\dfrac{56}{8}}=-\sqrt{7}$
(8)$(-\sqrt{32})\div(-\sqrt{8})=\sqrt{\dfrac{32}{8}}=\sqrt{4}=2$
(9)$\sqrt{21}\div(-\sqrt{18})=-\sqrt{\dfrac{21}{18}}=-\sqrt{\dfrac{7}{6}}$

2 (1)$\sqrt{20}$　(2)$\sqrt{28}$　(3)$\sqrt{96}$　(4)$\sqrt{2}$　(5)$\sqrt{7}$
(6)$\sqrt{10}$　(7)$-\sqrt{12}$　(8)$-\sqrt{50}$　(9)$-\sqrt{3}$

解き方
(1)$2\sqrt{5}=\sqrt{4\times5}=\sqrt{20}$
(2)$2\sqrt{7}=\sqrt{4\times7}=\sqrt{28}$
(3)$4\sqrt{6}=\sqrt{16\times6}=\sqrt{96}$
(4)$\dfrac{\sqrt{8}}{2}=\sqrt{\dfrac{8}{4}}=\sqrt{2}$
(5)$\dfrac{\sqrt{63}}{3}=\sqrt{\dfrac{63}{9}}=\sqrt{7}$
(6)$\dfrac{\sqrt{250}}{5}=\sqrt{\dfrac{250}{25}}=\sqrt{10}$
(7)$-2\sqrt{3}=-\sqrt{4\times3}=-\sqrt{12}$
(8)$-5\sqrt{2}=-\sqrt{25\times2}=-\sqrt{50}$
(9)$-\dfrac{\sqrt{147}}{7}=-\sqrt{\dfrac{147}{49}}=-\sqrt{3}$

3 (1)$3\sqrt{3}$　(2)$2\sqrt{14}$　(3)$4\sqrt{5}$　(4)$8\sqrt{2}$
(5)$7\sqrt{3}$　(6)$6\sqrt{11}$　(7)$\dfrac{\sqrt{5}}{7}$　(8)$\dfrac{\sqrt{7}}{9}$　(9)$\dfrac{\sqrt{11}}{6}$

解き方
(1)$\sqrt{27}=\sqrt{9\times3}=\sqrt{3^2\times3}=3\sqrt{3}$
(2)$\sqrt{56}=\sqrt{4\times14}=\sqrt{2^2\times14}=2\sqrt{14}$
(3)$\sqrt{80}=\sqrt{16\times5}=\sqrt{4^2\times5}=4\sqrt{5}$
(4)$\sqrt{128}=\sqrt{64\times2}=\sqrt{8^2\times2}=8\sqrt{2}$
(5)$\sqrt{147}=\sqrt{49\times3}=\sqrt{7^2\times3}=7\sqrt{3}$
(6)$\sqrt{396}=\sqrt{2^2\times3^2\times11}=2\times3\sqrt{11}=6\sqrt{11}$
(7)$\sqrt{\dfrac{5}{49}}=\sqrt{\dfrac{5}{7^2}}=\dfrac{\sqrt{5}}{7}$
(8)$\sqrt{\dfrac{7}{81}}=\sqrt{\dfrac{7}{9^2}}=\dfrac{\sqrt{7}}{9}$
(9)$\sqrt{\dfrac{11}{36}}=\sqrt{\dfrac{11}{6^2}}=\dfrac{\sqrt{11}}{6}$

1 (1)$4\sqrt{15}$　(2)$6\sqrt{14}$　(3)$2\sqrt{21}$　(4)$3\sqrt{35}$

(5)$7\sqrt{30}$　(6)$10\sqrt{21}$　(7)18　(8)$72\sqrt{2}$

解き方

(1)$\sqrt{12} \times \sqrt{20} = \sqrt{2^2 \times 3} \times \sqrt{2^2 \times 5}$
$= 2\sqrt{3} \times 2\sqrt{5}$
$= 2 \times 2 \times \sqrt{3 \times 5} = 4\sqrt{15}$

(2)$\sqrt{18} \times \sqrt{28} = \sqrt{3^2 \times 2} \times \sqrt{2^2 \times 7}$
$= 3\sqrt{2} \times 2\sqrt{7}$
$= 3 \times 2 \times \sqrt{2 \times 7} = 6\sqrt{14}$

(3)$\sqrt{6} \times \sqrt{14} = \sqrt{2 \times 3} \times \sqrt{2 \times 7} = \sqrt{2^2 \times 3 \times 7}$
$= 2\sqrt{3 \times 7} = 2\sqrt{21}$

(4)$\sqrt{21} \times \sqrt{15} = \sqrt{3 \times 7} \times \sqrt{3 \times 5} = \sqrt{3^2 \times 5 \times 7}$
$= 3\sqrt{5 \times 7} = 3\sqrt{35}$

(5)$\sqrt{42} \times \sqrt{35} = \sqrt{7 \times 6} \times \sqrt{7 \times 5} = \sqrt{7^2 \times 5 \times 6}$
$= 7\sqrt{5 \times 6} = 7\sqrt{30}$

(6)$\sqrt{30} \times \sqrt{70} = \sqrt{10 \times 3} \times \sqrt{10 \times 7}$
$= \sqrt{10^2 \times 3 \times 7} = 10\sqrt{3 \times 7} = 10\sqrt{21}$

(7)$2\sqrt{3} \times 3\sqrt{3} = 2 \times 3 \times \sqrt{3^2} = 2 \times 3 \times 3 = 18$

(8)$8\sqrt{6} \times 3\sqrt{3} = 8\sqrt{3 \times 2} \times 3\sqrt{3}$
$= 8 \times 3 \times \sqrt{3^2 \times 2}$
$= 8 \times 3 \times 3\sqrt{2} = 72\sqrt{2}$

2 (1)$\dfrac{\sqrt{2}}{2}$　(2)$\dfrac{3\sqrt{5}}{5}$　(3)$\dfrac{\sqrt{35}}{7}$　(4)$\sqrt{2}$

(5)$\dfrac{\sqrt{6}}{2}$　(6)$\dfrac{\sqrt{15}}{5}$　(7)$\dfrac{\sqrt{21}}{6}$　(8)$\dfrac{\sqrt{10}}{6}$

(9)$10\sqrt{2}$

解き方

(1)$\dfrac{1}{\sqrt{2}} = \dfrac{1 \times \sqrt{2}}{\sqrt{2} \times \sqrt{2}} = \dfrac{\sqrt{2}}{2}$

(2)$\dfrac{3}{\sqrt{5}} = \dfrac{3 \times \sqrt{5}}{\sqrt{5} \times \sqrt{5}} = \dfrac{3\sqrt{5}}{5}$

(3)$\dfrac{\sqrt{5}}{\sqrt{7}} = \dfrac{\sqrt{5} \times \sqrt{7}}{\sqrt{7} \times \sqrt{7}} = \dfrac{\sqrt{35}}{7}$

(4)$\dfrac{2}{\sqrt{2}} = \dfrac{2 \times \sqrt{2}}{\sqrt{2} \times \sqrt{2}} = \dfrac{2\sqrt{2}}{2} = \sqrt{2}$

(5)$\dfrac{3}{\sqrt{6}} = \dfrac{3 \times \sqrt{6}}{\sqrt{6} \times \sqrt{6}} = \dfrac{3\sqrt{6}}{6} = \dfrac{\sqrt{6}}{2}$

(6)$\dfrac{3}{\sqrt{15}} = \dfrac{3 \times \sqrt{15}}{\sqrt{15} \times \sqrt{15}} = \dfrac{3\sqrt{15}}{15} = \dfrac{\sqrt{15}}{5}$

(7)$\dfrac{\sqrt{7}}{\sqrt{12}} = \dfrac{\sqrt{7}}{2\sqrt{3}} = \dfrac{\sqrt{7} \times \sqrt{3}}{2\sqrt{3} \times \sqrt{3}} = \dfrac{\sqrt{21}}{6}$

(8)$\dfrac{\sqrt{5}}{\sqrt{18}} = \dfrac{\sqrt{5}}{3\sqrt{2}} = \dfrac{\sqrt{5} \times \sqrt{2}}{3\sqrt{2} \times \sqrt{2}} = \dfrac{\sqrt{10}}{6}$

(9)$\dfrac{100}{\sqrt{50}} = \dfrac{100}{5\sqrt{2}} = \dfrac{20}{\sqrt{2}} = \dfrac{20 \times \sqrt{2}}{\sqrt{2} \times \sqrt{2}}$
$= \dfrac{20\sqrt{2}}{2} = 10\sqrt{2}$

3 (1)2.828　(2)9.898　(3)14.14　(4)2.828

(5)0.3535　(6)4.242

解き方

(1)$\sqrt{8} = 2\sqrt{2} = 2 \times 1.414 = 2.828$

(2)$\sqrt{98} = 7\sqrt{2} = 7 \times 1.414 = 9.898$

(3)$\sqrt{200} = 10\sqrt{2} = 10 \times 1.414 = 14.14$

(4)$\dfrac{4}{\sqrt{2}} = \dfrac{4 \times \sqrt{2}}{\sqrt{2} \times \sqrt{2}} = \dfrac{4\sqrt{2}}{2} = 2\sqrt{2}$
$= 2 \times 1.414 = 2.828$

(5)$\dfrac{1}{2\sqrt{2}} = \dfrac{\sqrt{2}}{2\sqrt{2} \times \sqrt{2}} = \dfrac{\sqrt{2}}{4}$
$= 1.414 \div 4 = 0.3535$

(6)$\dfrac{30}{\sqrt{50}} = \dfrac{30}{5\sqrt{2}} = \dfrac{6}{\sqrt{2}} = \dfrac{6 \times \sqrt{2}}{\sqrt{2} \times \sqrt{2}} = \dfrac{6\sqrt{2}}{2}$
$= 3\sqrt{2} = 3 \times 1.414 = 4.242$

1 (1)$6\sqrt{7}$　(2)$4\sqrt{5}$　(3)$3\sqrt{2}$　(4)$-8\sqrt{3}$

(5)$\sqrt{5}$　(6)$6\sqrt{2} - 5\sqrt{3}$

解き方

(1)$4\sqrt{7} + 2\sqrt{7} = (4+2)\sqrt{7} = 6\sqrt{7}$

(2)$\sqrt{5} + 3\sqrt{5} = (1+3)\sqrt{5} = 4\sqrt{5}$

(3)$5\sqrt{2} - 2\sqrt{2} = (5-2)\sqrt{2} = 3\sqrt{2}$

(4)$2\sqrt{3} - 10\sqrt{3} = (2-10)\sqrt{3} = -8\sqrt{3}$

(5)$8\sqrt{5} - 10\sqrt{5} + 3\sqrt{5} = (8-10+3)\sqrt{5} = \sqrt{5}$

(6)$8\sqrt{2} - 5\sqrt{3} - 2\sqrt{2} = (8-2)\sqrt{2} - 5\sqrt{3}$
$= 6\sqrt{2} - 5\sqrt{3}$

2 (1)$7\sqrt{3}$　(2)$10\sqrt{2}$　(3)$\sqrt{5}$　(4)$-\sqrt{6}$

(5)$10\sqrt{5}$　(6)0

解き方

(1)$\sqrt{27} + \sqrt{48} = 3\sqrt{3} + 4\sqrt{3} = 7\sqrt{3}$

(2)$\sqrt{18} + \sqrt{98} = 3\sqrt{2} + 7\sqrt{2} = 10\sqrt{2}$

(3)$\sqrt{20} - \sqrt{5} = 2\sqrt{5} - \sqrt{5} = \sqrt{5}$

(4)$-\sqrt{54} + \sqrt{24} = -3\sqrt{6} + 2\sqrt{6} = -\sqrt{6}$

(5)$\sqrt{125} + \sqrt{20} + \sqrt{45} = 5\sqrt{5} + 2\sqrt{5} + 3\sqrt{5}$
$= (5+2+3)\sqrt{5} = 10\sqrt{5}$

(6)$\sqrt{63} - \sqrt{175} + \sqrt{28} = 3\sqrt{7} - 5\sqrt{7} + 2\sqrt{7}$
$= (3-5+2)\sqrt{7} = 0$

3 (1)$5\sqrt{5}$　(2)$11\sqrt{2}$　(3)$\sqrt{3}$　(4)$-2\sqrt{7}$

(5)$3\sqrt{3}$　(6)0

解き方

(1)$3\sqrt{5} + \dfrac{10}{\sqrt{5}} = 3\sqrt{5} + \dfrac{10 \times \sqrt{5}}{\sqrt{5} \times \sqrt{5}}$
$= 3\sqrt{5} + 2\sqrt{5} = (3+2)\sqrt{5} = 5\sqrt{5}$

(2)$2\sqrt{2} + \dfrac{18}{\sqrt{2}} = 2\sqrt{2} + \dfrac{18 \times \sqrt{2}}{\sqrt{2} \times \sqrt{2}}$
$= 2\sqrt{2} + 9\sqrt{2} = (2+9)\sqrt{2} = 11\sqrt{2}$

(3)$4\sqrt{3} - \dfrac{9}{\sqrt{3}} = 4\sqrt{3} - \dfrac{9 \times \sqrt{3}}{\sqrt{3} \times \sqrt{3}}$
$= 4\sqrt{3} - 3\sqrt{3} = (4-3)\sqrt{3} = \sqrt{3}$

$(4)5\sqrt{7}-\dfrac{49}{\sqrt{7}}=5\sqrt{7}-\dfrac{49\times\sqrt{7}}{\sqrt{7}\times\sqrt{7}}$

$\qquad=5\sqrt{7}-7\sqrt{7}=(5-7)\sqrt{7}=-2\sqrt{7}$

$(5)\sqrt{12}+\dfrac{3}{\sqrt{3}}=2\sqrt{3}+\dfrac{3\times\sqrt{3}}{\sqrt{3}\times\sqrt{3}}$

$\qquad=2\sqrt{3}+\sqrt{3}=(2+1)\sqrt{3}=3\sqrt{3}$

$(6)\dfrac{\sqrt{6}}{3}-\dfrac{\sqrt{2}}{\sqrt{3}}=\dfrac{\sqrt{6}}{3}-\dfrac{\sqrt{2}\times\sqrt{3}}{\sqrt{3}\times\sqrt{3}}$

$\qquad=\dfrac{\sqrt{6}}{3}-\dfrac{\sqrt{6}}{3}=0$

---

p.49 ぴたトレ**1**

1 $(1)3+2\sqrt{3}$　　$(2)4-3\sqrt{2}$　　$(3)\sqrt{5}-10$

$(4)4\sqrt{6}-2\sqrt{3}$　$(5)\sqrt{2}+\sqrt{5}$　$(6)\sqrt{2}-1$

$(7)2+\sqrt{3}$　　　$(8)3-\sqrt{6}$

$(1)\sqrt{3}\,(\sqrt{3}+2)=(\sqrt{3})^2+2\sqrt{3}$

$\qquad\qquad\qquad=3+2\sqrt{3}$

$(2)\sqrt{2}\,(\sqrt{8}-3)=\sqrt{16}-3\sqrt{2}=4-3\sqrt{2}$

$(3)\sqrt{5}\,(1-\sqrt{20})=\sqrt{5}-\sqrt{100}=\sqrt{5}-10$

$(4)\sqrt{6}\,(4-\sqrt{2})=4\sqrt{6}-\sqrt{12}=4\sqrt{6}-2\sqrt{3}$

$(5)(\sqrt{14}+\sqrt{35})\div\sqrt{7}=\dfrac{\sqrt{14}}{\sqrt{7}}+\dfrac{\sqrt{35}}{\sqrt{7}}=\sqrt{2}+\sqrt{5}$

$(6)(\sqrt{6}-\sqrt{3})\div\sqrt{3}=\dfrac{\sqrt{6}}{\sqrt{3}}-\dfrac{\sqrt{3}}{\sqrt{3}}=\sqrt{2}-1$

$(7)(\sqrt{8}+\sqrt{6})\div\sqrt{2}=\dfrac{\sqrt{8}}{\sqrt{2}}+\dfrac{\sqrt{6}}{\sqrt{2}}=2+\sqrt{3}$

$(8)(\sqrt{18}-\sqrt{12})\div\sqrt{2}=\dfrac{\sqrt{18}}{\sqrt{2}}-\dfrac{\sqrt{12}}{\sqrt{2}}=3-\sqrt{6}$

$(1)\sqrt{6}+2\sqrt{2}-3\sqrt{3}-6$

$(2)\sqrt{35}-2\sqrt{7}-4\sqrt{5}+8$

$(3)16+5\sqrt{7}$　$(4)6\sqrt{2}-10\sqrt{3}+3\sqrt{6}-15$

$(1)(\sqrt{2}-3)(\sqrt{3}+2)$

$\quad=\sqrt{6}+2\sqrt{2}-3\sqrt{3}-6$

$(2)(\sqrt{7}-4)(\sqrt{5}-2)$

$\quad=\sqrt{35}-2\sqrt{7}-4\sqrt{5}+8$

$(3)(2\sqrt{7}+1)(\sqrt{7}+2)$

$\quad=14+4\sqrt{7}+\sqrt{7}+2=16+5\sqrt{7}$

$(4)(2\sqrt{3}+3)(\sqrt{6}-5)$

$\quad=2\sqrt{18}-10\sqrt{3}+3\sqrt{6}-15$

$\quad=6\sqrt{2}-10\sqrt{3}+3\sqrt{6}-15$

$(1)9+5\sqrt{3}$　　$(2)4-2\sqrt{7}$　$(3)10+4\sqrt{6}$

$(4)11-2\sqrt{30}$　$(5)9-6\sqrt{2}$　$(6)1$　$(7)9$　$(8)4$

$(1)(\sqrt{3}+2)(\sqrt{3}+3)$

$\quad=3+(2+3)\sqrt{3}+6=9+5\sqrt{3}$

$(2)(\sqrt{7}+1)(\sqrt{7}-3)$

$\quad=7+(1-3)\sqrt{7}-3=4-2\sqrt{7}$

$(3)(\sqrt{6}+2)^2=6+2\times2\sqrt{6}+4=10+4\sqrt{6}$

$(4)(\sqrt{6}-\sqrt{5})^2=6-2\sqrt{30}+5=11-2\sqrt{30}$

$(5)(\sqrt{6}-\sqrt{3})^2=6-2\sqrt{18}+3=9-6\sqrt{2}$

$(6)(\sqrt{5}-2)(\sqrt{5}+2)=5-4=1$

$(7)(4+\sqrt{7})(4-\sqrt{7})=16-7=9$

$(8)(\sqrt{10}-\sqrt{6})(\sqrt{6}+\sqrt{10})$

$\quad=(\sqrt{10}-\sqrt{6})(\sqrt{10}+\sqrt{6})=10-6=4$

---

p.51 ぴたトレ**1**

1 **13.4 cm**

解き方　面積は，$12\times15=180\,(\text{cm}^2)$

正方形の1辺の長さは，

$\sqrt{180}=6\sqrt{5}=6\times2.236=13.416\,(\text{cm})$

2 (1)**8 cm**　(2)**6.3 cm**

解き方　(1)周の長さは，　$2\times4+6\times4=32\,(\text{cm})$

　　　1辺の長さは，$32\div4=8\,(\text{cm})$

(2)面積は，$2\times2+6\times6=40\,(\text{cm}^2)$

　　　1辺の長さは，

　　　$\sqrt{40}=2\sqrt{10}=2\times3.16=6.32\,(\text{cm})$

3 $(1)a=8\sqrt{2}$　　$(2)b=4.8$

解き方　(1)正方形の面積は，

　　　$a\times a\div2=8\times8=64\,(\text{cm}^2)$

　　　$a\times a=64\times2=128$

　　　$a=\sqrt{128}=8\sqrt{2}\,(\text{cm})$

$(2)a=8\times1.4=11.2$

　　　$a\times3-b\times2=24$

　　　$b\times2=11.2\times3-24=9.6$

　　　$b=9.6\div2=4.8\,(\text{cm})$

4 $(1)3\sqrt{2}$ **cm**　$(2)3+3\sqrt{2}$ **(cm)**

(3)**(並べることが)できる**

解き方　(1)正方形の面積＝1辺×1辺

　　　　　　　　　＝(対角線の長さ)$^2\div2$

　　　より，$3\times3=$(対角線の長さ)$^2\div2$

　　　(対角線の長さ)$^2=18$

　　　よって，対角線 $AC=\sqrt{18}=3\sqrt{2}\,(\text{cm})$

$(2)PQ=PA+AC+CQ$　$PA+CQ$ は円の直径にあ

　　　たるから，$PQ=3+3\sqrt{2}\,(\text{cm})$

$(3)\sqrt{2}=1.414$ より，PQ のおよその長さは，

　　　$PQ=3+3\times1.414=7.242\,(\text{cm})$

　　　になり，直径8 cm の円の中に重ならないよう

　　　に並べることができます。

1 (1)$3\sqrt{13}$　(2)$\dfrac{2\sqrt{5}}{9}$　(3)$15\sqrt{3}$

解き方　(2)$\sqrt{\dfrac{20}{81}} = \sqrt{\dfrac{20}{9^2}} = \dfrac{\sqrt{20}}{9} = \dfrac{2\sqrt{5}}{9}$

(3)$\sqrt{675} = \sqrt{3^3 \times 5^2} = 15\sqrt{3}$

2 (1)17.32　(2)0.5477　(3)10.392

解き方　(2)$\sqrt{0.3} = \sqrt{30 \times 0.01} = 0.1 \times \sqrt{30}$
$= 0.1 \times 5.477 = 0.5477$

(3)$\sqrt{108} = \sqrt{36 \times 3} = 6 \times \sqrt{3}$
$= 6 \times 1.732 = 10.392$

3 (1)$5\sqrt{3}$　(2)$\dfrac{\sqrt{6}}{5}$　(3)$\dfrac{\sqrt{10}}{6}$

解き方　(1)$\dfrac{30}{\sqrt{12}} = \dfrac{30}{2\sqrt{3}} = \dfrac{15}{\sqrt{3}}$
$= \dfrac{15 \times \sqrt{3}}{\sqrt{3} \times \sqrt{3}} = 5\sqrt{3}$

(3)$\dfrac{\sqrt{15}}{\sqrt{54}} = \dfrac{\sqrt{15}}{3\sqrt{6}} = \dfrac{\sqrt{15} \times \sqrt{6}}{3\sqrt{6} \times \sqrt{6}}$
$= \dfrac{\sqrt{90}}{3 \times 6} = \dfrac{3\sqrt{10}}{3 \times 6} = \dfrac{\sqrt{10}}{6}$

4 (1)$6\sqrt{5}$　(2)$-\dfrac{2\sqrt{21}}{7}$　(3)$\dfrac{3\sqrt{5}}{5}$　(4)105

(5)-10　(6)$-\dfrac{\sqrt{30}}{2}$

解き方　(2)$\sqrt{48} \div (-\sqrt{28}) = -\dfrac{\sqrt{48}}{\sqrt{28}} = -\dfrac{4\sqrt{3}}{2\sqrt{7}}$

$= -\dfrac{4\sqrt{3} \times \sqrt{7}}{2\sqrt{7} \times \sqrt{7}} = -\dfrac{4\sqrt{21}}{14} = -\dfrac{2\sqrt{21}}{7}$

(3)$3\sqrt{2} \div \sqrt{10} = \dfrac{3\sqrt{2}}{\sqrt{10}} = \dfrac{3\sqrt{2} \times \sqrt{10}}{\sqrt{10} \times \sqrt{10}}$

$= \dfrac{3\sqrt{20}}{10} = \dfrac{3 \times 2\sqrt{5}}{10} = \dfrac{3\sqrt{5}}{5}$

(4)$\sqrt{35} \times \sqrt{15} \times \sqrt{21} = \sqrt{5 \times 7 \times 3 \times 5 \times 3 \times 7}$
$= 3 \times 5 \times 7 = 105$

(5)$\sqrt{20} \times (-\sqrt{15}) \div \sqrt{3} = -\dfrac{\sqrt{20} \times \sqrt{15}}{\sqrt{3}}$

$= -\sqrt{\dfrac{20 \times 15}{3}} = -\sqrt{100} = -10$

5 (1)$2\sqrt{5}$　(2)$4\sqrt{10} - 4\sqrt{7}$　(3)$-6\sqrt{3}$

(4)$13\sqrt{3} - 3\sqrt{5}$　(5)$20\sqrt{2}$　(6)$\dfrac{\sqrt{30}}{30}$

(7)$-2\sqrt{6}$

解き方　(1)$\sqrt{125} - \sqrt{45} = 5\sqrt{5} - 3\sqrt{5}$
$= 2\sqrt{5}$

(3)$\sqrt{12} - \sqrt{27} - \sqrt{75} = 2\sqrt{3} - 3\sqrt{3} - 5\sqrt{3}$
$= -6\sqrt{3}$

(5)$\dfrac{30}{\sqrt{2}} + \sqrt{50} = \dfrac{30\sqrt{2}}{2} + 5\sqrt{2}$
$= 15\sqrt{2} + 5\sqrt{2} = 20\sqrt{2}$

(6)$\sqrt{\dfrac{6}{5}} - \sqrt{\dfrac{5}{6}} = \dfrac{\sqrt{6}}{\sqrt{5}} - \dfrac{\sqrt{5}}{\sqrt{6}} = \dfrac{\sqrt{30}}{5} - \dfrac{\sqrt{30}}{6}$
$= \dfrac{6\sqrt{30}}{30} - \dfrac{5\sqrt{30}}{30} = \dfrac{\sqrt{30}}{30}$

(7)$\dfrac{4\sqrt{3}}{\sqrt{2}} - \sqrt{150} + \dfrac{6}{\sqrt{6}} = \dfrac{4\sqrt{6}}{2} - 5\sqrt{6} + \dfrac{6\sqrt{6}}{6}$
$= 2\sqrt{6} - 5\sqrt{6} + \sqrt{6} = -2\sqrt{6}$

6 (1)$5 + 5\sqrt{3}$　(2)$\sqrt{5} - \sqrt{3}$　(3)$-2 - 3\sqrt{6}$
(4)$3 + \sqrt{5}$　(5)$9 + 4\sqrt{5}$　(6)$9 - 2\sqrt{14}$
(7)-10　(8)$10 - 4\sqrt{5}$

解き方　(1)$\sqrt{5}(\sqrt{5} + \sqrt{15}) = (\sqrt{5})^2 + \sqrt{5 \times 15} = 5 + 5\sqrt{3}$

(2)$(\sqrt{10} - \sqrt{6}) \div \sqrt{2} = \dfrac{\sqrt{10}}{\sqrt{2}} - \dfrac{\sqrt{6}}{\sqrt{2}} = \sqrt{5} - \sqrt{3}$

(3)$(2\sqrt{2} + \sqrt{3})(\sqrt{2} - 2\sqrt{3}) = 4 - 4\sqrt{6} + \sqrt{6} - 6$
$= -2 - 3\sqrt{6}$

(4)$(\sqrt{5} + 2)(\sqrt{5} - 1) = 5 - \sqrt{5} + 2\sqrt{5} - 2$
$= 3 + \sqrt{5}$

（別解）$(\sqrt{5} + 2)(\sqrt{5} - 1)$
$= 5 + (2 - 1)\sqrt{5} - 2 = 3 + \sqrt{5}$

(5)$(\sqrt{5} + 2)^2 = 5 + 2 \times \sqrt{5} \times 2 + 4 = 9 + 4\sqrt{5}$

(6)$(\sqrt{7} - \sqrt{2})^2 = 7 - 2 \times \sqrt{7} \times \sqrt{2} + 2 = 9 - 2\sqrt{14}$

(7)$(\sqrt{6} + 4)(\sqrt{6} - 4) = 6 - 16 = -10$

(8)$\sqrt{10}(\sqrt{2} + \sqrt{10}) - 6\sqrt{5} = 2\sqrt{5} + 10 - 6\sqrt{5}$
$= 10 - 4\sqrt{5}$

7 (1)6　(2)$8\sqrt{10}$　(3)28

解き方　(2)$x^2 - y^2 = (x + y)(x - y)$
$= (\sqrt{10} + 2 + \sqrt{10} - 2)(\sqrt{10} + 2 - \sqrt{10} + 2)$
$= 2\sqrt{10} \times 4 = 8\sqrt{10}$

(3)$x^2 + y^2 = (x + y)^2 - 2xy$
$= (\sqrt{10} + 2 + \sqrt{10} - 2)^2 - 2 \times 6$
$= (2\sqrt{10})^2 - 12 = 40 - 12 = 28$

8 (1)$4\sqrt{2}$ cm　(2)$8\sqrt{2}$ cm

解き方　(1)円周の差は，
$2\pi \times (10\sqrt{2} - 6\sqrt{2}) = 8\sqrt{2}\,\pi$ (cm)
よって，円周 $8\sqrt{2}\,\pi$ cm の円の半径は，
$8\sqrt{2}\,\pi \div 2\pi = 4\sqrt{2}$ (cm)

(2)面積の差は，
$\pi \times \{(10\sqrt{2})^2 - (6\sqrt{2})^2\} = \pi \times (200 - 72)$
$= 128\pi$ (cm^2)
面積 128π cm^2 の円の半径 r cm は，
$\pi r^2 = 128\pi$ より，$r^2 = 128$
$r = \sqrt{128} = 8\sqrt{2}$ (cm)

理解の**コツ**

平方根の計算は，基本的に文字式と同じ方法で計算できるので，乗法の公式も確認しておくとよい。

平方根の計算では，$\sqrt{}$ の中の数をできるだけ簡単な数になるようにしておくとよい。

分母に $\sqrt{}$ をふくむ数では，$\sqrt{}$ の中の数をできるだけ簡単な数にしてから有理化するとよい。

54～55　　　　ぴたトレ3

① (1)$\pm\dfrac{5}{8}$　(2)-0.9　(3)14　(4)11.18

(5)$-4 > -\sqrt{17}$　　(6)$65,\ 66,\ 67,\ 68$

解き方
(4)$\sqrt{125} = 5\sqrt{5} = 5 \times 2.236 = 11.18$

(6)$8 = \sqrt{64}$，$8.3 = \sqrt{8.3^2} = \sqrt{68.89}$ だから，

$\sqrt{64} < \sqrt{a} < \sqrt{68.89}$

$64 < a < 68.89$ を満たす自然数は，

$65,\ 66,\ 67,\ 68$

② (1)$\sqrt{3}$　(2)$\dfrac{\sqrt{14}}{4}$

解き方
(2)$\dfrac{\sqrt{35}}{2\sqrt{10}} = \dfrac{\sqrt{35} \times \sqrt{10}}{2\sqrt{10} \times \sqrt{10}}$

$= \dfrac{\sqrt{5 \times 7 \times 5 \times 2}}{20} = \dfrac{5\sqrt{14}}{20} = \dfrac{\sqrt{14}}{4}$

③ (1)-2　(2)$-7\sqrt{3}$　(3)$\sqrt{2}$　(4)$-\sqrt{5}$

解き方
(1)$\sqrt{6} \div (-\sqrt{3}) \times \sqrt{2}$

$= -\dfrac{\sqrt{6} \times \sqrt{2}}{\sqrt{3}} = -\sqrt{\dfrac{12}{3}} = -\sqrt{4} = -2$

(4)$2\sqrt{5} - \dfrac{15}{\sqrt{5}} = 2\sqrt{5} - \dfrac{15 \times \sqrt{5}}{\sqrt{5} \times \sqrt{5}}$

$= 2\sqrt{5} - \dfrac{15\sqrt{5}}{5} = 2\sqrt{5} - 3\sqrt{5} = -\sqrt{5}$

④ (1)7　(2)$12 + 2\sqrt{3}$　(3)$-61 - \sqrt{5}$

解き方
(1)$(\sqrt{11} + 2)(\sqrt{11} - 2)$

$= (\sqrt{11})^2 - 2^2 = 11 - 4 = 7$

(2)$\sqrt{3}(4\sqrt{3} - 1) + \sqrt{27}$

$= 12 - \sqrt{3} + 3\sqrt{3} = 12 + 2\sqrt{3}$

(3)$(\sqrt{5} + 9)(\sqrt{5} - 8) + (\sqrt{5} - 1)^2$

$= 5 + \sqrt{5} - 72 + 5 - 2\sqrt{5} + 1 = -61 - \sqrt{5}$

⑤ (1)5　(2)$\dfrac{2}{\sqrt{7}}$　(3)$\sqrt{21}$

解き方
(1)$\sqrt{45a} = \sqrt{3^2 \times 5 \times a}$

(2)$\dfrac{2}{7} = \sqrt{\dfrac{4}{49}}$　　　$\dfrac{\sqrt{2}}{7} = \sqrt{\dfrac{2}{49}}$

$\dfrac{2}{\sqrt{7}} = \sqrt{\dfrac{28}{49}}$　　$\sqrt{\dfrac{2}{7}} = \sqrt{\dfrac{14}{49}}$

(3)$x^2 - y^2 = (x+y)(x-y) = \sqrt{7} \times \sqrt{3} = \sqrt{21}$

⑥ $6\sqrt{3}$ cm

解き方
三角形の面積は，

$18 \times 12 \div 2 = 108\,(\text{cm}^2)$

正方形の1辺を x cm とすると，$x^2 = 108$

$x = \sqrt{108} = 6\sqrt{3}$ (cm)

⑦ $23.35 \leqq a < 23.45$

解き方
いちばん下の位の半分が誤差の絶対値になります。

この場合は，小数第1位だから，0.1 の半分 0.05 です。

$(23.4 - 0.05)$ 以上 $(23.4 + 0.05)$ 未満になります。

3章　二次方程式

　　　　ぴたトレ0

❶ ㋑と㋒

解き方

xに2を代入して，左辺＝右辺となるものを見つけます。

㋐左辺＝$2-7=-5$
　右辺＝5
　よって，2は解ではありません。

㋑左辺＝$3\times2-1=5$
　右辺＝5
　よって，2は解です。

㋒左辺＝$2+1=3$
　右辺＝$2\times2-1=3$
　よって，2は解です。

㋓左辺＝$4\times2-5=3$
　右辺＝$-1-2=-3$
　よって，2は解ではありません。

❷ (1)$x(x-3)$　　　(2)$x(2x+5)$

(3)$(x+4)(x-4)$　(4)$(2x+3)(2x-3)$

(5)$(x+3)^2$　　　(6)$(x-4)^2$

(7)$(3x+5)^2$　　(8)$(x+3)(x+4)$

(9)$(x-3)(x-9)$　(10)$(x+4)(x-6)$

(4)$4x^2-9=(2x)^2-3^2=(2x+3)(2x-3)$

(7)$9x^2+30x+25=(3x)^2+2\times3x\times5+5^2$
　　　　　　　　　　　$=(3x+5)^2$

(10)積が-24になる2数の組から，和が-2になるものを選びます。

積が -24	和が -2
1と -24	
-1と　24	
2と -12	
-2と　12	
3と -8	
-3と　8	
4と -6	○
-4と　6	

上の表から，2数は4と-6です。

よって，$x^2-2x-24=(x+4)(x-6)$

　　　　ぴたトレ1

❶ ㋒

解き方

左辺に$x=3$を代入し，その値が右辺の値と等しくなれば，$x=3$は解です。

㋐左辺＝$3^2+3\times3-10=8$

㋑左辺＝$3^2+5\times3+6=30$

㋒左辺＝$3\times3^2-8\times3-3=0$

㋓左辺＝$4\times3^2+7\times3-15=42$

❷ (1)$x=\pm\sqrt{2}$　(2)$x=\pm4$　(3)$x=\pm2$

(4)$x=\pm\sqrt{7}$　(5)$x=\pm4$　(6)$x=\pm\dfrac{\sqrt{7}}{2}$

解き方

(1)$5x^2=10$　　　　$x^2=2$　　　$x=\pm\sqrt{2}$

(2)$2x^2=32$　　　　$x^2=16$　　　$x=\pm4$

(3)$3x^2=12$　　　　$x^2=4$　　　$x=\pm2$

(4)$6x^2=42$　　　　$x^2=7$　　　$x=\pm\sqrt{7}$

(5)$4x^2-64=0$　　$4x^2=64$　　$x^2=16$
　$x=\pm4$

(6)$12x^2-21=0$　$12x^2=21$　$x^2=\dfrac{7}{4}$
　$x=\pm\dfrac{\sqrt{7}}{2}$

❸ (1)$x=1$，-5　　　(2)$x=7$，-1

(3)$x=1$，-9　　　(4)$x=1\pm\sqrt{7}$

(5)$x=-3\pm\sqrt{11}$　(6)$x=5\pm\sqrt{6}$

解き方

(1)$(x+2)^2=9$　　$x+2=X$　　$X^2=9$
　$X=\pm3$　　　$x+2=\pm3$　　$x=-2\pm3$

(2)$(x-3)^2=16$　$x-3=X$　　$X^2=16$
　$X=\pm4$　　　$x-3=\pm4$　　$x=3\pm4$

(3)$(x+4)^2-25=0$　$x+4=X$　$X^2=25$
　$X=\pm5$　　$x+4=\pm5$　　$x=-4\pm5$

(4)$(x-1)^2=7$　　$x-1=X$　　$X^2=7$
　$X=\pm\sqrt{7}$　$x-1=\pm\sqrt{7}$　$x=1\pm\sqrt{7}$

(5)$(x+3)^2=11$　$x+3=X$　　$X^2=11$
　$X=\pm\sqrt{11}$　$x+3=\pm\sqrt{11}$
　$x=-3\pm\sqrt{11}$

(6)$(x-5)^2-6=0$　$x-5=X$　$X^2=6$
　$X=\pm\sqrt{6}$　$x-5=\pm\sqrt{6}$　$x=5\pm\sqrt{6}$

❹ (1)(順に) 9，3　(2)(順に) 4，2

解き方

(1)x^2+6x
　xの係数6の半分の2乗をたすと，
　$x^2+6x+3^2=x^2+6x+9$
　　　　　　　　$=(x+3)^2$

(2)x^2-4x
　xの係数-4の半分の2乗をたすと，
　$x^2-4x+(-2)^2=x^2-4x+4$
　　　　　　　　　$=(x-2)^2$

❺ (1)$x=-2\pm\sqrt{7}$　(2)$x=-1\pm\sqrt{6}$

(3)$x=3\pm\sqrt{10}$　　(4)$x=5$，1

(5)$x=7$，-3　　　(6)$x=-4\pm2\sqrt{5}$

解き方

(1)$x^2+4x-3=0$
　$(x+2)^2=3+4$　　$x+2=X$　　$X^2=7$
　$X=\pm\sqrt{7}$　　$x+2=\pm\sqrt{7}$　　$x=-2\pm\sqrt{7}$

$(2)x^2+2x-5=0$

$\quad (x+1)^2=5+1 \qquad x+1=X \qquad X^2=6$

$\quad X=\pm\sqrt{6} \qquad\qquad x+1=\pm\sqrt{6}$

$\quad x=-1\pm\sqrt{6}$

$(3)x^2-6x-1=0$

$\quad (x-3)^2=1+9 \qquad x-3=X \qquad X^2=10$

$\quad X=\pm\sqrt{10} \qquad x-3=\pm\sqrt{10} \qquad x=3\pm\sqrt{10}$

$(4)x^2-6x+5=0 \qquad (x-3)^2=-5+9$

$\quad x-3=X \qquad X^2=4 \qquad X=\pm2 \qquad x-3=\pm2$

$\quad x=3\pm2 \qquad x=5,\ 1$

$(5)x^2-4x-21=0 \qquad (x-2)^2=21+4$

$\quad x-2=X \qquad X^2=25 \qquad X=\pm5$

$\quad x-2=\pm5 \qquad x=2\pm5 \qquad x=7,\ -3$

$(6)x^2+8x-4=0 \qquad (x+4)^2=4+16$

$\quad x+4=X \qquad X^2=20 \qquad X=\pm\sqrt{20}=\pm2\sqrt{5}$

$\quad x+4=\pm2\sqrt{5} \qquad x=-4\pm2\sqrt{5}$

p.61 ぴたトレ1

1

$(1)x=\dfrac{-3\pm\sqrt{13}}{2}$ $(2)x=\dfrac{-5\pm\sqrt{17}}{2}$

$(3)x=\dfrac{-5\pm\sqrt{13}}{6}$ $(4)x=\dfrac{5\pm\sqrt{41}}{4}$

$(5)x=\dfrac{-3\pm\sqrt{21}}{6}$ $(6)x=\dfrac{9\pm\sqrt{33}}{8}$

解き方

$(1)x^2+3x-1=0$

$\quad x=\dfrac{-3\pm\sqrt{3^2-4\times1\times(-1)}}{2\times1}=\dfrac{-3\pm\sqrt{13}}{2}$

$(2)x^2+5x+2=0$

$\quad x=\dfrac{-5\pm\sqrt{5^2-4\times1\times2}}{2\times1}=\dfrac{-5\pm\sqrt{17}}{2}$

$(3)3x^2+5x+1=0$

$\quad x=\dfrac{-5\pm\sqrt{5^2-4\times3\times1}}{2\times3}=\dfrac{-5\pm\sqrt{13}}{6}$

$(4)2x^2-5x-2=0$

$\quad x=\dfrac{-(-5)\pm\sqrt{(-5)^2-4\times2\times(-2)}}{2\times2}$

$\quad =\dfrac{5\pm\sqrt{41}}{4}$

$(5)3x^2+3x-1=0$

$\quad x=\dfrac{-3\pm\sqrt{3^2-4\times3\times(-1)}}{2\times3}=\dfrac{-3\pm\sqrt{21}}{6}$

$(6)4x^2-9x+3=0$

$\quad x=\dfrac{-(-9)\pm\sqrt{(-9)^2-4\times4\times3}}{2\times4}=\dfrac{9\pm\sqrt{33}}{8}$

2

$(1)x=-3,\ -5$ $(2)x=3,\ 2$

$(3)x=\dfrac{3}{2},\ -1$ $(4)x=1,\ \dfrac{2}{3}$

$(5)x=1,\ -\dfrac{2}{5}$ $(6)x=\dfrac{3}{2},\ \dfrac{1}{2}$

解き方

$(1)x^2+8x+15=0$

$\quad x=\dfrac{-8\pm\sqrt{8^2-4\times1\times15}}{2\times1}$

$\quad =\dfrac{-8\pm\sqrt{4}}{2}=\dfrac{-8\pm2}{2} \qquad x=-3,\ -5$

$(2)x^2-5x+6=0$

$\quad x=\dfrac{-(-5)\pm\sqrt{(-5)^2-4\times1\times6}}{2\times1}$

$\quad =\dfrac{5\pm\sqrt{1}}{2}=\dfrac{5\pm1}{2} \qquad x=3,\ 2$

$(3)2x^2-x-3=0$

$\quad x=\dfrac{-(-1)\pm\sqrt{(-1)^2-4\times2\times(-3)}}{2\times2}$

$\quad =\dfrac{1\pm\sqrt{25}}{4}=\dfrac{1\pm5}{4} \qquad x=\dfrac{3}{2},\ -1$

$(4)3x^2-5x+2=0$

$\quad x=\dfrac{-(-5)\pm\sqrt{(-5)^2-4\times3\times2}}{2\times3}$

$\quad =\dfrac{5\pm\sqrt{1}}{6}=\dfrac{5\pm1}{6} \qquad x=1,\ \dfrac{2}{3}$

$(5)5x^2-3x-2=0$

$\quad x=\dfrac{-(-3)\pm\sqrt{(-3)^2-4\times5\times(-2)}}{2\times5}$

$\quad =\dfrac{3\pm\sqrt{49}}{10}=\dfrac{3\pm7}{10} \qquad x=1,\ -\dfrac{2}{5}$

$(6)4x^2-8x+3=0$

$\quad x=\dfrac{-(-8)\pm\sqrt{(-8)^2-4\times4\times3}}{2\times4}$

$\quad =\dfrac{8\pm\sqrt{16}}{8}=\dfrac{8\pm4}{8} \qquad x=\dfrac{3}{2},\ \dfrac{1}{2}$

3

$(1)x=3\pm\sqrt{6}$ $(2)x=-1\pm\sqrt{2}$

$(3)x=-2\pm\sqrt{3}$ $(4)x=\dfrac{3\pm\sqrt{19}}{2}$

$(5)x=\dfrac{-2\pm\sqrt{10}}{3}$ $(6)x=\dfrac{1\pm\sqrt{11}}{5}$

解き方

$(1)x^2-6x+3=0$

$\quad x=\dfrac{-(-6)\pm\sqrt{(-6)^2-4\times1\times3}}{2\times1}$

$\quad =\dfrac{6\pm\sqrt{24}}{2}=\dfrac{6\pm2\sqrt{6}}{2}=3\pm\sqrt{6}$

$(2)x^2+2x-1=0$

$\quad x=\dfrac{-2\pm\sqrt{2^2-4\times1\times(-1)}}{2\times1}=\dfrac{-2\pm\sqrt{8}}{2}$

$\quad =\dfrac{-2\pm2\sqrt{2}}{2}=-1\pm\sqrt{2}$

$(3)x^2+4x+1=0$

$\quad x=\dfrac{-4\pm\sqrt{4^2-4\times1\times1}}{2\times1}=\dfrac{-4\pm\sqrt{12}}{2}$

$\quad =\dfrac{-4\pm2\sqrt{3}}{2}=-2\pm\sqrt{3}$

(4)$2x^2-6x-5=0$

$$x=\frac{-(-6)\pm\sqrt{(-6)^2-4\times2\times(-5)}}{2\times2}$$

$$=\frac{6\pm\sqrt{76}}{4}=\frac{6\pm2\sqrt{19}}{4}=\frac{3\pm\sqrt{19}}{2}$$

(5)$3x^2+4x-2=0$

$$x=\frac{-4\pm\sqrt{4^2-4\times3\times(-2)}}{2\times3}$$

$$=\frac{-4\pm\sqrt{40}}{6}=\frac{-4\pm2\sqrt{10}}{6}=\frac{-2\pm\sqrt{10}}{3}$$

(6)$5x^2-2x-2=0$

$$x=\frac{-(-2)\pm\sqrt{(-2)^2-4\times5\times(-2)}}{2\times5}$$

$$=\frac{2\pm\sqrt{44}}{10}=\frac{2\pm2\sqrt{11}}{10}=\frac{1\pm\sqrt{11}}{5}$$

4 (1)$x=\dfrac{5\pm\sqrt{21}}{2}$　(2)$x=\dfrac{-6\pm3\sqrt{2}}{2}$

(3)$x=2,\ -4$

解き方

式を整理し，$ax^2+bx+c=0$ の形にします。

(1)$x^2-2x-5=3(x-2)$　　$x^2-5x+1=0$

$$x=\frac{-(-5)\pm\sqrt{(-5)^2-4\times1\times1}}{2\times1}=\frac{5\pm\sqrt{21}}{2}$$

(2)$2x(x+6)=-9$　　$2x^2+12x+9=0$

$$x=\frac{-12\pm\sqrt{12^2-4\times2\times9}}{2\times2}=\frac{-12\pm\sqrt{72}}{4}$$

$$=\frac{-12\pm6\sqrt{2}}{4}=\frac{-6\pm3\sqrt{2}}{2}$$

(3)$x(2x-3)=x(x-5)+8$

$2x^2-3x=x^2-5x+8$　　$x^2+2x-8=0$

$$x=\frac{-2\pm\sqrt{2^2-4\times1\times(-8)}}{2\times1}=\frac{-2\pm\sqrt{36}}{2}$$

$$=\frac{-2\pm6}{2}\qquad x=2,\ -4$$

p.63　　　　　　　　ぴたトレ1

1 (1)$x=5,\ 7$　(2)$x=-3,\ 5$

解き方

(1)$x-5=0$　または　$x-7=0$
$x-5=0$ のとき $x=5$
$x-7=0$ のとき $x=7$

(2)$x+3=0$　または　$x-5=0$
$x+3=0$ のとき $x=-3$
$x-5=0$ のとき $x=5$

2 (1)$x=2,\ 5$　　(2)$x=-7,\ -3$

(3)$x=-8,\ 3$　(4)$x=-6,\ 7$

解き方

(1)$(x-2)(x-5)=0$
$x-2=0$　または　$x-5=0$
$x-2=0$ のとき $x=2$
$x-5=0$ のとき $x=5$

(2)$(x+7)(x+3)=0$
$x+7=0$　または　$x+3=0$
$x+7=0$ のとき $x=-7$
$x+3=0$ のとき $x=-3$

(3)$(x+8)(x-3)=0$
$x+8=0$　または　$x-3=0$
$x+8=0$ のとき $x=-8$
$x-3=0$ のとき $x=3$

(4)$(x+6)(x-7)=0$
$x+6=0$　または　$x-7=0$
$x+6=0$ のとき $x=-6$
$x-7=0$ のとき $x=7$

3 (1)$x=0,\ 7$　(2)$x=0,\ 5$　(3)$x=0,\ \dfrac{1}{2}$

(4)$x=0,\ \dfrac{6}{5}$

解き方

(1)$x^2-7x=0$　　$x(x-7)=0$
$x=0$　または　$x-7=0$
$x-7=0$ のとき $x=7$　　　　$x=0,\ 7$

(2)$x^2=5x$　　$x^2-5x=0$　　$x(x-5)=0$
$x=0$　または　$x-5=0$
$x-5=0$ のとき $x=5$　　　　$x=0,\ 5$

(3)$x=2x^2$　　$2x^2-x=0$　　$x(2x-1)=0$
$x=0$　または　$2x-1=0$
$2x-1=0$ のとき，$2x=1$　　$x=\dfrac{1}{2}$
$x=0,\ \dfrac{1}{2}$

(4)$5x^2=6x$　　$5x^2-6x=0$　　$x(5x-6)=0$
$x=0$　または　$5x-6=0$
$5x-6=0$ のとき，$5x=6$　　$x=\dfrac{6}{5}$
$x=0,\ \dfrac{6}{5}$

4 (1)$x=-6$　(2)$x=7$　(3)$x=8$　(4)$x=-1$

解き方

(1)$x^2+12x+36=0$　　$(x+6)^2=0$
$x+6=0$　　$x=-6$

(2)$x^2-14x+49=0$　　$(x-7)^2=0$
$x-7=0$　　$x=7$

(3)$x^2-16x=-64$　　　$x^2-16x+64=0$
$(x-8)^2=0$　　　　　$x-8=0$　　$x=8$

(4)$x^2+2x=-1$　　　$x^2+2x+1=0$
$(x+1)^2=0$　　　　$x+1=0$　　$x=-1$

5 (1)$x=\pm9$　(2)$x=\pm6$

解き方

平方根の意味にもとづいて，解を求めることができますが，因数分解を使って解く方法です。

(1)$x^2-81=0$　　$x^2-9^2=0$　　$(x+9)(x-9)=0$
$x+9=0$　または　$x-9=0$
$x+9=0$ のとき $x=-9$
$x-9=0$ のとき $x=9$　　$x=\pm9$

(2)$36-x^2=0$　　$x^2-36=0$　　$x^2-6^2=0$

$(x+6)(x-6)=0$

$x+6=0$　または　$x-6=0$

$x+6=0$ のとき $x=-6$

$x-6=0$ のとき $x=6$　　$x=\pm6$

(1)$x=-4,\ -1$　(2)$x=4$

(1)$x(x+5)=-4$　　　$x^2+5x+4=0$

$(x+4)(x+1)=0$　　$x=-4,\ -1$

(2)$(x-3)(x-5)=-1$

$x^2-8x+15=-1$　　$x^2-8x+16=0$

$(x-4)^2=0$　　$x-4=0$　　$x=4$

p.64〜65 **ぴたトレ2**

(1)$x=\pm6$　　(2)$x=\pm8$　　(3)$x=\pm\dfrac{\sqrt{3}}{3}$

(4)$x=\pm\dfrac{2}{3}$　(5)$x=2,\ -12$　(6)$x=8\pm\sqrt{3}$

(7)$x=7\pm4\sqrt{5}$　(8)$x=-10\pm\dfrac{2\sqrt{2}}{3}$

(9)$x=-\dfrac{3}{2}\pm\dfrac{\sqrt{15}}{4}$

(3)$3x^2=1$　　　$x^2=\dfrac{1}{3}$

　　$x=\pm\sqrt{\dfrac{1}{3}}=\pm\dfrac{\sqrt{3}}{3}$

(4)$3x^2=\dfrac{4}{3}$　　　$x^2=\dfrac{4}{9}$　　　$x=\pm\dfrac{2}{3}$

(5)$(x+5)^2=49$　$x+5=X$　　$X^2=49$

$X=\pm7$　　$x+5=\pm7$　　$x=-5\pm7$

(6)$(x-8)^2=3$　$x-8=X$　　$X^2=3$

$X=\pm\sqrt{3}$　　$x-8=\pm\sqrt{3}$　　$x=8\pm\sqrt{3}$

(7)$80-(x-7)^2=0$　　$(x-7)^2=80$　　$x-7=X$

$X^2=80$　　$X=\pm4\sqrt{5}$　　$x-7=\pm4\sqrt{5}$

$x=7\pm4\sqrt{5}$

(8)$27(x+10)^2=24$　　$9(x+10)^2=8$

$x+10=X$　　　　$9X^2=8$

　$X^2=\dfrac{8}{9}$　　　　　　$X=\pm\dfrac{\sqrt{8}}{3}$

　$x+10=\pm\dfrac{2\sqrt{2}}{3}$　　　$x=-10\pm\dfrac{2\sqrt{2}}{3}$

(9)$\dfrac{2}{5}(2x+3)^2-\dfrac{3}{2}=0$　　$4(2x+3)^2=15$

$(2x+3)^2=\dfrac{15}{4}$　　$2x+3=X$　　$X^2=\dfrac{15}{4}$

$X=\pm\dfrac{\sqrt{15}}{2}$　　　$2x+3=\pm\dfrac{\sqrt{15}}{2}$

$2x=-3\pm\dfrac{\sqrt{15}}{2}$　　$x=-\dfrac{3}{2}\pm\dfrac{\sqrt{15}}{4}$

---

(1)$x=-6,\ -4$　　(2)$x=4\pm4\sqrt{3}$

(3)$x=-4\pm\sqrt{29}$　　(4)$x=-\dfrac{9}{2}\pm\dfrac{\sqrt{17}}{2}$

(5)$x=1,\ 2$　　(6)$x=5\pm5\sqrt{2}$

(7)$x=-\dfrac{5}{2}\pm\dfrac{\sqrt{5}}{2}$　(8)$x=\dfrac{5}{3},\ -1$

(9)$x=-\dfrac{2}{5}\pm\dfrac{3\sqrt{6}}{5}$

(2)$x^2-8x-32=0$

$(x-4)^2=32+16$　　$x-4=X$

$X^2=48$　　　　　　$X=\pm4\sqrt{3}$

$x-4=\pm4\sqrt{3}$　　　$x=4\pm4\sqrt{3}$

(4)$x^2+9x+16=0$　　　$\left(x+\dfrac{9}{2}\right)^2=-16+\dfrac{81}{4}$

$x+\dfrac{9}{2}=X$　　$X^2=\dfrac{17}{4}$　　$X=\pm\dfrac{\sqrt{17}}{2}$

$x+\dfrac{9}{2}=\pm\dfrac{\sqrt{17}}{2}$　　$x=-\dfrac{9}{2}\pm\dfrac{\sqrt{17}}{2}$

(6)$x^2-10x=25$　　　$(x-5)^2=25+25$

$x-5=X$　　$X^2=50$　　$X=\pm5\sqrt{2}$

$x-5=\pm5\sqrt{2}$　　　　$x=5\pm5\sqrt{2}$

(8)$x^2-\dfrac{2}{3}x-\dfrac{5}{3}=0$　　$\left(x-\dfrac{1}{3}\right)^2=\dfrac{5}{3}+\dfrac{1}{9}$

$x-\dfrac{1}{3}=X$　　$X^2=\dfrac{16}{9}$　　$X=\pm\dfrac{4}{3}$

$x-\dfrac{1}{3}=\pm\dfrac{4}{3}$　　$x=\dfrac{1}{3}\pm\dfrac{4}{3}$

$x=\dfrac{5}{3},\ -1$

(9)$x^2+\dfrac{4}{5}x-2=0$　　$\left(x+\dfrac{2}{5}\right)^2=2+\dfrac{4}{25}$

$x+\dfrac{2}{5}=X$　　$X^2=\dfrac{54}{25}$　　$X=\pm\dfrac{3\sqrt{6}}{5}$

$x+\dfrac{2}{5}=\pm\dfrac{3\sqrt{6}}{5}$　　　$x=-\dfrac{2}{5}\pm\dfrac{3\sqrt{6}}{5}$

(1)$x=3,\ -8$　　(2)$x=6,\ 9$

(3)$x=\dfrac{-3\pm\sqrt{33}}{6}$　　(4)$x=\dfrac{-3\pm\sqrt{21}}{3}$

(5)$x=\dfrac{7}{3},\ -2$　　(6)$x=\dfrac{-2\pm5\sqrt{3}}{2}$

(3)$3x^2+3x-2=0$

$x=\dfrac{-3\pm\sqrt{3^2-4\times3\times(-2)}}{2\times3}=\dfrac{-3\pm\sqrt{33}}{6}$

(4)$\dfrac{1}{2}x^2+x-\dfrac{2}{3}=0$　　$3x^2+6x-4=0$

$x=\dfrac{-6\pm\sqrt{6^2-4\times3\times(-4)}}{2\times3}=\dfrac{-6\pm\sqrt{84}}{6}$

　$=\dfrac{-6\pm2\sqrt{21}}{6}=\dfrac{-3\pm\sqrt{21}}{3}$

$(5)(3x+2)(x-1)=12 \qquad 3x^2-x-14=0$

$$x=\dfrac{-(-1)\pm\sqrt{(-1)^2-4\times3\times(-14)}}{2\times3}$$

$$=\dfrac{1\pm\sqrt{169}}{6}=\dfrac{1\pm13}{6} \qquad x=\dfrac{7}{3}, \ -2$$

$(6)(2x+5)^2=12(x+8) \qquad 4x^2+8x-71=0$

$$x=\dfrac{-8\pm\sqrt{8^2-4\times4\times(-71)}}{2\times4}$$

$$=\dfrac{-8\pm\sqrt{1200}}{8}=\dfrac{-8\pm20\sqrt{3}}{8}$$

$$=\dfrac{-2\pm5\sqrt{3}}{2}$$

④ $(1)x=-11, \ -2 \quad (2)x=7, \ 12 \quad (3)x=2, \ 6$

解き方

$(1)x^2+13x+22=0$
$\qquad (x+11)(x+2)=0 \qquad x=-11, \ -2$

$(2)x^2=19x-84 \qquad\qquad x^2-19x+84=0$
$\qquad (x-7)(x-12)=0 \qquad x=7, \ 12$

$(3)x^2=4(2x-3) \qquad\qquad x^2-8x+12=0$
$\qquad (x-2)(x-6)=0 \qquad x=2, \ 6$

⑤ $(1)x=0, \ 7 \quad (2)x=0, \ \dfrac{1}{2} \quad (3)x=0, \ \dfrac{11}{5}$

解き方

$(1)9x^2-63x=0 \qquad\qquad x^2-7x=0$
$\qquad x(x-7)=0 \qquad x=0, \ 7$

$(2)8x^2-4x=0 \qquad\qquad x^2-\dfrac{1}{2}x=0$

$\qquad x\left(x-\dfrac{1}{2}\right)=0 \qquad x=0, \ \dfrac{1}{2}$

$(3)11x=5x^2 \qquad\qquad 5x^2-11x=0$

$\qquad x^2-\dfrac{11}{5}x=0 \qquad x\left(x-\dfrac{11}{5}\right)=0$

$\qquad x=0, \ \dfrac{11}{5}$

⑥ $(1)x=\dfrac{1}{2} \quad (2)x=\dfrac{1}{3} \quad (3)x=11$

解き方

$(1)x^2-x+\dfrac{1}{4}=0 \qquad \left(x-\dfrac{1}{2}\right)^2=0$

$\qquad x-\dfrac{1}{2}=0 \qquad x=\dfrac{1}{2}$

$(2)9x^2-6x+1=0 \qquad (3x-1)^2=0$

$\qquad 3x-1=0 \qquad x=\dfrac{1}{3}$

$(3)x^2+121=22x \qquad x^2-22x+121=0$
$\qquad (x-11)^2=0 \qquad x-11=0 \qquad x=11$

⑦ $(1)x=0, \ 3 \qquad (2)a=-4, \ 3 \qquad (3)x=5$

$(4)m=-1, \ 9 \qquad (5)x=\dfrac{-5\pm\sqrt{33}}{2}$

$(6)y=-8, \ 1 \qquad (7)a=\pm\dfrac{3}{2} \qquad (8)y=0, \ \dfrac{7}{4}$

$(9)x=-\dfrac{1}{2}, \ 2 \qquad (10)y=\pm4\sqrt{2}$

$(11)m=-3, \ 10 \qquad (12)x=-1, \ 12$

解き方

(1), (8)は, $ax^2+bx=0$ の因数分解
$$x\left(x+\dfrac{b}{a}\right)=0 \qquad x=0, \ -\dfrac{b}{a}$$

(2), (4), (6), (11)は, $x^2+(a+b)x+ab=0$
$$(x+a)(x+b)=0 \qquad x=-a, \ -b$$

(3)は, $x^2+2ax+a^2=0 \qquad (x+a)^2=0$
$$x=-a$$

(7), (10)は, $ax^2=b \qquad x^2=\dfrac{b}{a} \qquad x=\pm\sqrt{\dfrac{b}{a}}$

（別解）
$$x^2-a^2=0 \qquad (x+a)(x-a)=0 \qquad x=\pm a$$

(5), (9)は, $x^2+px+q=0$, $ax^2+bx+c=0$
平方の式に変形したり，解の公式を使います。

$(7)36a^2-81=0 \qquad 4a^2-9=0$

$\qquad 4a^2=9 \qquad a^2=\dfrac{9}{4} \qquad a=\pm\dfrac{3}{2}$

（別解）$4a^2-9=0 \qquad (2a)^2-3^2=0$

$\qquad (2a+3)(2a-3)=0$

$\qquad 2a+3=0$ または $2a-3=0 \qquad a=\pm\dfrac{3}{2}$

$(10)(y+4)(y-4)=16 \qquad y^2-16=16$

$\qquad y^2=32 \qquad y=\pm\sqrt{32} \qquad y=\pm4\sqrt{2}$

$(11)(m+1)(m+6)=2(m^2-12)$

$\qquad m^2+7m+6=2m^2-24 \qquad m^2-7m-30=0$

$\qquad (m+3)(m-10)=0 \qquad m=-3, \ 10$

$(12)(x-5)^2-(x-5)-42=0$

左辺を展開して整理してもよいですが，
$x-5$ を X とすると，
$$X^2-X-42=0 \qquad (X+6)(X-7)=0$$
$X+6=0$ より, $x-5+6=0 \qquad x=-1$
$X-7=0$ より, $x-5-7=0 \qquad x=12$

理解のコツ

・二次方程式は，$ax^2+bx+c=0$ の形に整理して因数
　分解できるかどうかを確認するとよい。
・左辺が因数分解できないときには，解の公式あるい
　は平方の形にして解くとよい。

p.67 ぴたトレ1

1 $(1)x^2+(x+1)^2=12x+1 \quad (2)5, \ 6$

解き方

(1)小さい方の数を x とすると，大きい方の数は
　1 だけ大きい数だから $x+1$ と表されます。

$(2)x^2+(x+1)^2=12x+1$

$\qquad x^2+x^2+2x+1=12x+1$

$\qquad 2x^2-10x=0$ より, $x^2-5x=0$

$\qquad x(x-5)=0 \qquad$ よって, $x=0, \ 5$

x は正の整数だから，$x=0$ は問題にあいません。

$x=5$ のとき，$x+1=6$　2 数は 5 と 6 となり，
これは問題にあっています。

（1）$12x-3$　（2）45

（1）十の位の数は x，一の位の数は $2x-3$ だから，
　　$10x+(2x-3)=12x-3$

（2）方程式は，$x^2+29=12x-3$
　　$x^2-12x+32=0$　　$(x-4)(x-8)=0$
　　よって，$x=4$，8
　　$x=4$ のとき，一の位の数 $2x-3$ は，
　　$2\times4-3=5$
　　よって，もとの整数は 45 になります。
　　$x=8$ のとき，一の位の数 $2x-3$ は，
　　$2\times8-3=13$
　　となり，これは問題にあいません。

3　10 m

もとの正方形の畑の 1 辺の長さを x m とすると，
長方形の縦の長さは $x-3$（m），横の長さは，
$x+3$（m）と表されます。
方程式は，$(x-3)(x+3)=91$　　$x^2-9=91$
$x^2=100$　　よって，$x=\pm10$
$x>0$ だから，$x=-10$ は問題にあいません。
$x=10$ は問題にあっています。

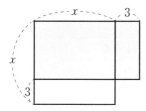

4　縦 9 cm，横 18 cm

厚紙の縦の長さを x cm とすると，横の長さは，
$2x$ cm と表されます。
直方体の容器は，縦が $x-4$（cm），横が
$2x-4$（cm），高さが 2 cm となるので，方程式は，
$2(x-4)(2x-4)=140$
$4x^2-24x+32=140$　　$x^2-6x-27=0$
$(x+3)(x-9)=0$　　　　よって，$x=-3$，9
$x>4$ だから，$x=-3$ は問題にあいません。
$x=9$ のとき縦 9 cm，横 $2x=2\times9=18$（cm）となり，これは問題にあっています。

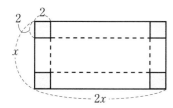

1　（1）$a=-1$，他の解 4　（2）$a=-12$，$b=35$
　　（3）$c=8$

（1）$x=-3$ を $x^2+ax-12=0$ に代入すると，
　　$9-3a-12=0$　　$3a=-3$ より，$a=-1$
　　$a=-1$ を $x^2+ax-12=0$ に代入すると，
　　$x^2-x-12=0$　　$(x+3)(x-4)=0$ より，
　　$x=-3$，4　　他の解は 4

（2）$x=5$，7 を $x^2+ax+b=0$ に代入すると，
　　$\begin{cases}5^2+5a+b=0\\7^2+7a+b=0\end{cases}$
　　連立方程式として解くと，$a=-12$，$b=35$

（3）1 つの解を n とすると，他の解は $2n$ と表されます。
　　$x=n$，$2n$ を $x^2-6x+c=0$ に代入すると，
　　$\begin{cases}n^2-6n+c=0 & \cdots\cdots①\\4n^2-12n+c=0 & \cdots\cdots②\end{cases}$
　　②－①より，$3n^2-6n=0$　　$n(n-2)=0$
　　条件より，$n=0$ は問題にあわないから，$n=2$
　　$n=2$ を①に代入すると，
　　$4-12+c=0$　　$c=8$

2　（1）7　（2）4，5，6　（3）9，11

（1）ある数を x とすると，
　　$(x-3)^2=8x-40$　　$x^2-14x+49=0$
　　$x=7$　　これは問題にあっています。

（2）連続する 3 つの正の整数を $n-1$，n，$n+1$ とすると，
　　$5(n-1)(n+1)=4n^2+20$
　　$n^2=25$　　$n>0$ だから，$n=5$
　　これは問題にあっています。

（3）小さい奇数を $2n-1$，大きい奇数を $2n+1$ とすると，$(2n-1)^2=8(2n+1)-7$
　　$n^2-5n=0$　　$n(n-5)=0$　　$n=0$，5
　　$n=0$ のとき，$2n-1=-1$
　　　正の奇数だから，問題にあいません。
　　$n=5$ のとき，$2n-1=9$，$2n+1=11$
　　　これは問題にあっています。
　　（参考）奇数を $2n-1$ としないで，整数 n で求めて，奇数 n を選んでもよい。

3　（1）82，93　（2）74

（1）一の位の数を n とすると，十の位の数は $n+6$ と表されます。
　　$n(n+6)=10(n+6)+n-66$
　　$n^2-5n+6=0$　　$n=2$，3
　　$n=2$ のとき 82，$n=3$ のとき 93
　　これらは，ともに問題にあっています。

(2) 一の位の数を n とすると，十の位の数は

$n+3$ と表されます。

$\{(n+3)+n\}^2 = \{10(n+3)+n\} + \{10n+(n+3)\}$

$4n^2 + 12n + 9 = 10n + 30 + n + 10n + n + 3$

$4n^2 - 10n - 24 = 0$ $\qquad$ $2n^2 - 5n - 12 = 0$

解の公式より，

$n = \dfrac{-(-5) \pm \sqrt{(-5)^2 - 4 \times 2 \times (-12)}}{2 \times 2}$

$= \dfrac{5 \pm \sqrt{121}}{4} = \dfrac{5 \pm 11}{4}$ $\qquad n = -\dfrac{3}{2}, \ 4$

$n = -\dfrac{3}{2}$ は問題にあいません。

$n = 4$ は問題にあっています。

十の位の数は，$n+3 = 7$

よって，74

④ 3 cm

解き方

$PQ = x$ cm とすると，$AP = 8 - 2x$ (cm)

$\triangle AQP = \dfrac{1}{2} \times PQ \times AP$

より，$\dfrac{1}{2} x (8 - 2x) = 3$

$4x - x^2 = 3$

$x^2 - 4x + 3 = 0$

$(x-1)(x-3) = 0$ $\qquad x = 1, \ 3$

$PB > PA$ だから，$x = 1$ は問題にあいません。

$x = 3$ は問題にあっています。

⑤ 2 m

解き方

x m のばすとすると，

大きくなった花だんの

面積は，

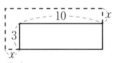

$(x+3)(x+10) \ \mathrm{m}^2$ と表されます。

$(x+3)(x+10) = 2 \times 3 \times 10$ $\qquad x^2 + 13x - 30 = 0$

$(x+15)(x-2) = 0$ $\qquad\qquad x = -15, \ 2$

$x = -15$ は問題にあいません。

$x = 2$ は問題にあっています。

⑥ (1) 45 m (2) 2 秒

解き方

(1) $5t^2 = 5 \times 3^2 = 45$ (m)

(2) $5t^2 = 20$ $\qquad t^2 = 4$ $\qquad t = \pm 2$

$t > 0$ だから，$t = 2$

⑦ 3 秒後と 7 秒後

解き方

t 秒後とすると，

$BP = 3t$ cm，$BQ = 2t$ cm，$AQ = 20 - 2t$ (cm)

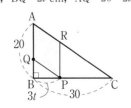

平行四辺形 AQPR の面積は，

$AQ \times BP = 3t(20 - 2t) = 126$

$t^2 - 10t + 21 = 0$ $\qquad (t-3)(t-7) = 0$ $\qquad t = 3, \ 7$

$t = 3$ のとき，$BP = 9$ cm，$BQ = 6$ cm

$t = 7$ のとき，$BP = 21$ cm，$BQ = 14$ cm

$t = 3, \ 7$ は，ともに問題にあっています。

理解のコツ

・二次方程式の利用の問題では，問題文をよく読んで，何を文字で表すのが適当かを考えるのがよい。

・二次方程式を解いたときには，求めた解が問題にあっているかどうかを確かめておく。

p.70〜71 $\qquad$ ぴたトレ3

① (1) 3 (2) 1

解き方

代入して，（左辺）= 0 になるかどうかを調べます。

(1) $x = 1$ を代入すると，

$4 \times 1^2 - 15 \times 1 + 9 = -2$

$x = 3$ を代入すると，

$4 \times 3^2 - 15 \times 3 + 9 = 0$

② (1) $x = \pm\sqrt{3}$ $\qquad$ (2) $x = 10 \pm 2\sqrt{2}$

(3) $x = -\dfrac{3}{5}, \ -\dfrac{7}{5}$ $\quad$ (4) $x = -4, \ 12$

(5) $x = -11$ $\qquad$ (6) $x = 0, \ \dfrac{13}{6}$

(7) $x = \pm\dfrac{2}{3}$ $\qquad$ (8) $x = 2, \ \dfrac{1}{2}$

(9) $x = -4, \ \dfrac{2}{3}$ $\qquad$ (10) $x = \dfrac{3 \pm \sqrt{11}}{2}$

解き方

(3) $(x+1)^2 = \dfrac{4}{25}$ $\qquad x + 1 = \pm\dfrac{2}{5}$

$x = -1 \pm \dfrac{2}{5}$ $\qquad x = -\dfrac{3}{5}, \ -\dfrac{7}{5}$

(4) $x^2 - 8x - 48 = 0$ $\qquad (x+4)(x-12) = 0$

$x = -4, \ 12$

(5) $x^2 + 121 = -22x$ $\qquad x^2 + 22x + 121 = 0$

$(x+11)^2 = 0$ $\qquad x = -11$

(7) $-\dfrac{1}{2}x^2 + \dfrac{2}{9} = 0$ $\qquad \dfrac{1}{2}x^2 = \dfrac{2}{9}$

両辺を 2 倍すると，$x^2 = \dfrac{4}{9}$

(8) $16\left(x - \dfrac{5}{4}\right)^2 = 9$

両辺を 16 でわると，$\left(x - \dfrac{5}{4}\right)^2 = \dfrac{9}{16}$

$x - \dfrac{5}{4} = \pm\dfrac{3}{4}$ $\qquad x = \dfrac{5}{4} \pm \dfrac{3}{4}$ $\qquad x = 2, \ \dfrac{1}{2}$

(9), (10) 解の公式を使います。

③ (1)$x=3$, -6　(2)$x=0$, $\dfrac{3}{2}$

(3)$y=-2$, 6　(4)$t=1$, 2

【解き方】

(1)$4x^2+12x-72=0$

両辺を 4 でわると,

　$x^2+3x-18=0$　　$(x-3)(x+6)=0$

　$x=3$, -6

(2)$2x^2-3=3(x-1)$　　$2x^2-3x=0$

　$x(2x-3)=0$　　$x=0$, $\dfrac{3}{2}$

(3)$7y-6=y^2+3(y-6)$　　$y^2-4y-12=0$

　$(y+2)(y-6)=0$　　$y=-2$, 6

(4)$3(t-2)(t+1)=2(t^2-4)$　　$t^2-3t+2=0$

　$(t-1)(t-2)=0$　　$t=1$, 2

④ (1)$a=-4$, $b=3$　(2)$c=-7$, 他の解 6

(3)$d=4$, 他の解 $3+\sqrt{5}$

【解き方】

(1)方程式に $x=1$, $x=3$ を代入すると,

$$\begin{cases}a+b=-1\\3a+b=-9\end{cases}$$

　これを解くと, $a=-4$, $b=3$

(2)方程式に $x=1$ を代入し, c の値を求めてから,

　他の解を求めます。

(3)方程式に $x=3-\sqrt{5}$ を代入すると,

　$(3-\sqrt{5})^2-6(3-\sqrt{5})+d=0$

　$9-6\sqrt{5}+5-18+6\sqrt{5}+d=0$　　$d=4$

　$d=4$ を代入し, 他の解を求めます。

　$x^2-6x+4=0$

　$x=\dfrac{-(-6)\pm\sqrt{(-6)^2-4\times1\times4}}{2\times1}$

　　$=3\pm\sqrt{5}$

⑤ 5, 7

【解き方】

2 つの正の整数のうち, 小さい方を x とすると,

大きい方は $x+2$ と表されます。

方程式は, $x^2+(x+2)^2=74$

$(x+7)(x-5)=0$　　$x=-7$, 5

$x>0$ より, $x=-7$ は問題にあいません。

$x=5$ のとき, 2 数は 5, 7 となり, これは問題に

あっています。

⑥ 2 m

【解き方】

方程式を利用して, 道
幅を x m としたときの
畑の面積はどのように
表されるかを考えます。
道幅を x m として,

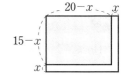

右の図のように, 道を土地の端によせても道, 畑
の面積は変わりません。

よって, 方程式は,

$(15-x)(20-x)=234$　　$x^2-35x+66=0$

$(x-2)(x-33)=0$　　$x=2$, 33

x は道幅だから, $0<x<15$

$x=33$ は問題にあいません。

$x=2$ は問題にあっています。

⑦ 縦 30 cm, 横 20 cm

【解き方】

銅板の縦の長さを x cm とす

ると, 横の長さは $\dfrac{2}{3}x$ cm と

なります。

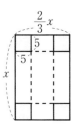

直方体の容器は,

縦が $x-10$ (cm),

横が $\dfrac{2}{3}x-10$ (cm),

高さが 5 cm となるので, 方程式は,

$5(x-10)\left(\dfrac{2}{3}x-10\right)=1000$

$x^2-25x-150=0$　　$(x+5)(x-30)=0$

$x=-5$, 30

$\dfrac{2}{3}x>10$ より, $x>15$ だから,

$x=-5$ は問題にあいません。

$x=30$ は問題にあっています。

よって, 縦は 30 cm, 横は, $\dfrac{2}{3}\times30=20$ (cm)

(別解)

銅板の縦の長さを $3x$ cm, 横の長さを $2x$ cm と

すると, 直方体の容器は, 縦が $3x-10$ (cm), 横

が $2x-10$ (cm), 高さが 5 cm となるので, 方程

式は,

$5(3x-10)(2x-10)=1000$

これを解いて求めてもよいです。

4章　関数 $y=ax^2$

p.73 **ぴたトレ0**

① $(1)y=\dfrac{100}{x}$　$(2)y=80-x$　$(3)y=80x$

比例するもの…(3)

反比例するもの…(1)

一次関数であるもの…(2), (3)

解き方

比例の関係は $y=ax$ の形，反比例の関係は $y=\dfrac{a}{x}$ の形，一次関数は $y=ax+b$ の形で表されます。

比例は一次関数の特別な場合です。

上の答えの表し方以外でも，意味があっていれば正解です。

② $(1)-9$　$(2)-3$　$(3)-12$

解き方

一次関数 $y=ax+b$ では，$\dfrac{y\,の増加量}{x\,の増加量}=a$ だから，$(y\,の増加量)=(x\,の増加量)\times a$ という関係が成り立ちます。

(1)x の増加量は，$4-1=3$ だから，

　y の増加量は，$3\times(-3)=-9$

(2)x の増加量が 1 のときの y の増加量は a に等しくなります。

p.75 **ぴたトレ1**

① $(1)y=4x^2$　$(2)y=2\pi x^2$　$(3)y=\dfrac{1}{2}x^2$

$(4)y=2x^2$

解き方

(1)縦 x，横 $4x$ の長方形の面積が y だから，

　$y=x\times 4x$　より，$y=4x^2$

(2)(円錐の体積)$=$(底面積)$\times$(高さ)$\times\dfrac{1}{3}$

　$y=\pi x^2\times 6\times\dfrac{1}{3}$　より，$y=2\pi x^2$

(3)$y=x\times x\times\dfrac{1}{2}$　より，　$y=\dfrac{1}{2}x^2$

(4)x と y との関係がわかりにくいときは，y と x^2 との関係を調べます。

　x^2 の値を 2 倍すると y の値になっています。

　よって，$y=2x^2$

② $(1)4$ 倍　$(2)25$ 倍　$(3)\dfrac{1}{16}$ 倍　$(4)\dfrac{1}{4}$

解き方

関数 $y=ax^2$ において，x の値を n 倍すると，y の値は n^2 倍になります。

このことは比例定数 a には関係しません。

(1)x の値を 2 倍すると，y の値は 2^2 倍（4 倍）になります。

(2)x の値を 5 倍すると，y の値は 5^2 倍（25 倍）になります。

(3)x の値を $\dfrac{1}{4}$ 倍すると，y の値は $\left(\dfrac{1}{4}\right)^2$ 倍$\left(\dfrac{1}{16}\,倍\right)$になります。

(4)x の値が $\dfrac{1}{2}$ 倍になると，y の値はもとの値の $\left(\dfrac{1}{2}\right)^2=\dfrac{1}{4}$ になります。

③ $(1)y=-x^2$　$(2)y=9x^2$

$(3)y=3x^2$　$(4)y=-7x^2$

解き方

y が x^2 に比例するとき，比例定数を a とすると，$y=ax^2$ と表せます。

(1)比例定数が，$a=-1$ だから，

　$y=-x^2$

(2)$x=2$ のとき $y=36$ だから，

　$36=a\times 2^2$　　$a=9$

　よって，$y=9x^2$

(3)$x=-2$ のとき $y=12$ だから，

　$12=a\times(-2)^2$　　$a=3$

　よって，$y=3x^2$

(4)$x=-3$ のとき $y=-63$ だから，

　$-63=a\times(-3)^2$　　$a=-7$

　よって，$y=-7x^2$

p.77 **ぴたトレ1**

① (1)

x	$\cdots$	-3	-2.5	-2	-1.5	-1	-0.5
y	$\cdots$	9	6.25	4	2.25	1	0.25

0	0.5	1	1.5	2	2.5	3	$\cdots$
0	0.25	1	2.25	4	6.25	9	$\cdots$

(2)

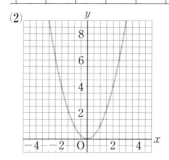

解き方

(1)$y=x^2$ に，$x=-3$，$x=-2$，$x=-1$，$\cdots\cdots$ と順に代入して，y の値を求めます。

(2)(1)の表の x，y の値の組を座標とする点をとり，なめらかな曲線で結びます。

2 (1)

x	$\cdots$	-6	-5	-4	-3	-2	-1
y	$\cdots$	9	6.25	4	2.25	1	0.25

0	1	2	3	4	5	6	$\cdots$
0	0.25	1	2.25	4	6.25	9	$\cdots$

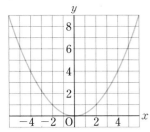

(2)$y=-\dfrac{1}{4}x^2$

解き方

(1)$y=\dfrac{1}{4}x^2$ に $x=-4$, $x=-2$, $\cdots\cdots$ と順に代入
　して，y の値を求めます。

(2)比例定数の符号を反対にします。

3 (1)④，⑰　(2)⑦，⑰，⑲　(3)⑨と⑯

解き方

(1)関数 $y=ax^2$ で，$a>0$ であるものを選びます。

(2)関数 $y=ax^2$ で，$a<0$ であるものを選びます。

(3)比例定数の絶対値が等しく，符号が反対の組
　を選びます。

---

p.78〜79　ぴたトレ2

1 (1)$y=8x^2$　(2)$y=72$

(3)2^2 倍，3^2 倍，4^2 倍，$\cdots\cdots$になる

解き方

(1)底面積が $x^2\ \mathrm{cm}^2$，高さが 8 cm の四角柱の体
　積が $y\ \mathrm{cm}^3$ だから，$y=8\times x^2$ より，$y=8x^2$

(2)$y=8x^2$ に $x=3$ を代入すると，
　$y=8\times 3^2=72$

2 (1)$y=6x^2$　(2)$y=\dfrac{1}{2}x^2$

解き方

(1)比例定数を a とすると，$y=ax^2$
　$x=2$ のとき $y=24$ だから，
　$24=a\times 2^2$　　$a=6$
　よって，$y=6x^2$

(2)比例定数を a とすると，$y=ax^2$
　$x=-6$ のとき $y=18$ だから，
　$18=a\times(-6)^2$　　$a=\dfrac{1}{2}$　　よって，$y=\dfrac{1}{2}x^2$

3 (1)$y=-4x^2$　(2)$y=-1$

解き方

(1)比例定数を a とすると，$y=ax^2$
　$x=3$ のとき $y=-36$ だから，
　$-36=a\times 3^2$ より，$a=-4$
　求める式は，$y=-4x^2$

---

(2)$y=-4x^2$ に $x=\dfrac{1}{2}$ を代入すると，

　$y=-4\times\left(\dfrac{1}{2}\right)^2=-1$

　求める y の値は，$y=-1$

4 ①12　②3　③75

解き方

比例定数を a とすると，$y=ax^2$
$x=3$ のとき $y=27$ だから，
$27=a\times 3^2$　　$a=3$
よって，$y=3x^2$
①$y=3x^2$ に $x=-2$ を代入すると，
　$y=3\times(-2)^2=12$
②$y=3x^2$ に $x=1$ を代入すると，
　$y=3\times 1^2=3$
③$y=3x^2$ に $x=5$ を代入すると，
　$y=3\times 5^2=75$

5 (1)$a=\dfrac{1}{3}$　(2)27　(3)$(0,\ 0)$，$(3,\ 3)$

解き方

(1)グラフは点 $(-6,\ 12)$ を通るから，
　$y=ax^2$ に $x=-6$，$y=12$ を代入すると，
　$12=a\times(-6)^2$　　$a=\dfrac{1}{3}$

(2)$y=\dfrac{1}{3}x^2$ に $x=9$ を代入すると，

　$y=\dfrac{1}{3}\times 9^2=27$

(3)求める座標を $(m,\ m)$ とします。

　$y=\dfrac{1}{3}x^2$ に $x=m$，$y=m$ を代入すると，

　$m=\dfrac{1}{3}m^2$

　$m^2-3m=0$　　$m(m-3)=0$　　$m=0,\ 3$

6 (1)$a=3$，$b=-1$，$c=\dfrac{1}{4}$

(2)(順に)48，-16，4

解き方

(1)$y=ax^2$ に $x=1$，$y=3$ を代入すると，
　$3=a\times 1^2$ より，$a=3$
　$y=bx^2$ に $x=-3$，$y=-9$ を代入すると，
　$-9=b\times(-3)^2$ より，$b=-1$
　$y=cx^2$ に $x=-2$，$y=1$ を代入すると，
　$1=c\times(-2)^2$ より，$c=\dfrac{1}{4}$

(2)$y=3x^2$ に $x=-4$ を代入すると，
　$y=3\times(-4)^2=48$
　$y=-x^2$ に $x=-4$ を代入すると，
　$y=-(-4)^2=-16$
　$y=\dfrac{1}{4}x^2$ に $x=-4$ を代入すると，
　$y=\dfrac{1}{4}\times(-4)^2=4$

7 (1)ウ　(2)ア　(3)イ　(4)エ

解き方

関数 $y=ax^2$ のグラフは，$a>0$ のとき x 軸の上側，$a<0$ のとき x 軸の下側にあります。
また，a の絶対値が大きいほどグラフの開きは小さくなります。
(1)〜(4)のうち，$a>0$ であるのは，(2)と(3)で，a の絶対値は(3)の方が大きいから，(2)はア，(3)はイです。
また，$a<0$ であるのは(1)と(4)で，a の絶対値は(4)の方が大きいから，(1)はウ，(4)はエです。

理解のコツ

・y が x の2乗に比例する関数で，y を x の式で表すには，式を $y=ax^2$ とおいて，対応する1組の x，y の値を代入して比例定数を求めるとよい。
・関数 $y=ax^2$ では比例定数 a の正負，絶対値の大きさなどからグラフの特徴をとらえておくとよい。

p.81 ぴたトレ**1**

1 (1)イ，ウ，オ　(2)ア，エ，カ

解き方

(1)$x≧0$ の範囲で x の値が増加するとき，y の値が減少するのは，関数 $y=ax^2$ で，$a<0$ のときです。
比例定数が負であるのは，イ，ウ，オ

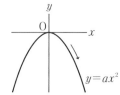

(2)$x=0$ のとき，y の値が最小になるのは，関数 $y=ax^2$ で，$a>0$ のときです。
比例定数が正であるのは，ア，エ，カ

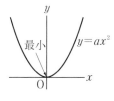

2 (1)$0≦y≦2$　(2)$2≦y≦8$　(3)$0≦y≦8$

解き方

(1)
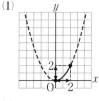

(2)

(3)

3 (1)$-8≦y≦-2$　(2)$-18≦y≦-8$
(3)$-8≦y≦0$

解き方

(1)$x=2$ のとき，　$y=-2$
　　$x=4$ のとき，　$y=-8$　　　$-8≦y≦-2$
(2)$x=-6$ のとき，$y=-18$
　　$x=-4$ のとき，$y=-8$　　　$-18≦y≦-8$
(3)$x≦0$ の範囲と $x≧0$ の範囲に分けて考えます。
　　$-4≦x≦0$ では，$x=-4$ のとき，$y=-8$
　　$x=0$ のとき，$y=0$　　　$-8≦y≦0$
　　$0≦x≦2$ では，$x=0$ のとき，$y=0$
　　$x=2$ のとき，$y=-2$　　　$-2≦y≦0$
　　よって，$-8≦y≦0$ になります。

p.83 ぴたトレ**1**

1 (1)6　(2)22　(3)-16　(4)-30

解き方

(1)x の増加量は，$3-0=3$
　　y の増加量は，$2×3^2-0=18$
　　変化の割合は，$\dfrac{18}{3}=6$
(2)x の増加量は，$7-4=3$
　　y の増加量は，$2×7^2-2×4^2=66$
　　変化の割合は，$\dfrac{66}{3}=22$
(3)x の増加量は，$-3-(-5)=2$
　　y の増加量は，$2×(-3)^2-2×(-5)^2=-32$
　　変化の割合は，$\dfrac{-32}{2}=-16$
(4)x の増加量は，$-5-(-10)=5$
　　y の増加量は，$2×(-5)^2-2×(-10)^2=-150$
　　変化の割合は，$\dfrac{-150}{5}=-30$

2 (1)-28　(2)-64　(3)32　(4)56

解き方

(1)x の増加量は，$5-2=3$
　　y の増加量は，$-4×5^2-(-4)×2^2=-84$
　　変化の割合は，$\dfrac{-84}{3}=-28$
(2)x の増加量は，$10-6=4$
　　y の増加量は，$-4×10^2-(-4)×6^2=-256$
　　変化の割合は，$\dfrac{-256}{4}=-64$
(3)x の増加量は，$-2-(-6)=4$
　　y の増加量は，
　　$-4×(-2)^2-(-4)×(-6)^2=128$
　　変化の割合は，$\dfrac{128}{4}=32$
(4)x の増加量は，$-5-(-9)=4$
　　y の増加量は，
　　$-4×(-5)^2-(-4)×(-9)^2=224$
　　変化の割合は，$\dfrac{224}{4}=56$

3 (1)12 (2)24

解き方

(1)x の増加量は，$5-1=4$

　y の増加量は，$2\times5^2-2\times1^2=48$

　よって，変化の割合は，$\dfrac{48}{4}=12$

(2)x の増加量は，$-2-(-6)=4$

　y の増加量は，

　$-3\times(-2)^2-(-3)\times(-6)^2=96$

　変化の割合は，$\dfrac{96}{4}=24$

4 (1) 2 秒後…6

　4 秒後…24

　6 秒後…54

(2) 2 秒後から 4 秒後…毎秒 9 cm

　4 秒後から 6 秒後…毎秒 15 cm

解き方

(1)$y=1.5x^2$ に $x=2$ を代入すると，$y=6$

　$y=1.5x^2$ に $x=4$ を代入すると，$y=24$

　$y=1.5x^2$ に $x=6$ を代入すると，$y=54$

(2) 2 秒後から 4 秒後までの平均の速さは，

　$\dfrac{24-6}{4-2}=\dfrac{18}{2}=9$　　よって，毎秒 9 cm

　4 秒後から 6 秒後までの平均の速さは，

　$\dfrac{54-24}{6-4}=\dfrac{30}{2}=15$　　よって，毎秒 15 cm

---

p.84〜85 ぴたトレ **2**

1 (1)⑦，⑦，⑦

(2)④，⑤，⑥

(3)⑦，⑦，⑦

解き方

(1)$a<0$ のとき，$y=ax^2$ は x がどんな値をとっても，$y\leqq0$ となります。

(2)$a>0$ のとき，$y=ax^2$ は $x\leqq0$ の範囲で，x の値が増加すると y の値が減少します。

(3)$a<0$ のとき，$y=ax^2$ は $x=0$ のとき y の値が最大となります。

2 (1)$1\leqq y\leqq9$ (2)$4\leqq y\leqq16$ (3)$0\leqq y\leqq25$

解き方

(1)$x=2$ のとき最小値 $y=\dfrac{1}{4}\times2^2=1$

　$x=6$ のとき最大値 $y=\dfrac{1}{4}\times6^2=9$

　y の変域は，$1\leqq y\leqq9$

(2)$x=-4$ のとき最小値 $y=\dfrac{1}{4}\times(-4)^2=4$

　$x=-8$ のとき最大値 $y=\dfrac{1}{4}\times(-8)^2=16$

　y の変域は，$4\leqq y\leqq16$

---

(3)$x=0$ のとき最小値 $y=0$

　$x=10$ のとき最大値 $y=\dfrac{1}{4}\times10^2=25$

　y の変域は，$0\leqq y\leqq25$

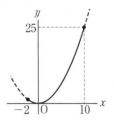

3 (1)$-18\leqq y\leqq-2$ (2)$-50\leqq y\leqq-8$

(3)$-72\leqq y\leqq0$

解き方

(1)$x=3$ のとき最小値 $y=-2\times3^2=-18$

　$x=1$ のとき最大値 $y=-2\times1^2=-2$

　y の変域は，$-18\leqq y\leqq-2$

(2)$x=-5$ のとき最小値 $y=-2\times(-5)^2=-50$

　$x=-2$ のとき最大値 $y=-2\times(-2)^2=-8$

　y の変域は，$-50\leqq y\leqq-8$

(3)$x=6$ のとき最小値 $y=-2\times6^2=-72$

　$x=0$ のとき最大値 $y=0$

　y の変域は，$-72\leqq y\leqq0$

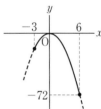

4 (1)15 (2)-21

解き方

(1)x の増加量は，$4-1=3$

　y の増加量は，$3\times4^2-3\times1^2=45$

　変化の割合は，$\dfrac{45}{3}=15$

(2)x の増加量は，$(-2)-(-5)=3$

　y の増加量は，$3\times(-2)^2-3\times(-5)^2=-63$

　変化の割合は，$\dfrac{-63}{3}=-21$

5 (1)-3 (2)7

解き方

(1)x の増加量は，$6-3=3$

　y の増加量は，$-\dfrac{1}{3}\times6^2-\left(-\dfrac{1}{3}\right)\times3^2=-9$

　変化の割合は，$\dfrac{-9}{3}=-3$

(2)x の増加量は，$(-9)-(-12)=3$

　y の増加量は，

　$-\dfrac{1}{3}\times(-9)^2-\left(-\dfrac{1}{3}\right)\times(-12)^2=21$

　変化の割合は，$\dfrac{21}{3}=7$

(1)$a=\dfrac{1}{2}$　(2)-1

解き方
(1)$y\geqq0$ より，$a>0$
　$x=-4$ のとき y は最大になるから，$y=ax^2$ に
　$x=-4$，$y=8$ を代入すると，
　$8=a\times(-4)^2$　$16a=8$　$a=\dfrac{1}{2}$
(2)x の値が -4 から 2 まで増加するとき，
　x の増加量は，$2-(-4)=6$
　y の増加量は，$\dfrac{1}{2}\times2^2-\dfrac{1}{2}\times(-4)^2=-6$
　変化の割合は，$\dfrac{-6}{6}=-1$

⑦ (1)$a=-3$　(2)$a=5$　(3)$a=-4$

解き方
(1)y の値は 0 のとき最大だから，$a<0$ であるこ
　とがわかります。
　また，y の値が最小 $(y=-12)$ になるのは，
　$x=-2$ のときで，$-12=a\times(-2)^2$
　よって，$a=-3$
(2)$x=3$ のとき，y の値は，$a\times3^2=9a$
　$x=5$ のとき，y の値は，$a\times5^2=25a$
　変化の割合について，
　$\dfrac{25a-9a}{5-3}=40$　$a=5$
(3)x の増加量は，$-2-(-6)=4$
　y の増加量は，$a\times(-2)^2-a\times(-6)^2=-32a$
　変化の割合について，
　$\dfrac{-32a}{4}=32$　$a=-4$

⑧ (1)45 m　(2)5 秒後

解き方
(1)$y=5x^2$ に $x=3$ を代入すると，
　$y=5\times3^2=45$
(2)3 秒後から t 秒後までの平均の速さが，毎秒
　40 m になるとすると，t 秒後に落ちる距離は，
　$y=5x^2$ に $x=t$ を代入すると，$y=5t^2$
　平均の速さについて，$\dfrac{5t^2-45}{t-3}=40$
　$5t^2-45=40(t-3)$　$t^2-8t+15=0$
　$(t-3)(t-5)=0$　$t=3,\ 5$
　$t=3$ は問題にあいません。
　$t=5$ は問題にあっています。よって，5 秒後

理解のコツ
・変域の問題では，x の変域に 0 がふくまれている場合
　には，y の変域に注意しておくとよい。
・変化の割合では，x の増加量に対する y の増加量の増
　加・減少に目をつけておくとよい。また，平均の速
　さの求め方も確認しておくとよい。

---

1 (1)7.2 m　(2)時速 30 km

解き方
(1)$y=0.008x^2$ に $x=40$ を代入すると，
　$y=0.008\times40^2=12.8$(m)
　$x=50$ を代入すると，$y=0.008\times50^2=20$(m)
　制動距離の差は，$20-12.8=7.2$(m)
(2)$y=0.008x^2$ に $y=7.2$ を代入すると，
　$7.2=0.008x^2$　$x^2=900$　$x=\pm30$
　$x>0$ だから，$x=30$　　よって，時速 30 km

2 (1)$y=\dfrac{3}{400}x^2$　(2)21 m　(3)時速 80 km 以下

解き方
(1)$y=ax^2$ に $x=40$，$y=12$ を代入すると，
　$12=a\times40^2$　$a=\dfrac{3}{400}$ より，$y=\dfrac{3}{400}x^2$
(2)$x=60$ のとき，$y=\dfrac{3}{400}\times60^2=27$
　$x=80$ のとき，$y=\dfrac{3}{400}\times80^2=48$
　よって，その差は，$48-27=21$(m)
(3)$y=48$ のとき，$48=\dfrac{3}{400}x^2$
　$x^2=16\times400$　$x=\pm80$
　$x>0$ だから，$x=80$
　よって，時速 80 km 以下

3 (1)1 m　(2)6 秒

解き方
(1)$y=\dfrac{1}{4}x^2$ に $x=2$ を代入すると，
　$y=\dfrac{1}{4}\times2^2=1$　　よって，1 m
(2)$y=\dfrac{1}{4}x^2$ に $y=9$ を代入すると，
　$9=\dfrac{1}{4}x^2$　$x^2=36$　$x=\pm6$
　$x>0$ だから，6 秒

1 (1)$y=500$　(2)$8<x\leqq9$

(3)
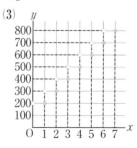

解き方
時間単位で変化します。
$0<x\leqq1$ のとき，$y=200$
$1<x\leqq2$ のとき，$y=300$
$2<x\leqq3$ のとき，$y=400$
……

2
$y=6x \quad (0 \leqq x \leqq 2)$

$y=12 \quad (2 \leqq x \leqq 5)$

$y=42-6x \quad (5 \leqq x \leqq 7)$

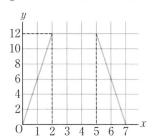

点 P が AB 上にあるとき，

$$\triangle \text{PBC} = \frac{1}{2} \times 2x \times 6 = 6x \,(\text{cm}^2)$$

$0 \leqq x \leqq 2$ のとき，$y=6x$

点 P が AD 上にあるとき，

$$\triangle \text{PBC} = \frac{1}{2} \times 6 \times 4 = 12 \,(\text{cm}^2)$$

$2 \leqq x \leqq 5$ のとき，$y=12$

点 P が CD 上にあるとき，

$$\triangle \text{PBC} = \frac{1}{2} \times (14-2x) \times 6 = 42-6x \,(\text{cm}^2)$$

$5 \leqq x \leqq 7$ のとき，$y=42-6x$

3 (1)11 m　(2)13.31 m

(1)10 m の 10 % 増しは，$10 \times 1.1 \,(\text{m})$

(2)1 年後が 10×1.1 m だから，2 年後は，

$(10 \times 1.1) \times 1.1 = 10 \times 1.1^2 \,(\text{m})$

3 年後は，

$(10 \times 1.1^2) \times 1.1 = 10 \times 1.1^3 = 13.31 \,(\text{m})$

p.90〜91　ぴたトレ2

1 (1)15 m　(2)0.008

(3)時速 80 km…12.8 m，時速 100 km…20 m

(1)$y=ax^2$ に $x=40$，$y=9.6$ を代入すると，

$9.6 = a \times 40^2 \quad a=0.006$

$y=0.006x^2$ に $x=50$ を代入すると，

$y=0.006 \times 50^2 = 15$　よって，15 m

(2)$y=ax^2$ に $x=60$，$x=30$ を代入した差は，

$a \times 60^2 - a \times 30^2 = 21.6$

$3600a - 900a = 21.6 \quad 2700a = 21.6$

$a=0.008$　よって，比例定数は 0.008

(3)時速 80 km における A と B の道路の制動距離

の差は，

$0.008 \times 80^2 - 0.006 \times 80^2$

$=(0.008-0.006) \times 80^2$

$=0.002 \times 6400$

$=12.8 \,(\text{m})$

よって，時速 80 km のとき 12.8 m

時速 100 km における A と B の道路の制動距

離の差は，

$0.008 \times 100^2 - 0.006 \times 100^2$

$=(0.008-0.006) \times 100^2 = 0.002 \times 100^2$

$=20 \,(\text{m})$　よって，時速 100 km のとき 20 m

2 (1)周期 2 秒，長さ 1 m

(2)周期 4 秒，長さ 4 m

(1)長さ 4 m のふりこの周期を x 秒とします。

$y=\frac{1}{4}x^2$ に $y=4$ を代入すると，$4=\frac{1}{4}x^2$

$x^2=16 \quad x>0$ だから，$x=4$

よって，ふりこ A の周期は，2 秒となり，

ふりこ A の長さは，$\frac{1}{4} \times 2^2 = 1$ より，1 m

(2)周期が 8 秒のふりこの長さは，

$\frac{1}{4} \times 8^2 = 16$ より，16 m

よって，ふりこ B の長さは，4 m

ふりこ B の周期 x 秒は，

$4=\frac{1}{4}x^2 \quad x^2=16 \quad x>0$ だから，$x=4$

3 (1)250 g まで　(2)$250<x \leqq 500$，$y=390$

(1)重さを x g，料金を y 円とすると，

$0<x \leqq 50$　のとき，$y=120$

$50<x \leqq 100$　のとき，$y=140$

$100<x \leqq 150$　のとき，$y=210$

$150<x \leqq 250$　のとき，$y=250$

$250<x \leqq 500$　のとき，$y=390$

$500<x \leqq 1000$　のとき，$y=580$

300 円以下で送ることができる重さは，

$150<x \leqq 250$ の範囲より，250 g までです。

(2)重さ 370 g は，$250<x \leqq 500$ の範囲より，

$y=390$

4　$0 \leqq x \leqq 2$　のとき，$y=\frac{5}{2}x$

$2 \leqq x \leqq 4$　のとき，$y=5$

$4 \leqq x \leqq 8$　のとき，$y=\frac{5}{4}x$

$8 \leqq x \leqq 12$　のとき，$y=10$

$12 \leqq x \leqq 18$　のとき，$y=\frac{5}{6}x$

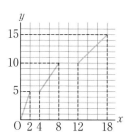

注水する容器の底面に2枚のしきり板があるので，x と y の関係式は変化していきます。
注水し始めたときの底面積は，
$20 \times 10 = 200 (\mathrm{cm}^2)$
次に，1枚目の高さ5cmのしきり板をこえはじめるときの底面積は，
$20 \times (10 + 10) = 400 (\mathrm{cm}^2)$
2枚目の高さ10cmのしきり板をこえはじめるときの底面積は，
$20 \times (10 + 10 + 10) = 600 (\mathrm{cm}^2)$
となります。
また，容器内の水の深さは，一定に増えるのではなく，
❶1枚目のしきり板を水がこえるまで
❷こえてから，こえた水の深さが5cmになるまで
❸1枚目のしきり板をこえた水が5cmをこえて，2枚目の10cmのしきり板をこえるまで
❹2枚目のしきり板をこえた水が深さ10cmになるまで
❺2枚目のしきり板をこえた水が10cmをこえて，この容器全体が満水になるまで
の5段階を考えることになります。
❷，❹で水の深さ y は変化しないので，
$2 \leqq x \leqq 4$ および $8 \leqq x \leqq 12$ の範囲では，グラフは x 軸に平行な直線となります。

⑤ (1)$y = x - 2$　(2)4

解き方 (1)点 A の y 座標は，$y = -x^2$ に $x = 1$ を代入すると，$y = -1$　　点 B の y 座標は，
$y = -x^2$ に $x = -2$ を代入すると，$y = -4$
A$(1, -1)$，B$(-2, -4)$
2点 A，B を通る直線は傾き1だから，
$y = x + b$ に $x = 1$，$y = -1$ を代入すると，
$-1 = 1 + b$　　$b = -2$
よって，$y = x - 2$
(2)点 C の座標は $y = x - 2$ に $y = 0$ を代入すると，
$0 = x - 2$　　$x = 2$ より，C$(2, 0)$
底辺を OC として，△OBC の面積は，
$\frac{1}{2} \times 2 \times 4 = 4$

理解のコツ
・関数 $y = ax^2$ 以外にも，さまざまな関数があるので，それらについては，式を書いてグラフに表すことができるようにしておくとよい。
・関数のグラフには，ひとつながりの線で表せないものもあるので，その関係を確かめておくとよい。

① (1)$y = 4x^2$　(2)$y = -6x^2$　(3)$y = \frac{4}{5}x^2$

解き方 (1)$y = \frac{1}{2}(3x + 5x)x$
(2)$y = ax^2$ に $x = 2$，$y = -24$ を代入すると，
$-24 = a \times 2^2$　　$4a = -24$　　$a = -6$
よって，$y = -6x^2$
(3)$y = ax^2$ に $x = -5$，$y = 20$ を代入すると，
$20 = a \times (-5)^2$　　$25a = 20$　　$a = \frac{4}{5}$
よって，$y = \frac{4}{5}x^2$

② (1)⑦　(2)④　(3)⑦

解き方 (1)関数 $y = ax^2$ のグラフが下に開くのは，$a < 0$ のときで，開きの大小は，比例定数 a の絶対値が小さいほど大きく，絶対値が大きいほど開きは小さくなります。
(2)関数 $y = ax^2$ の y の値が，$x = 0$ のとき，最小になるのは，$a > 0$
(3)関数 $y = ax^2$ が $x < 0$ のとき，x の値が増加すると y の値が減少するのは，$a > 0$
また，a の絶対値が大きいほど，減少する割合は大きくなります。

③ (1)①$y = \frac{1}{3}x^2$　②$y = -x^2$

(2)
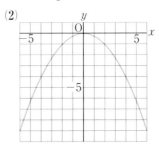

解き方 (1)①のグラフは，$(3, 3)$ を通るので，
$y = ax^2$ に $x = 3$，$y = 3$ を代入すると，
$3 = a \times 3^2$　　$a = \frac{1}{3}$
よって，$y = \frac{1}{3}x^2$
②のグラフは，$(2, -4)$ を通るので，
$y = ax^2$ に $x = 2$，$y = -4$ を代入すると，
$-4 = a \times 2^2$　　$a = -1$
よって，$y = -x^2$
(2)$y = -\frac{1}{4}x^2$ のグラフは，
$(0, 0)$, $(2, -1)$, $(4, -4)$, $(6, -9)$
などを通ります。

④ (1)$0 \leqq y \leqq 32$　(2)$a=3$,　$b=0$　(3)$a=\dfrac{1}{2}$

解き方

(1)比例定数が正だから，y の値は，$x=0$ のとき
　　最小になります。
　　また，$x=4$ のとき，$y=2 \times 4^2=32$
　　よって，y の変域は，$0 \leqq y \leqq 32$

(2)比例定数が負だから，$-2 \leqq x \leqq 0$ のとき x の値
　　が増加すると，y の値も増加します。
　　$x=-2$ のとき，
　　$y=-3 \times (-2)^2=-12$ だから，
　　y が最小$(y=-27)$になるのは，$x=a$ のときで，
　　$a>0$ であることがわかります。
　　よって，$-27=-3a^2$　　$a^2=9$
　　$a>0$ だから，$a=3$
　　$x=0$ のとき，y の値は最大になるので，$b=0$

(3)$x=1$ のとき，y の値は，$y=a \times 1^2=a$
　　$x=3$ のとき，y の値は，$y=a \times 3^2=9a$
　　変化の割合について，
　　$\dfrac{9a-a}{3-1}=2$　　$a=\dfrac{1}{2}$

⑤ (1)$y=\dfrac{1}{4}x^2$　(2)$25\,\mathrm{m}$　(3)秒速 $7.5\,\mathrm{m}$

解き方

(1)8 秒間に $16\,\mathrm{m}$ 動くから，
　　$y=ax^2$ に $x=8$，$y=16$ を代入すると，
　　$16=a \times 8^2$　　$64a=16$　　$a=\dfrac{1}{4}$
　　よって，$y=\dfrac{1}{4}x^2$

(2)$y=\dfrac{1}{4}x^2$ に $x=10$ を代入すると，
　　$y=\dfrac{1}{4} \times 10^2$　　$y=25$

(3)$x=20$ のとき，$y=\dfrac{1}{4} \times 20^2=100$
　　平均の速さは，$\dfrac{100-25}{20-10}=7.5$ より，秒速 $7.5\,\mathrm{m}$

⑥ (1)$a=\dfrac{1}{2}$　(2)12

解き方

(1)A$(-4,\ 8)$ より，$8=a \times (-4)^2$
　　よって，$a=\dfrac{1}{2}$

(2)B の y 座標は，$y=\dfrac{1}{2} \times 2^2=2$
　　B$(2,\ 2)$ だから，2 点 A，B を通る直線の式を
　　求めると　$y=-x+4$
　　直線 AB と y 軸との交点を C とすると，
　　C$(0,\ 4)$ だから，
　　$\triangle \mathrm{AOB}=\triangle \mathrm{AOC}+\triangle \mathrm{BOC}$
　　　　　　$=\dfrac{1}{2} \times 4 \times 4+\dfrac{1}{2} \times 4 \times 2=8+4=12$

5章　図形と相似

ぴたトレ0

① (1)$x=2$　(2)$x=32$　(3)$x=10$　(4)$x=4$

解き方
$a:b=c:d$ ならば，$ad=bc$
(4)$x:(x+3)=4:7$
$\quad 7x=4(x+3)$　　$7x=4x+12$
$\quad 3x=12$　　　　　$x=4$

② ⑦と⑪　2組の辺とその間の角が，
　　　　　それぞれ等しい。
　⑦と⑤　1組の辺とその両端の角が，
　　　　　それぞれ等しい。
　⑦と⑪　3組の辺が，それぞれ等しい。

解き方
⑦は，残りの角の大きさを求めると，⑤と合同
であることがわかります。

ぴたトレ1

① (1)五角形 ABCDE∽五角形 OPQRS
　(2)①△ABC∽△OPQ
　　②△CDE∽△QRS
　　③△ACE∽△OQS
　(3)∠A=100°，∠P=120°
　(4)AB：OP=3：4，CE：QS=3：4

解き方
(1)五角形 ABCDE は，五角形 BCDEA，または，
　五角形 EABCD などと表してもよいのですが，
　対応する五角形については，対応する頂点を
　順に並べて表さなければなりません。また，
　頂点 A →頂点 O，頂点 B →頂点 P
　頂点 C →頂点 Q，頂点 D →頂点 R
　頂点 E →頂点 S
　に対応させなければなりません。
(2)①対応を考えて，頂点 A →頂点 O
　頂点 B →頂点 P，頂点 C →頂点 Q
　よって，△ABC∽△OPQ
(3)相似な図形では，対応する角の大きさは，
　それぞれ等しいので，
　∠A=∠O=100°
　∠P=∠B=120°
(4)対応する辺 CD（6 cm）と辺 QR（8 cm）の比は，
　3：4
　よって，相似な図形において，対応する辺の
　比は，すべて 3：4 となります。
　AB：OP=3：4　　CE：QS=3：4

② (1)3：2　(2)4：5　(3)6：5

解き方
相似比とは，相似な 2 つの図形で，対応する線
分の長さの比なので，線分の長さがわかる対応
する辺を見つけることがポイントになります。
(1)24：16　(2)12：15　(3)30：25

③ (1)$x=2.8$，$y=65$　(2)$x=4$，$y=7.5$
　(3)$x=7.5$，$y=78$

解き方
対応する辺の比が等しいことから，比例式をつ
くります。
(1)AC：DF=BC：EF より，$x:5.6=5:10$
　$10x=28$　　$x=2.8$
　∠F=∠C より，$y=65$
(2)AC：DF=BC：EF より，$x:5=8:10$
　$10x=40$　　$x=4$
　AB：DE=BC：EF より，$6:y=8:10$
　$8y=60$　　$y=7.5$
(3)BC：EF=AB：DE より，$x:6=5:4$
　$4x=30$　　$x=7.5$
　∠E=∠B より，$y=78$

ぴたトレ1

① (1)(例)　　　　　　(2)(例)

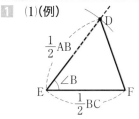

解き方
(1)垂直二等分線の作図を
　使って，EF=$\frac{1}{2}$BC と
　なる EF を作図します。
　角の移動の作図を使っ
　て，∠B の角を ∠E に
　移動させ，DE=$\frac{1}{2}$AB
　となる点 D をとり，
　△DEF を作図します。

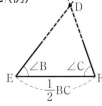

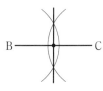

(2)垂直二等分線の作図を使って，EF=$\frac{1}{2}$BC と
　なる EF を作図します。
　その両端に，角の移動の作図を使って，∠B を
　∠E に，∠C を ∠F に移動させ，点 D を決定
　します。

2 ⑦と⑪　2組の辺の比とその間の角が，
　　　　それぞれ等しい。

⑦と④　3組の辺の比が，すべて等しい。

⑰と⑦　2組の角が，それぞれ等しい。

⑦と⑪　対応すると思われる2組の辺の比は，
　　　3：4と，6：8＝3：4で，その間の角は，いずれも60°です。

④と④　対応すると思われる3組の辺の比は，
　　　3：4.5＝2：3，4：6＝2：3，6：9＝2：3
　　　で，3組とも等しい。

⑰と⑦　2つの角だけではわからないので，残りの角を求めます。
　　　⑰から，180°−(80°＋40°)＝60°
　　　よって，40°と60°の2組の角が，それぞれ等しい。

3 (1)△ABC∽△ANM
　　2組の角が，それぞれ等しい。

　　(2)△ABC∽△AED
　　2組の辺の比とその間の角が，それぞれ等しい。

---

p.101　　　　　　　　　　ぴたトレ**1**

1 (1)△ABC と △DEF で，
　　AB：DE＝6：9＝2：3　　……①
　　BC：EF＝5：7.5＝10：15＝2：3　……②
　　AC：DF＝4：6＝2：3　　……③
　　①，②，③から，3組の辺の比が，すべて等しいので，△ABC∽△DEF

(2)12 cm

(2)相似比は2：3だから，
　　BC：EF＝8：EF＝2：3
　　2EF＝24　　よって，EF＝12(cm)

2 (1)△ABC と △DBA で，
　　共通の角だから，∠ABC＝∠DBA　……①
　　また，AB：DB＝6：4＝3：2　　……②
　　BC：BA＝9：6＝3：2　　……③
　　②，③から，AB：DB＝BC：BA　……④
　　①，④から，2組の辺の比とその間の角が，それぞれ等しいので，△ABC∽△DBA

(2)8.4 cm

(2)相似比は3：2だから，
　　AC：DA＝AC：5.6
　　　　　　＝3：2
　　2AC＝16.8
　　AC＝8.4

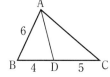

3 (1)△ABC と △QBP で，
　　仮定より，∠BAC＝90°
　　PQ⊥BC より，∠BQP＝90°
　　よって，∠BAC＝∠BQP　……①
　　また，共通な角だから，
　　∠ABC＝∠QBP　　　　……②
　　①，②から，2組の角が，それぞれ等しいので，△ABC∽△QBP

(2)BQ＝4 cm，PQ＝3 cm

(2)BQ：BA＝BP：BC より，
　　BQ：8＝5：10
　　よって，BQ＝4(cm)
　　PQ：CA＝BP：BC
　　より，PQ：6＝5：10
　　よって，PQ＝3(cm)

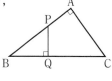

---

p.102~103　　　　　　　　ぴたトレ**2**

❶ (1)2 cm　(2)25 cm　(3)$\frac{40}{3}$ cm

(1)AB：DE＝1：2だから，AB＝x cm とすると，
　　x：4＝1：2 より，
　　2x＝4　　よって，x＝2
　(2)BC：EF＝3：5だから，EF＝x cm とすると，
　　15：x＝3：5 より，
　　3x＝75　　よって，x＝25
　(3)AB：DE＝CA：FD だから，FD＝x cm とすると，6：10＝8：x より，
　　6x＝80　　よって，x＝$\frac{40}{3}$

❷ (1)2組の角が，それぞれ等しい。

(2)4：3

(1)△ABC と △DEF は，ともに頂角が80°，底角が50°の二等辺三角形です。
　(2)BC：EF＝20：15＝4：3

❸ △ABC と △BDC で，
　∠DBC＝(180°−36°)÷2÷2＝36° より，
　∠BAC＝∠DBC＝36°　　　　……①
　共通の角だから，∠ACB＝∠BCD　……②
　①，②から，2組の角が，それぞれ等しいので，
　△ABC∽△BDC

∠ABC＝∠ACB
　　　　＝(180°−36°)÷2
　　　　＝72°
　だから，∠DBC＝36°

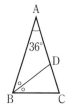

4 (1) △AOD と △COB で，

　AD∥BC で，平行線の錯角は等しいから，

　　∠OAD＝∠OCB　……①

　　∠ODA＝∠OBC　……②

　①，②から，2組の角が，それぞれ等しいの

　で，△AOD∽△COB

(2) 4 cm

(2) AO＝x cm とすると，

　CO＝10－x（cm）

　と表せるから，

　AO：CO＝AD：CB より，

　x：（10－x）＝6：9

　x＝4

5 △ABD と △CAD で，

　AB：CA＝7.5：10＝15：20＝3：4

　BD：AD＝4.5：6＝9：12＝3：4

　AD：CD＝6：8＝3：4

　より，AB：CA＝BD：AD＝AD：CD＝3：4

　よって，3組の辺の比が，すべて等しいので，

　△ABD∽△CAD

3組の辺の比に着目します。

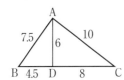

6 (1) △OAB と △ODC で，

　OA：OD＝（4＋2）：（3＋5）＝6：8＝3：4

　OB：OC＝3：4

　よって，OA：OD＝OB：OC　……①

　共通な角だから，∠AOB＝∠DOC　……②

　①，②から，2組の辺の比とその間の角が，

　それぞれ等しいので，△OAB∽△ODC

(2) △CAE と △BDE で，

　△OAB∽△ODC より，

　　∠CAE＝∠BDE　　　　　　……①

　対頂角は等しいから，∠CEA＝∠BED……②

　①，②から，2組の角が，それぞれ等しいので，

　△CAE∽△BDE

(2) 対頂角が等しいことに着目します。

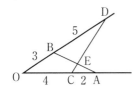

7 △ABP と △PCQ で，

　∠ABP＝∠PCQ＝60°　　　……①

　三角形の内角・外角の性質より，

　∠BAP＝∠APC－∠ABP

　　　　＝∠APC－60°

　また，∠CPQ＝∠APC－60°

　よって，∠BAP＝∠CPQ　……②

　①，②から，2組の角が，それぞれ等しいので

　△ABP∽△PCQ

∠BAP と ∠CPQ が等しい

ことを示します。

8 △AOH と △BOK で，

　∠AHO＝∠BKO＝90°　　　……①

　仮定より，∠AOH＝∠BOK　……②

　①，②から，2組の角が，それぞれ等しいので，

　△AOH∽△BOK

　したがって，OA：OB＝AH：BK より，

　OA×BK＝OB×AH

△AOH∽△BOK であることを証明したのち，

辺の比の関係から，求めたい式を導きます。

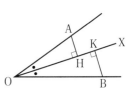

理解のコツ

・相似比を使って，辺の長さを求める問題では，対応
　する辺の順に正しい比例式をつくって解くとよい。

・相似を証明する問題では，仮定と結論から，どの相
　似条件があてはまるかを考えて証明していくとよい。

ぴたトレ1

1 (1)$x=8$　(2)$x=12$　(3)$x=9$

(4)$x=2.4$,　$y=7.5$

(1)$x:12=6:9$　　　$9x=72$　　　$x=8$

(2)$9:12=9:x$　　　$x=12$

(3)$x:6=12:8$　　　$8x=72$　　　$x=9$

(4)$x:6=2:5$　　　$5x=12$　　　$x=2.4$

　　$3:y=2:5$　　　$2y=15$　　　$y=7.5$

2 (1)$x=13.2$　(2)$x=9$

(1)$x:9.9=12:9$　　　$x=13.2$

(2)下の図のように，直線を平行移動すると，

　$6:x=5:7.5$　　　$5x=6×7.5$　　　$x=9$

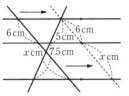

3 (1)$x=10$　(2)$x=12.5$

(1)$15:9=x:6$　　　$9x=90$　　　$x=10$

(2)$36:20=(35-x):x$　　　$36x=20(35-x)$

　　$36x=700-20x$　　　$56x=700$　　　$x=12.5$

ぴたトレ1

1 △ABCで，

AD：DB$=8:12=2:3$　……①

AE：EC$=6:9=2:3$　……②

①，②より，AD：DB＝AE：EC

よって，DE∥BC

線分の比と平行線の関係を
利用します。

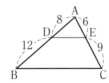

2 (1)FG∥BC　(2)DE∥FG

△ABCで，AB上の点D，AC上の点Eについて，
AD：DB＝AE：EC

または，AD：AB＝AE：ACならば，DE∥BCで
あることがわかります。

(1)AD：DF$=6:7$　　　AE：EG$=7:6$

　AD：DB$=6:13$　　　AE：EC$=7:12$

　AF：FB$=13:6$　　　AG：GC$=13:6$

　AF：FB＝AG：GCより，FG∥BC

(2)AD：DF$=6:7$　　　AE：EG$=6:7$

　AD：DB$=6:13$　　　AE：EC$=6:14$

　AF：FB$=13:6$　　　AG：GC$=13:7$

　AD：DF＝AE：EGより，DE∥FG

3 (1)

(2)

OA′＝2OA，OB′＝2OB，OC′＝2OC，OD′＝2OD
となるA′，B′，C′，D′の4つの点を結んでできる
四角形A′B′C′D′を作図します。

4 (1)A

(2)

OA′＝$\frac{1}{2}$OA，OB′＝$\frac{1}{2}$OB，OC′＝$\frac{1}{2}$OC，

OD′＝$\frac{1}{2}$ODとなるA′，B′，C′，D′の4つの点を
結んでできる四角形A′B′C′D′を作図します。

ぴたトレ1

1 (1)$x=10$，∠$y=60°$　(2)$x=12$，∠$y=34°$

(1)△ABCの2辺AB，ACの中点がM，Nだから，
　中点連結定理より，

　MN$=\frac{1}{2}$BC　　　BC$=2$MN$=2×5=10$(cm)

　よって，$x=10$

　中点連結定理より，MN∥BC

　∠AMN＝∠ABC　　　よって，∠$y=60°$

(2)△ABCの2辺CA，CBの中点がM，Nだから，

　中点連結定理より，MN$=\frac{1}{2}$AB

　AB$=2$MN$=2×6=12$(cm)　　　よって，$x=12$

　中点連結定理より，AB∥MN

　∠MNC＝∠ABC$=72°$

　△MNCで，三角形の内角の和より，

　∠$y=180°-(74°+72°)=34°$

2 12 cm

△ABCで，中点連結定理より，

BC$=2$DE$=2×8=16$(cm)

△DFEで，DE∥GC，EC＝CFより，DG＝GF
だから，中点連結定理より，

GC$=\frac{1}{2}$DE$=\frac{1}{2}×8=4$(cm)

よって，BG＝BC－GC$=16-4=12$(cm)

3 (1)二等辺三角形 (2)135°

(1)△DAB で，
中点連結定理より，
$2LM=AB$
△BCD で，
中点連結定理より，
$2MN=CD$

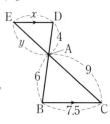

$AB=CD$ より，$2LM=2MN$　$LM=MN$
よって，△LMN は二等辺三角形です。

(2)△DAB で，中点連結定理より，$AB\!\parallel\!LM$
だから，$\angle ABD=\angle LMD=30°$
△BCD で，$MN\!\parallel\!DC$ より，
$\angle BMN=\angle BDC=75°$
よって，$\angle LMN=\angle LMD+\angle DMN$
$\qquad\qquad\quad =\angle LMD+(180°-\angle BMN)$
$\qquad\qquad\quad =30°+(180°-75°)=135°$

4 △ABC で，中点連結定理より，
$PQ\!\parallel\!BC$，$PQ=\dfrac{1}{2}BC$　……①

△DBC で，中点連結定理より，
$RS\!\parallel\!BC$，$RS=\dfrac{1}{2}BC$　……②

①，②から，$PQ\!\parallel\!RS$，$PQ=RS$
よって，1組の向かいあう辺が，等しくて平行
だから，四角形 PRSQ は平行四辺形である。

中点連結定理を用いて，$PQ\!\parallel\!RS$，$PQ=RS$ を導きます。

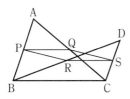

p.110〜111 **ぴたトレ2**

1 (1)$x=14$，$y=\dfrac{16}{3}$　(2)$x=\dfrac{60}{7}$，$y=8$

(3)$x=5$，$y=6$

(1)△ABC で，
$DE\!\parallel\!BC$ より，
$AD:AB=DE:BC$
だから，$6:14=6:x$
$x=14$
$AD:DB=AE:EC$ より，
$6:8=4:y$　$y=\dfrac{16}{3}$

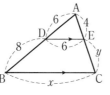

(2)$DE\!\parallel\!BC$ より，
$AD:AB=DE:BC$
だから，$10:14=x:12$
$x=\dfrac{60}{7}$
$AD:DB=AE:EC$ より，
$10:4=y:3.2$　よって，$y=8$

(3)$DE\!\parallel\!BC$ より，
$AD:AB=DE:BC$
だから，$4:6=x:7.5$
よって，$x=5$
$AD:AB=AE:AC$ より，
$4:6=y:9$
よって，$y=6$

2 (1)$x=7.2$　(2)$x=4.8$　(3)$x=9$

(1)$4:6=4.8:x$　　$x=7.2$
(2)$x:3.6=4:3$　　$x=4.8$
(3)$x:18=10:20$　　$x=9$

3 (1)△DCE　(2)$2:3$　(3)7.2 cm

(1)$AB\!\parallel\!CD$ より，2組の角がそれぞれ等しいので，
△ABE∽△DCE
(2)△ABE∽△DCE より，
$AB:DC=BE:CE=12:18=2:3$
(3)△BCD で，(2)から，$BE:EC=2:3$
また，$EF\!\parallel\!CD$
$BE:BC=EF:CD$ より，$EF=x$ cm
とすると，
$2:(2+3)=x:18$　　$5x=36$　　$x=7.2$

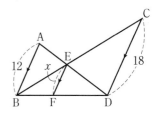

4 (1)$x=6$　(2)$x=9$　(3)$x=\dfrac{75}{4}$

(1)$12:9=8:x$　　$12x=72$　　$x=6$
(2)$30:18=(24-x):x$　　$30x=18(24-x)$
$30x=432-18x$　　$48x=432$　　$x=9$
または，$30:18=5:3$ より，
$x=24\times\dfrac{3}{5+3}=9$
としてもよい。
(3)$25:x=16:12$　　$16x=25\times12$
$16x=300$　　　　$x=\dfrac{75}{4}$

5

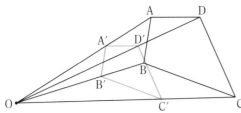

点 A′, B′, C′, D′ は

OA′：A′A＝OB′：B′B＝OC′：C′C＝OD′：D′D
$\qquad$＝2：1

となる点です。

6 (1) **1 cm** (2) **4 cm**

D と F を結んで考えます。

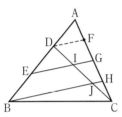

(1) △ABH で,
$\quad$ AD：AB＝AF：AH＝DF：BH＝1：3
$\quad$ DF：9＝1：3 より, DF＝3(cm)
$\quad$ △CDF で, CH：CF＝CJ：CD＝1：3
$\quad$ JH：3＝1：3 より, JH＝1(cm)

(2) △DBJ で, DE：EB＝DI：IJ＝1：1
$\quad$ BJ＝BH−JH＝9−1＝8(cm)
$\quad$ 中点連結定理より, $EI＝\dfrac{1}{2}BJ$
$\quad EI＝\dfrac{1}{2}×8＝4$ (cm)

7 (1) **9 cm** (2) **6 cm** (3) **12 cm**

点 F, G, H はそれぞれ DB, AC, DC の中点になります。

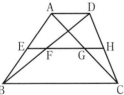

(1) △ABC で, 中点連結定理より,
$\quad EG＝\dfrac{1}{2}BC＝\dfrac{1}{2}×18＝9$ (cm)

(2) △ABD で, 中点連結定理より,
$\quad EF＝\dfrac{1}{2}AD＝\dfrac{1}{2}×6＝3$ (cm)
$\quad$ よって, FG＝EG−EF＝9−3＝6(cm)

(3) △ACD で, 中点連結定理より,
$\quad GH＝\dfrac{1}{2}AD＝\dfrac{1}{2}×6＝3$ (cm)
$\quad$ よって, EH＝EG＋GH＝9＋3＝12(cm)

8 **4.8 cm**

△AQD と △EQC で,
$\quad$∠AQD＝∠EQC $\quad$（対頂角）
$\quad$∠ADQ＝∠ECQ $\quad$（錯角）
よって, 2 組の角が, それぞれ等しいので,
$\quad$△AQD∽△EQC
相似比は 8：2＝4：1 だから, DQ：QC＝4：1
QC＝x cm とすると, DQ＝4x cm となるので,
DQ＋QC＝AB＝6(cm)
$\quad 4x＋x＝6 \qquad 5x＝6 \qquad x＝1.2$
よって, DQ＝4x＝4×1.2＝4.8(cm)

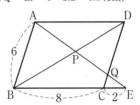

理解のコツ

・平行線と線分の比については, 等しい関係になっている線分から比例式をつくるとよい。

・中点連結定理は, 証明をするとともに長さを求める練習をするとよい。

・角の二等分線と線分の比についても, 正しい比例式をつくることができるようにしておくとよい。

p.113 $\qquad$ **ぴたトレ1**

1 (1) ① **4：5** ② **4：5** ③ **16：25**
$\quad$(2) ① **3：2** ② **9：4**

(1) ① AB：DE＝12：15＝4：5

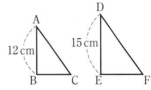

② △ABC と △DEF の周の長さの比は, △ABC と △DEF の相似比だから, (1)より, 4：5

③ △ABC と △DEF の相似比が $m：n$ ならば, 面積の比は $m^2：n^2$ だから, $4^2：5^2$

(2) 円 O と円 P の相似比は, 12：8＝3：2
$\quad$① 円 O と円 P の円周の長さの比は, その 2 円の相似比だから, 3：2
$\quad$② 円においても, 相似比が $m：n$ ならば, その面積の比は $m^2：n^2$ となるので, $3^2：2^2$

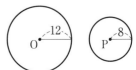

2 (1)625 cm² (2)40 cm (3)3：5

解き方

(1)B の面積を S cm² とすると，
　　$2^2：5^2＝100：S$ より，
　　$4S＝2500$　　$S＝625$
(2)図形 C と D の面積の比は，
　　$45：80＝9：16＝3^2：4^2$
　　図形 D の周の長さを d cm とすると，相似比と
　　面積の比との関係より，
　　$30：d＝3：4$　　$3d＝120$　　$d＝40$
(3)円 E と円 F の面積の比は，
　　$72\pi：200\pi＝9：25＝3^2：5^2$
　　面積の比が $m^2：n^2$ ならば，相似比は $m：n$
　　円 E と円 F の相似比は，$3：5$
　　円 E と円 F の直径の比は，相似比より，$3：5$

3 (1)2：3 (2)1：9 (3)36 cm²

解き方

△ADF，△AEG，△ABC はすべて相似な三角形
です。

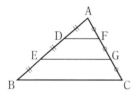

(1)△AEG と △ABC の周の長さの比は，この 2 つ
　　の三角形の相似比となるので，
　　$AE：AB＝2：3$
　　よって，$2：3$
(2)△ADF と △ABC の相似比は，
　　$AD：AB＝1：3$
　　面積の比は，$1^2：3^2＝1：9$
(3)△ADF＝S cm² とすると，
　　△AEG＝$4S$ cm²，△ABC＝$9S$ cm²
　　となります。
　　よって，求める台形 DEGF の面積は，
　　△AEG－△ADF＝$4S－S＝3S$（cm²）
　　△ABC＝108 cm² より，
　　$9S＝108$　　$S＝12$
　　よって，$3S＝3\times12＝36$（cm²）

p.115 ぴたトレ**1**

1 (1)$S：S'＝a^2：b^2$ (2)$V：V'＝a^3：b^3$

解き方

(1)$S＝6\times a\times a$，　$S'＝6\times b\times b$
(2)$V＝a\times a\times a$，　$V'＝b\times b\times b$

2 (1)表面積 512 cm²，体積 720 cm³
(2)表面積 216 cm²，体積 192 cm³
(3)54 cm³

解き方

(1)相似比が 1：2 だから，表面積の比は，$1^2：2^2$
　　立体 B の表面積を S cm² とすると，
　　$128：S＝1^2：2^2$　　$S＝128\times4＝512$
　　相似比が 1：2 だから，体積の比は，$1^3：2^3$
　　立体 B の体積を V cm³ とすると，
　　$90：V＝1^3：2^3$　　$V＝90\times8＝720$
(2)相似比が 2：3 だから，表面積の比は，$2^2：3^2$
　　立体 C の表面積を S cm² とすると，
　　$S：486＝2^2：3^2$　　$9S＝486\times4$　　$S＝216$
　　相似比が 2：3 だから，体積の比は，$2^3：3^3$
　　立体 C の体積を V cm³ とすると，
　　$V：648＝2^3：3^3$　　$27V＝648\times8$　　$V＝192$
(3)立体 E，F の表面積の比は，
　　$150：54＝25：9＝5^2：3^2$ より，
　　立体 E，F の相似比は，5：3
　　立体 F の体積を V cm³ とすると，
　　$250：V＝5^3：3^3$　　$125V＝250\times27$　　$V＝54$

3 (1)表面積の比 1：16，体積の比 1：64
(2)表面積の比 1：9，　体積の比 1：27
(3)表面積 192 cm²，　体積 208 cm³
(4)216：125

解き方

(1)相似比が 1：4 だから，表面積の比は $1^2：4^2$
　　よって，1：16
　　相似比が 1：4 だから，体積の比は $1^3：4^3$
　　よって，1：64
(2)C の高さが 8 cm，D の高さが 24 cm だから，
　　相似比は，$8：24＝1：3$
　　相似比が 1：3 だから，表面積の比は $1^2：3^2$
　　よって，1：9
　　相似比が 1：3 だから，体積の比は $1^3：3^3$
　　よって，1：27
(3)F の表面積は，E の表面積の 2^2 倍となるので，
　　F の表面積は，$48\times4＝192$（cm²）
　　F の体積は，E の体積の 2^3 倍となるので，
　　F の体積は，$26\times8＝208$（cm³）
(4)表面積の比が $36：25＝6^2：5^2$ だから，
　　相似比は，6：5
　　よって，体積の比は，$6^3：5^3＝216：125$

① (1)7：8　(2)8：27　(3)6：10：15

解き方

(1)長方形 A と B の面積の比は，
　　147：192＝49：64＝7²：8²
　　よって，相似比は，7：8

(2)球 C と D の表面積の比は，
　　60π：135π＝4：9＝2²：3²
　　より，相似比は，2：3
　　よって，球 C と D の体積の比は，2³：3³

(3)立体 E と F の表面積の比は，
　　27：75＝9：25＝3²：5²
　　より，立体 E と F の相似比は，3：5　……①
　　立体 F と G の体積の比は，
　　56：189＝8：27＝2³：3³
　　より，立体 F と G の相似比は，2：3　……②
　　①から，E：F ＝6：10
　　②から，F：G ＝10：15
　　よって，E：F：G＝6：10：15

② (1)△APD と △MPB で，
　　対頂角は等しいから，
　　∠APD ＝∠MPB　……①
　　AD∥BC より，
　　∠PAD ＝∠PMB　……②
　　①，②から，2組の角が，それぞれ等しいので，
　　△APD∽△MPB

(2)4 cm　(3)4 倍

解き方

(2)△APD と △MPB
　　の相似比が2：1
　　だから，
　　PB：PD＝1：2
　　よって，BP：BD＝1：3
　　BP：12＝1：3　　3BP＝12　　BP＝4(cm)

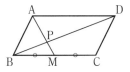

(3)△APD と △MPB の相似比が2：1だから，
　　面積の比は，2²：1²＝4：1
　　よって，△APD の面積は，△MPB の面積の
　　4 倍です。

③ 面積の比 4：9，周の長さの比 3：2：1

解き方

BC を直径とする半円，AC を直径とする半円，
AB を直径とする半円の相似比は，1：2：3だから，
面積の比は，1²：2²：3²＝1：4：9

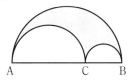

AB を直径とする半円の面積を9とすると，
色をつけた部分の面積は，

（AB を直径とする半円の面積）
－（AC を直径とする半円の面積）
－（BC を直径とする半円の面積）
＝9－4－1＝4
よって，求める比は，4：9
また，AB，AC，CB を直径とするそれぞれの
半円の周の長さの比は，相似比となるので，
3：2：1

④ (1)4π cm³　(2)12 cm

解き方

容器とはいっている水の形
は，相似な円錐になります。

(1)深さが $\frac{1}{2}$ 倍になるので，
　　水の体積は $\left(\frac{1}{2}\right)^3$ 倍とな
　　ります。
　　よって，$32\pi \times \left(\frac{1}{2}\right)^3 = 32\pi \times \frac{1}{8} = 4\pi \,(\text{cm}^3)$

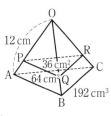

(2)水面の面積が 4 倍になるのは，4＝2² より，
　　水の深さが 2 倍になるときです。
　　よって，6×2＝12(cm)

⑤ (1)9 cm　(2)81 cm³

解き方

三角錐 OABC と三角錐
OPQR は，相似な立体で
す。

(1)2つの三角錐の底面積
　　の比が，
　　36：64＝9：16＝3²：4²
　　だから，相似比は，3：4
　　よって，OP：OA＝OP：12＝3：4
　　4OP＝12×3　　OP＝9(cm)

(2)三角錐 OPQR と三角錐 OABC の体積の比は，
　　相似比が3：4だから，3³：4³
　　三角錐 OPQR の体積を V cm³ とすると，
　　V：192＝3³：4³
　　4³×V＝192×3³　　V＝81

⑥ (1)432 g　(2)大 6 cm，中 5 cm，小 4 cm

解き方

立体の表面積は，中が200 cm²，
大が288 cm² だから，中と大の
立体の表面積の比は，
200：288＝25：36＝5²：6²
より，相似比は，5：6　……①
立体の重さは，小が128 g，中が250 g だから，
小と中の立体の体積の比は，
128：250＝64：125＝4³：5³ より，
相似比は，4：5　　　　……②
①と②から，小，中，大の立体の相似比は，
4：5：6

(1)中と大の立体の相似比は，5：6

大の立体の重さを x g とすると，

$250 : x = 5^3 : 6^3 = 125 : 216$

$125x = 250 \times 216 \qquad x = 2 \times 216 \qquad x = 432$

(2)大の高さは，$15 \times \dfrac{6}{4+5+6} = 6 \text{(cm)}$

中の高さは，$15 \times \dfrac{5}{4+5+6} = 5 \text{(cm)}$

小の高さは，$15 \times \dfrac{4}{4+5+6} = 4 \text{(cm)}$

理解のコツ

・相似な図形の計量の問題については，相似比と面積の比，体積の比の関係を理解しておくとよい。

p.119　　　　　　**ぴたトレ1**

1 (1)27：125　(2)B

解き方

(1)$3^3 : 5^3 = 27 : 125$

(2)A 5 個と B 2 個の体積の比は，

$(27 \times 5) : (125 \times 2) = 27 : 50$

同じ金額でBの方が体積が大きいから，Bの方が割安です。

2 (例)　　　　　　　約 31.2 m

解き方

3 点 A，B，C を結ぶ △ABC の縮図を 400 分の 1 でかきます。

$\text{A}'\text{C}' = 3600 \times \dfrac{1}{400} = 9 \text{(cm)}$

$\text{B}'\text{C}' = 1800 \times \dfrac{1}{400} = 4.5 \text{(cm)}$，$\angle \text{A}'\text{C}'\text{B}' = 60°$

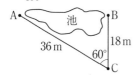

❶A′C′ を 9 cm の線分でかく。

❷C′ に 60° の角となる半直線をかく。

❸❷の半直線上に，B′C′＝4.5 cm となる点 B′ をかく。

❹点 A′ と点 B′ を結ぶ。

❺A′B′ の長さを測る。（約 7.8 cm）

縮尺 400 分の 1 の縮図なので，

AB＝A′B′×400 より，

$7.8 \times 400 = 3120 \text{(cm)}$

よって，約 31.2 m

---

3 (例)　　　　　　　約 36.5 m

解き方

△ABC の縮図を 500 分の 1 でかきます。

$\text{B}'\text{C}' = 5000 \times \dfrac{1}{500} = 10 \text{(cm)}$

$\angle \text{A}'\text{B}'\text{C}' = 60°$，$\angle \text{A}'\text{C}'\text{B}' = 45°$

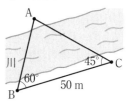

❶B′C′ を 10 cm の線分でかく。

❷B′ に 60°，C′ に 45° となる半直線をそれぞれにかく。

❸❷の半直線の交点を A′ とする。

❹A′B′ の長さを測る。（約 7.3 cm）

縮尺 500 分の 1 の縮図なので，

AB＝A′B′×500＝7.3×500

　　＝3650(cm)　　　よって，約 36.5 m

4 6 m

解き方

図のように，頭の先，足もと，影の先を，A，B，C，木の先，根もと，影の先をD，E，Fとすると，△ABC と △DEF は相似とみることができます。

よって，AB：DE＝BC：EF より，

160：DE＝100：375

100DE＝160×375　DE＝600(cm)

よって，6 m

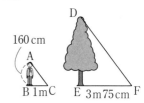

---

p.120〜121　　　　　　**ぴたトレ2**

1 (1)16：25　(2)B　(3)345 円以下

解き方

(1)相似比は，　8：10＝4：5

面積の比は，$4^2 : 5^2 = 16 : 25$

(2)比の 1 あたりの値段は，

A は，200÷16＝12.5(円)

B は，240÷25＝9.6(円)

よって，タイルBの方が割安です。

(3)BとCの相似比は，10：12＝5：6

面積の比は，$5^2 : 6^2 = 25 : 36$

C 1 枚の値段が 9.6×36＝345.6(円)ならば，

1 あたりの値段が B と等しい。

よって，345 円以下ならば，C の方が割安です。

② (1)**64：125** (2)**B**

(1)相似比は， 8：10＝4：5

体積の比は，$4^3：5^3＝64：125$

(2)A 3 個と B 2 個の体積の比は，

$(64×3)：(125×2)＝96：125$

同じ金額で B の方が体積が大きいから，B の方が割安です。

③ 約 **30 m**

△ABC の縮図を 500 分の 1 でかきます。

$A'C'＝2500×\dfrac{1}{500}＝5$(cm)

$B'C'＝3900×\dfrac{1}{500}＝7.8$(cm) ∠A'C'B'＝50°

A'B' の長さをはかると，約 6 cm

$6×500÷100＝30$(m)

④ (1)**4.5 m** (2)**5.8 m**

(1)木の高さを x m とすると，相似な三角形の対応する辺の比が等しいから，

$1.2：5.4＝1：x$ $1.2×x＝5.4×1$

$1.2x＝5.4$ $x＝4.5$

(2)右の図で，AC＝x m とします。

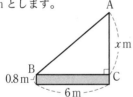

$1.2：6＝1：x$
$1.2x＝6$
$x＝5$
電柱の高さは，
$5+0.8＝5.8$(m)

⑤ **5.7 mm**

くさびの中には，下の図のような三角形ができます。

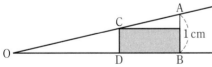

数値が 10 のときの高さが 1 cm となる △OAB と，板を差し込んだ奥のすきまがつくる △OCD（このときの CD は板の厚さ）の 2 つの三角形は相似になります。

よって，AB：CD＝OB：OD

（1 cm）：（板の厚さ）＝10：（D の値）

より，（板の厚さ）＝$\dfrac{（D の値）}{10}$(cm)

D の値は 5.7 だから，

（板の厚さ）＝$\dfrac{5.7}{10}$(cm)＝0.57(cm)＝5.7(mm)

理解のコツ

・相似を利用して長さを求める問題については，縮図や基準となるものの長さから実際の長さを求める練習をしておくとよい。

ぴたトレ3 p.122～123

① (1)$x＝4$， $y＝18$， 相似比 9：13

(2)$x＝7.2$，$y＝4.8$，比 5：3

(1)△BDF で，BG：GD＝BC：CF より，

$12：x＝42：14$ $42x＝12×14$ $x＝4$

△AGC で，AD：DG＝AE：EC より，

$9：4＝y：8$ $4y＝72$ $y＝18$

△ADE と △AGC の相似比は，

AD：AG＝9：(9+4)＝9：13

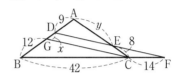

(2)$x：18＝4：(4+6)$ $10x＝72$ $x＝7.2$

$y：8＝6：(6+4)$ $10y＝48$ $y＝4.8$

$b：a＝6：(6+4)$ $b：a＝6：10＝3：5$ より，

$a：b＝5：3$

② (1)1：3 (2)1：2 (3)4：3

(1)△ABC で，

DE：BC＝AD：AB＝1：3

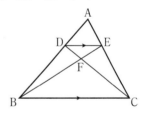

(2)AE：EC＝AD：DB＝1：(3−1)＝1：2

(3)DE：BC＝DF：CF＝1：3 より，

DC：FC＝(1+3)：3＝4：3

③ (1)4.8 cm (2)2：15

△FAD と △FEB は相似で，AD：EB＝3：2

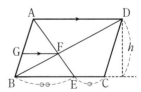

(1)BF：FD＝EB：AD＝2：3 より，

BF：BD＝2：(2+3)＝2：5

△BAD で，GF：AD＝BF：BD＝2：5

よって，GF：12＝2：5 $5GF＝24$

GF＝4.8(cm)

(2)平行四辺形 ABCD で，底辺を BC としたときの高さを h とすると，平行四辺形の面積は，

$BC \times h$

$\triangle BEF = \dfrac{1}{2} \times \dfrac{2}{3} BC \times \dfrac{2}{5} h = \dfrac{2}{15} \times BC \times h$

よって，$\triangle BEF$ と平行四辺形 ABCD の面積の比は，

$\left(\dfrac{2}{15} \times BC \times h \right) : (BC \times h) = \dfrac{2}{15} : 1 = 2 : 15$

❹ (1)1 : 4　(2)5 : 12

(1)△CLM と △CBD は相似で，

　CQ : CO = 1 : 2　　……①

　AC : CO = 2 : 1　　……②

　①，②から，CQ : AC = 1 : 4　……③

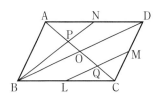

(2)△PAN ∽ △PCB より，

　PA : PC = AN : CB = 1 : 2

　よって，AP : AC = 1 : 3　……④

　③，④から，$CQ = \dfrac{1}{4} AC$，$AP = \dfrac{1}{3} AC$

　また，$PQ = AC - (AP + CQ)$

　　　　　 $= AC - \left(\dfrac{1}{3} AC + \dfrac{1}{4} AC \right) = \dfrac{5}{12} AC$

　よって，PQ : AC = 5 : 12

❺ (1)8 : 27　(2)2744 cm³　(3)512 倍

(1)直方体 A，B の表面積の比は，

　$72 : 162 = 4 : 9 = 2^2 : 3^2$ より，相似比は，2 : 3

　よって，体積の比は，$2^3 : 3^3 = 8 : 27$

(2)2 つの立方体の表面積の比は，$9 : 49 = 3^2 : 7^2$

　より，相似比は，3 : 7

　体積の比は，$3^3 : 7^3$ より，大きい立方体の体積を $V (cm^3)$ とすると，

　$3^3 : 7^3 = 6^3 : V$　　$3^3 \times V = 7^3 \times 6^3$

　$V = 7^3 \times 2^3 = 2744$

(3)2 つの球の表面積の比は，$1 : 64 = 1^2 : 8^2$ だから，

　相似比は，　1 : 8

　体積の比は，$1^3 : 8^3 = 1 : 512$

　よって，512 倍

❻ 40 cm

均一な材質でできた立体なので，重量の比は体積の比で考えることができます。

よって，取り去る部分の立体の体積ともとの立体の体積との比が 1 : 8 とすると，重量を $\dfrac{1}{8}$ 減らすことができます。

頂点から x cm で切るとすると，立体の体積の比は，$1 : 8 = 1^3 : 2^3$ だから，相似比は，1 : 2

よって，母線について，

$1 : 2 = x : 80$　　$2x = 80$　　$x = 40$

6章　円の性質

1 (1)80° (2)75° (3)35° (4)30°

(1)∠x＝180°−48°−52°＝80°

(2)∠x＝35°＋40°＝75°

(3)∠x＋95°＝130°

∠x＝130°−95°＝35°

(4)∠x＋70°＝45°＋55°

∠x＝45°＋55°−70°＝30°

2 (1)∠x＝**70°**，∠y＝**110°**

(2)∠x＝**36°**，∠y＝**72°**

二等辺三角形の2つの底角は等しいことを使います。

(1)∠x＝(180°−40°)÷2＝70°

∠y＝180°−70°＝110°

(2)∠x＝180°−144°＝36°

∠y＝144°÷2＝72°

1 (1)∠ACB，∠ADB (2)∠BAC，∠BDC

(3)$\overset{\frown}{CD}$ (4)$\overset{\frown}{AD}$

記号の順序に注意して答えます。

2 (1)50° (2)40° (3)86° (4)90°

(1)∠x＝100°÷2＝50°

(2)∠AQB＝∠APB より，∠x＝40°

(3)∠x＝43°×2＝86°

(4)AB は円 O の直径だから，∠x＝90°

3 (1)∠x＝**40°**，∠y＝**20°**

(2)∠x＝**30°**，∠y＝**60°**

(1)$\overset{\frown}{AB}$＝$\overset{\frown}{CD}$ より，

∠CPD＝20°

よって，∠x＝40°

$\overset{\frown}{AB}$＝$\overset{\frown}{EF}$ より，

∠y＝20°

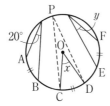

(2)$\overset{\frown}{AB}$＝$\overset{\frown}{CD}$ より，

∠ADB＝∠CBD

よって，∠x＝30°

$\overset{\frown}{CD}$ に対する円周角だから，∠DAC＝∠DBC より，

∠DAC＝30°

よって，

∠y＝∠CAD＋∠ADB

＝30°＋30°＝60°

1 (1)円周上 (2)外部 (3)内部

右の図で，点 P と円との位置関係について，点 P が円周上にあるとき，

∠APB＝∠ACB

点 P が円の内部にあるとき，∠APB＞∠ACB

点 P が円の外部にあるとき，∠APB＜∠ACB

となります。

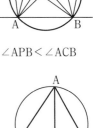

(1)3点 A, B, C を通る円の $\overset{\frown}{AB}$ に対する角について，

∠ACB＝60°，

∠ADB＝60° より，

∠ACB＝∠ADB

よって，点 D は円周上の点です。

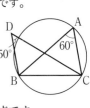

(2)3点 A, B, C を通る円の $\overset{\frown}{BC}$ に対する角について，

∠BAC＝60°，

∠BDC＝50° より，

∠BAC＞∠BDC

よって，点 D は円の外部の点です。

(3)3点 A, B, C を通る円の $\overset{\frown}{AC}$ に対する角について，

∠ABC＝60°，

∠ADC＝80° より，

∠ABC＜ADC

よって，点 D は円の内部の点です。

2 (1)点 B, C, D, E (2)点 A, B, C, E

(1)△ABC∽△ADE より，

∠ABC＝∠ADE

2点 B, D は直線 EC について同じ側にあり，

∠EBC＝∠EDC なので，4点 B, C, D, E は同じ円周上にあります。

(2)∠CAD＝∠CDA，∠EBD＝∠EDB だから，

∠EAC＝∠EBC です。

3 (1)∠x＝**30°**，∠y＝**78°** (2)∠x＝**32°**，∠y＝**35°**

右の図で，2点 C, P が直線 AB について同じ側にあるとき，∠APB＝∠ACB ならば，4点 A, B, C, P は同じ円周上にあります。

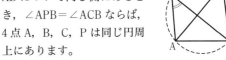

(1)∠ABD＝∠ACD＝48°

2点 B, C は直線 AD について同じ側にあるので，4点 A, B, C, D は同じ円周上にあります。

よって，∠x＝∠ACB＝30°

∠y＝30°＋48°＝78°

(2)(1)と同様に，4点 A，B，C，D は同じ円周上に
あります。
$\angle x = 85° - 53° = 32°$
$\angle \mathrm{ACD} = 180° - (60° + 85°) = 35°$
$\angle y = \angle \mathrm{ACD} = 35°$

p.130〜131 ぴたトレ**2**

1 (1)$\angle x = 37°$　(2)$\angle x = 131°$
(3)$\angle x = 48°$　(4)$\angle x = 40°$
(5)$\angle x = 94°$　(6)$\angle x = 22°$，$\angle y = 66°$

解き方
(1)△ABE で，三角形の内角・外角の性質より，
$\angle \mathrm{ABE} = \angle \mathrm{AED} - \angle \mathrm{BAE} = 95° - 58° = 37°$
円周角の定理より，$\angle \mathrm{ACD} = \angle \mathrm{ABD}$
よって，$\angle x = 37°$

(2)円周角の定理より，$\angle \mathrm{ABD} = \angle \mathrm{ACD} = 67°$
△DEC で，三角形の内角・外角の性質より，
$\angle \mathrm{AED} = \angle \mathrm{EDC} + \angle \mathrm{DCE}$
$= 64° + 67° = 131°$
よって，$\angle x = 131°$

(3)点 E，B を結ぶ補助線
をひきます。
円周角の定理より，
$\angle \mathrm{AFB} = \angle \mathrm{AEB} = 21°$
$\angle \mathrm{BDC} = \angle \mathrm{BEC} = 27°$
また，
$\angle \mathrm{AEC} = \angle \mathrm{AEB} + \angle \mathrm{BEC}$
$= 21° + 27° = 48°$
よって，$\angle x = 48°$
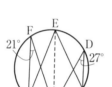

(4)点 D，B を結ぶ補助線
をひきます。
円周角の定理より，
$\angle \mathrm{ADB} = \angle \mathrm{AFB} = 35°$
$\angle \mathrm{BEC} = \angle \mathrm{BDC}$
$= \angle \mathrm{ADC} - \angle \mathrm{ADB}$
$= 75° - 35° = 40°$

(5)$\angle \mathrm{ACD} = \angle \mathrm{ABD} = 40°$
△ACD で，
$\angle \mathrm{ADC} = 180° - (40° + 32°) = 108°$
$\overset{\frown}{\mathrm{AB}} = \overset{\frown}{\mathrm{BC}}$ より，
$\angle \mathrm{ADB} = \angle \mathrm{BDC} = 108° \div 2 = 54°$
△AED で，
$\angle \mathrm{AED} = 180° - (32° + 54°) = 94°$

(6)$2\overset{\frown}{\mathrm{AB}} = \overset{\frown}{\mathrm{BD}}$ より，
$2\angle x = 44°$　$\angle x = 22°$
$\overset{\frown}{\mathrm{AD}} = 3\overset{\frown}{\mathrm{AB}}$ より，
$\angle y = 3\angle x = 22° \times 3$
$= 66°$
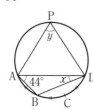

2 (1)$\angle x = 47°$　(2)$\angle x = 136°$
(3)$\angle x = 102°$　(4)$\angle x = 100°$
(5)$\angle x = 108°$　(6)$\angle x = 14°$

解き方
(1)△OAB で，OA＝OB より，
△OAB は二等辺三角形
だから，
$\angle \mathrm{OBA} = \angle \mathrm{OAB} = 43°$
半円の弧に対する円周角
だから，$\angle \mathrm{ABC} = 90°$
$\angle \mathrm{ABC} = \angle \mathrm{OBA} + \angle \mathrm{OBC} = 90°$ より，
$43° + \angle x = 90°$
よって，$\angle x = 47°$
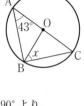

(2)右の図のように，円周上
に直線 AC について点 B
と反対側に点 P をとりま
す。
$\angle \mathrm{ABC}$ は $\overset{\frown}{\mathrm{APC}}$ に対する
円周角で，$\overset{\frown}{\mathrm{APC}}$ に対す
る中心角は $360° - \angle x$ となります。
円周角の定理より，
$360° - \angle x = 112° \times 2$
$\angle x = 360° - 224° = 136°$
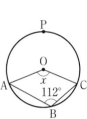

(3)点 A，O を結ぶ補助線を
ひきます。
OA＝OB＝OC より，
△OAB，△OAC は
二等辺三角形だから，
$\angle \mathrm{OBA} = \angle \mathrm{OAB} = 23°$
$\angle \mathrm{OCA} = \angle \mathrm{OAC} = 28°$
よって，$\angle \mathrm{BAC} = \angle \mathrm{OAB} + \angle \mathrm{OAC}$
$= 23° + 28° = 51°$
円周角の定理より，
$\angle \mathrm{BOC} = 2\angle \mathrm{BAC} = 51° \times 2$
よって，$\angle x = 102°$

(4)△OAP と △OPB は二等辺三角形だから，
$\angle \mathrm{APB} = 20° + 30° = 50°$
$\angle x = 2\angle \mathrm{APB} = 50° \times 2 = 100°$

(5)$\angle x = 54° \times 2 = 108°$

(6)$\angle \mathrm{AOB} = 40° \times 2 = 80°$
△BPC で，
$\angle \mathrm{PCO} = 40° + 54° = 94°$
△OAC で，
$\angle x = 94° - 80° = 14°$

46　数学

（1）$45°$　（2）$15°$　（3）$\dfrac{1}{4}$

（1）円の中心を点 O とすると，円周角の定理より，

$\angle AOB = 30° \times 2 = 60°$

$\angle AOB : \angle BOC = \overset{\frown}{AB} : \overset{\frown}{BC} = 2 : 3$ だから，

$\angle BOC = 60° \times \dfrac{3}{2} = 90°$

$\angle BPC = 90° \times \dfrac{1}{2} = 45°$

（2）$\angle APD = 90°$（円 O の半円の弧に対する円周角）

$\angle CPD = \angle APD - (\angle APB + \angle BPC)$

$\qquad = 90° - (30° + 45°) = 15°$

（3）$\angle BOC = 90°$ より，$\dfrac{90°}{360°} = \dfrac{1}{4}$

4 $30°$

円周角の定理より，$\overset{\frown}{AB}$ の円周角だから，

$\angle ADB = \angle ACB = 50°$

$\triangle ACP$ で，三角形の内角・外角の性質より，

$\angle APC = \angle ACB - \angle PAC = 50° - 20° = 30°$

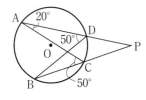

5 （1）$\angle x = 62°$，$\angle y = 23°$

（2）$\angle x = 54°$，$\angle y = 25°$

（1）$\triangle DEC$ で，三角形の内角・外角の性質より，

$\angle x = 113° - 51° = 62°$

円周角の定理の逆より，直線 AD について同じ側にある 2 点 B，C で，$\angle ABD = \angle ACD = 62°$ だから，点 A，B，C，D は同じ円周上にあります。

円周角の定理より，$\overset{\frown}{CD}$ に対する円周角だから，

$\angle CAD = \angle CBD$

$\triangle EBC$ で，$\angle EBC = 180° - (113° + 44°) = 23°$

よって，$\angle y = 23°$

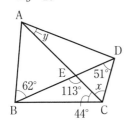

（2）$\triangle BCD$ で，$\angle BDC = 116° - 54° = 62°$

円周角の定理の逆より，2 点 A，D が直線 BC について同じ側にあり，$\angle BAC = \angle BDC$ だから，4 点 A，B，C，D は同じ円周上にあります。

よって，$\overset{\frown}{DC}$ に対する円周角だから，

$\angle DAC = \angle DBC$　　$\angle x = 54°$

また，$\overset{\frown}{AB}$ に対する円周角は等しいので，

$\angle ACB = \angle ADB$　　$\angle y = 25°$

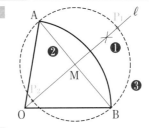

p.133　　　　　　　　ぴたトレ1

1

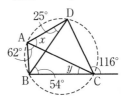

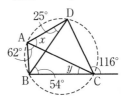

❶ $\angle AOB$ の二等分線 ℓ をひく。

❷ 線分 AB をひき，直線 ℓ との交点を M とする。
直線 ℓ は，線分 AB の垂直二等分線となるので，点 M は線分 AB の中点である。

❸ 点 M を中心に，半径 MA の円 M をかく。

❹ 円 M と直線 ℓ との交点が P（2 つあるので，P_1，P_2 とする）となる。

2

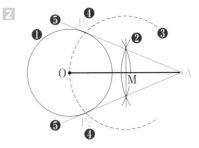

❶ 半径 2 cm の円 O をかく。

❷ 線分 AO の中点 M を垂直二等分線の作図で求める。

❸ 点 M を中心に半径 MO の円 M をかく。

❹ 円 O と円 M との交点を P_1，P_2 とする。

❺ 点 P_1，P_2 と点 A をそれぞれ結ぶ。
直線 AP_1，AP_2 が求める接線である。

3 △ABCは，AB＝ACである二等辺三角形だから，

∠ABC＝∠ACB　……①

$\overset{\frown}{AD}$ に対する円周角だから，

∠ABD＝∠AED　……②

①，②から，∠ACB＝∠AED

よって，△DEC は二等辺三角形だから，

DE＝DC

解き方　△DEC が二等辺三角形であることを証明します。

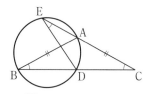

4 △BPC で，$\overset{\frown}{BP}$ に対する円周角だから，

∠BCP＝∠BAP　　　　　……①

$\overset{\frown}{CP}$ に対する円周角だから，

∠CBP＝∠CAP　　　　　……②

仮定より，∠BAP＝∠CAP　……③

①，②，③から，∠BCP＝∠CBP

よって，△BPC は二等辺三角形である。

解き方　∠BCP＝∠CBP を証明します。

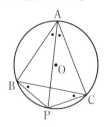

p.134〜135　　　　ぴたトレ2

1
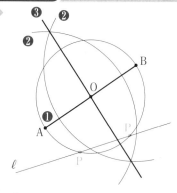

解き方
❶線分 AB をひく。

❷2 点 A，B をそれぞれ中心として，等しい半径の円をかく。

❸❷でかいた 2 つの円の交点を通る直線をひき，線分 AB との交点を点 O とする。

❹点 O を中心として半径 OA の円をかき，直線 ℓ との交点を点 P とする。

2
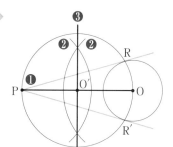

解き方　接点を R とすると，∠PRO＝90° だから，点 R は線分 PO を直径とする円周上にあります。

❶線分 OP をひく。

❷2 点 P，O をそれぞれ中心として，等しい半径の円をかく。

❸❷でかいた 2 つの円の交点を通る直線をひき，線分 PO との交点を点 O′ とする。

❹点 O′ を中心として半径 O′P の円をかき，円 O との交点を点 R，R′ とする。

❺PR，PR′ をひく。

3
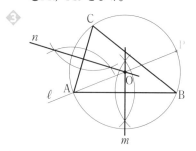

解き方　3 点 A，B，C を通る円と直線 ℓ との交点が点 P となります。

❶2 点 A，B をそれぞれ中心として等しい半径の円をかき，その交点を通る直線 m をかく。

❷2 点 A，C をそれぞれ中心として等しい半径の円をかき，その交点を通る直線 n をかく。

❸2 直線 m，n の交点を点 O とする。

点 O を中心として半径 OA の円をかき，直線 ℓ との交点を P とする。

4 (1)△ABE と △DCE で，

対頂角は等しいから，

∠AEB＝∠DEC　……①

$\overset{\frown}{BC}$ に対する円周角だから，

∠BAE＝∠CDE　……②

①，②から，2 組の角がそれぞれ等しいから，

△ABE∽△DCE

(2) 9 cm

解き方　(2)△ABE∽△DCE より，AE：DE＝BE：CE

$6 : x = 4 : 6$　　　$4x = 36$　　　$x = 9$

⑤ △ABC で，AB＝AC より，

∠ABC＝∠ACB　……①

△DBE で，DB＝DE より，

∠DBE＝∠DEB　……②

①，②から，∠ACB＝∠DEB

円周角の定理の逆より，直線 AD について，

2 点 C，E は同じ側にあり，∠ACD＝∠AED

だから，4 点 A，D，C，E は同じ円周上にある。

解き方　円周角の定理の逆を利用します。

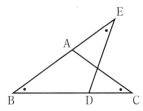

⑥ 平行四辺形の向かいあう角は等しいので，

∠ABC＝∠CDA　……①

円周角の定理より，$\overparen{AC}$ に対する円周角だから，

∠ABC＝∠AED　……②

①，②から，∠CDA＝∠AED

よって，△AED は AE＝AD となる二等辺三角形である。

また，平行四辺形の向かいあう辺は等しいから，

AD＝BC

よって，AE＝BC

解き方　平行四辺形の性質を利用します。

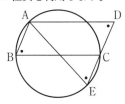

⑦ △ABD と △ECB で，

∠DAB＝2∠CAB　……①

AE＝CE から ∠EAC＝∠ECA なので，

∠BEC＝∠EAC＋∠ECA＝2∠EAC　……②

①，②から，

∠DAB＝∠BEC　……③

円周角の定理より，$\overparen{AB}$ に対する円周角だから，

∠ADB＝∠ACB　……④

△ABC は二等辺三角形だから，

∠ACB＝∠ABC　……⑤

④，⑤から，∠ADB＝∠ABC＝∠EBC　……⑥

③，⑥から，2 組の角が，それぞれ等しいから，

△ABD∽△ECB

解き方　どの角とどの角が等しいか，図にかきこんで考えます。

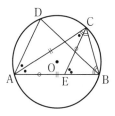

■理解のコツ■

・円周角の定理と，円周角の定理の逆について，しっかりと理解しておくとよい。

・円の性質を使って，角度を求める計算や角度が等しいことの証明を練習しておくとよい。

・円の性質を使って，三角形の相似を証明することになれておくとよい。作図にも注意するとよい。

p.136〜137　　ぴたトレ3

① (1)∠x＝33°　(2)∠x＝44°　(3)∠x＝64°

(4)∠x＝34°　(5)∠x＝28°　(6)∠x＝86°

解き方　(1)中心角は 66° であり，同じ弧に対する円周角だから，66°×$\frac{1}{2}$＝33°

(2)$\overparen{AC}$ に対する円周角だから，

∠ADC＝∠ABC　　∠x＝44°

(3)$\overparen{AB}$ に対する中心角と円周角だから，

∠AOB＝2∠ACB　　∠x＝32°×2＝64°

(4)$\overparen{CD}$ に対する円周角だから，

∠CAD＝∠CBD＝∠ABC－∠ABD　……①

$\overparen{AD}$ に対する円周角だから，

∠ABD＝∠ACD＝48°　　　　　　　……②

①，②から，∠CAD＝∠ABC－∠ACD

より，∠x＝82°－48°＝34°

(5)AC は円の中心を通る直径であり，半円の弧に対する円周角は直角だから，∠ABC＝90°

$\overparen{AB}$ に対する円周角だから，

∠ACB＝∠ADB＝62°

△ABC で，∠BAC＝180°－(∠ABC＋∠ACB)

∠x＝180°－(90°＋62°)＝28°

(6)円の中心を O とし，A と O，C と O を結ぶ補助線をひきます。

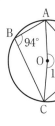

$\overparen{ADC}$ に対する円周角だから，∠ABC＝94° より，

$\overparen{ADC}$ に対する中心角は，

∠AOC＝94°×2＝188°

だから，$\overparen{ABC}$ に対する中心角は，

360°－188°＝172°

$\overparen{ABC}$ に対する円周角は，

∠ADC＝172°×$\frac{1}{2}$　　∠x＝86°

② (1)$40°$　(2)$26°$　(3)$\dfrac{2}{9}$

解き方

(1)円の中心を O とすると，

$\quad\angle AOB=24°\times 2$
$\qquad\qquad=48°$

$\quad\angle AOB:\angle BOC$
$=\stackrel{\frown}{AB}:\stackrel{\frown}{BC}=3:5$

だから，

$\quad\angle BOC=48°\times\dfrac{5}{3}=80°$

$\quad\angle BPC=80°\times\dfrac{1}{2}=40°$

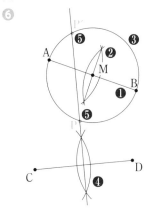

(2)$\stackrel{\frown}{AD}$ は円周の半分の長さで，半円の弧に対する円周角は直角だから，$\angle APD=90°$

$\quad\angle CPD=90°-(24°+40°)=26°$

(3)$\angle BOC=80°$ より，$\dfrac{80}{360}=\dfrac{2}{9}$

③ (1)$70°$　(2)$40°$　(3)$40°$　(4)$120°$　(5)$80°$

解き方

(1)半円の弧に対する円周角だから，

$\quad\angle ADC=90°$

$\quad\triangle ACD$ で，$\angle ACD=180°-(90°+20°)=70°$

(2)弧の長さとその弧に対する円周角の大きさは比例するので，$2\stackrel{\frown}{CD}=\stackrel{\frown}{DE}$ より，

$\quad 2\angle CAD=\angle DBE$

よって，$\angle DBE=20°\times 2=40°$

(3)$\angle COD$ は $\stackrel{\frown}{CD}$ に対する中心角で，$\stackrel{\frown}{CD}$ に対する円周角 $\angle CAD$ の 2 倍の大きさより，

$\quad\angle COD=20°\times 2=40°$

(4)$\angle COE=\angle COD+\angle DOE$

(2)から，$\angle DOE=2\angle DBE=40°\times 2=80°$

$\quad\angle COE=40°+80°=120°$

(5)$\triangle OFB$ で，三角形の内角・外角の性質より，

$\quad\angle OFB=\angle COE-\angle DBE$
$\qquad\qquad=120°-40°=80°$

④ $123°$

解き方

4 点 A，D，C，E が同じ円周上にあるのは，円周角の定理の逆より，直線 CD について，2 点 A，E が同じ側にあり，$\angle DAC=\angle DEC$ のときです。

よって，$\angle DEC=27°$

$\triangle DBE$ で，三角形の内角の和より，

$\quad\angle BDE=180°-(\angle DBE+\angle DEC)$
$\qquad\qquad=180°-(30°+27°)=123°$

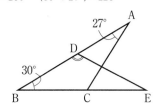

⑤ $\triangle APQ$ と $\triangle CPB$ で，

仮定より，$\stackrel{\frown}{AC}=\stackrel{\frown}{CB}$ だから，円周角の定理より，

$\quad\angle APQ=\angle CPB$　……①

同じようにして，円周角の定理より，$\stackrel{\frown}{PB}$ に対する円周角だから，

$\quad\angle PAQ=\angle PCB$　……②

①，②から，2 組の角が，それぞれ等しいので，

$\quad\triangle APQ\backsim\triangle CPB$

解き方

点 P は円周上を動く動点ですが，点 P がどの位置であっても，円周角の大きさは変わることがなく，円周角の定理を使うことができます。

⑥

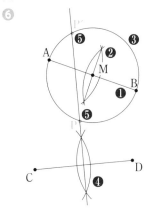

解き方

$\angle APB=90°$ より，AB を直径とする円を作図すると，点 P はその円周上にあります。

また，$CP=DP$ より，点 P は，線分 CD の垂直二等分線上にあります。

❶2 点 A，B を結ぶ。

❷線分 AB の垂直二等分線をひいて，中点 M を求める。

❸点 M を中心とする半径 AM の円 M をかく。

❹2 点 C，D の垂直二等分線をかく。

❺❸の円 M と❹の垂直二等分線の交点が P となる。

交点は 2 つ存在し，P，P′ とする。

7章　三平方の定理

p.139
ぴたトレ0

(1)**13 cm²**　(2)**17 cm²**

1辺が5 cmの大きな正方形の面積から，周りの直角三角形の面積をひいて考えます。

(1)$5 \times 5 - \left(\dfrac{1}{2} \times 2 \times 3\right) \times 4$

$\quad = 25 - 12 = 13(\text{cm}^2)$

(2)$5 \times 5 - \left(\dfrac{1}{2} \times 1 \times 4\right) \times 4$

$\quad = 25 - 8 = 17(\text{cm}^2)$

(1)$x = \pm 3$　　(2)$x = \pm\sqrt{13}$

(3)$x = \pm\sqrt{17}$　(4)$x = \pm 4\sqrt{2}$

(1)$x^2 = 9$

$\quad x = \pm\sqrt{9} = \pm 3$

(4)$x^2 = 32$

$\quad x = \pm\sqrt{32} = \pm 4\sqrt{2}$

(1)**256 cm³**　(2)**180π cm³**

角錐，円錐の体積を求める公式は，

$\dfrac{1}{3} \times$ 底面積 × 高さ です。

(1)底面の1辺が8 cmで，高さが12 cmの正四角錐です。

$\quad \dfrac{1}{3} \times (8 \times 8) \times 12 = 256(\text{cm}^3)$

(2)底面の半径が6 cm，高さが15 cmの円錐です。

$\quad \dfrac{1}{3} \times (\pi \times 6^2) \times 15 = 180\pi(\text{cm}^3)$

p.141
ぴたトレ1

1　(1)$x = 5$　(2)$x = 12$　(3)$x = 3$　(4)$x = \sqrt{65}$

三平方の定理を使って解きます。

直角三角形の3辺を，

a, b, c(斜辺)とすると，

$a^2 + b^2 = c^2$

(1)$3^2 + 4^2 = x^2$　　　$x^2 = 25$

$\quad x > 0$ だから，$x = 5$

(2)$5^2 + x^2 = 13^2$　　　$x^2 = 144$

$\quad x > 0$ だから，$x = 12$

(3)$2^2 + x^2 = (\sqrt{13})^2$　　$x^2 = (\sqrt{13})^2 - 2^2 = 9$

(4)$7^2 + 4^2 = x^2$　　　$x^2 = 49 + 16 = 65$

$\quad x > 0$ だから，$x = \sqrt{65}$

2　(1)**42 cm²**　(2)**28 cm²**　(3)**58 cm²**

三平方の定理より，

$CA^2 + AB^2 = BC^2$

よって，$Q + R = P$

(1)$12 + 30 = P$　　　$P = 42$

(2)$Q + 57 = 85$　　　$Q = 28$

(3)$22 + R = 80$　　　$R = 58$

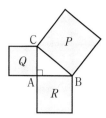

3　㋐，㋒

㋐ $10^2 = 100$　　　$6^2 + 8^2 = 36 + 64 = 100$

　　よって，$10^2 = 6^2 + 8^2$ となるので，

　　直角三角形です。

㋑ $12^2 = 144$　　　$7^2 + 8^2 = 49 + 64 = 113$

　　よって，$12^2 > 7^2 + 8^2$ となるので，

　　直角三角形ではありません。

㋒ $4^2 = 16$　　　$3^2 + (\sqrt{7})^2 = 9 + 7 = 16$

　　よって，$4^2 = 3^2 + (\sqrt{7})^2$ となるので，

　　直角三角形です。

㋓ $2^2 = 4$　　$(\sqrt{2})^2 + (\sqrt{3})^2 = 2 + 3 = 5$

　　よって，$2^2 < (\sqrt{2})^2 + (\sqrt{3})^2$ となるので，

　　直角三角形ではありません。

p.143
ぴたトレ1

1　(1)$2\sqrt{6}$ cm　(2)$10\sqrt{6}$ cm²

(1)$BH = 5$ だから，

$\quad$ △ABH で，

$\quad AH^2 + BH^2 = AB^2$

$\quad AH^2 + 5^2 = 7^2$

$\quad AH^2 = 49 - 25 = 24$

$\quad AH > 0$ だから，$AH = 2\sqrt{6}$ (cm)

(2)$\dfrac{1}{2} \times BC \times AH = \dfrac{1}{2} \times 10 \times 2\sqrt{6} = 10\sqrt{6}$ (cm²)

2　(1)$4\sqrt{2}$ cm

(2)高さ $2\sqrt{3}$ cm，面積 $4\sqrt{3}$ cm²

(1)正方形の1辺の長さを x cm とすると，

$\quad x : 8 = 1 : \sqrt{2}$ だから，

$\quad \sqrt{2}\, x = 8$,

$\quad x = \dfrac{8}{\sqrt{2}} = 4\sqrt{2}$

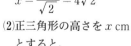
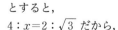

(2)正三角形の高さを x cm とすると，

$\quad 4 : x = 2 : \sqrt{3}$ だから，

$\quad 2x = 4\sqrt{3}$　　　$x = 2\sqrt{3}$

面積は，$\dfrac{1}{2} \times 4 \times 2\sqrt{3} = 4\sqrt{3}$ (cm²)

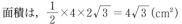

3 (1) $x=6$　(2) $x=4\sqrt{11}$

解き方
(1) 円の中心から弦にひいた垂線は，弦の中点を
通ります。
　　よって，$x^2+8^2=10^2$　　$x^2=36$
　　$x>0$ だから，$x=6$
(2) 円の接線は，接点を通る
　　半径に垂直だから，
　　$\angle OPQ=90°$
　　また，$OP=7$ cm
　　$\triangle OPQ$ で，三平方の定
　　理より，
　　$7^2+x^2=15^2$　　$x^2=176$
　　$x>0$ だから，$x=4\sqrt{11}$

4 (1)10　(2)$\sqrt{89}$　(3)$6\sqrt{2}$

解き方
(1) $AB^2=(7-1)^2+(10-2)^2$
　　　　$=6^2+8^2=100$
　　$AB>0$ だから，$AB=10$

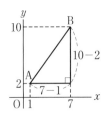

(2) $AB^2=\{2-(-3)\}^2+\{3-(-5)\}^2=89$
　　$AB>0$ だから，$AB=\sqrt{89}$
(3) $AB^2=\{5-(-1)\}^2+\{4-(-2)\}^2=72$
　　$AB>0$ だから，$AB=6\sqrt{2}$

p.145　　　　　　ぴたトレ1

1 (1)$4\sqrt{3}$ cm　(2)13 cm

解き方
(1) 右の図で，
　　$EG^2=EF^2+FG^2$　……①
　　　　　$=4^2+4^2=32$
　　$AG^2=AE^2+EG^2$　……②
　　　　　$=4^2+32=48$

　　$AG>0$ だから，$AG=4\sqrt{3}$ (cm)
　　①，②より，$AG^2=AE^2+EF^2+FG^2$ となり，
　　直方体の縦，横，高さのそれぞれの長さを
　　a，b，c とすると，
　　$AG^2=a^2+b^2+c^2$　　$AG=\sqrt{a^2+b^2+c^2}$
　　これを公式として覚えておけば，(2)は次のよ
　　うに解けます。
(2) $\sqrt{3^2+4^2+12^2}=\sqrt{9+16+144}=13$ (cm)

2 (1)3 cm　(2)12π cm³

解き方
(1) $\angle AOB=90°$
　　$\triangle AOB$ で，
　　$BO=r$ cm とすると，
　　$BO^2=AB^2-AO^2$ より，
　　$r^2=5^2-4^2=9$
　　$r>0$ だから，$r=3$
(2) 体積を V cm³ とすると，
　　$V=\dfrac{1}{3}\times\pi\times BO^2\times AO$ より，
　　$V=\dfrac{1}{3}\times\pi\times 3^2\times 4=12\pi$

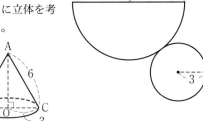

3 (1)$3\sqrt{3}$ cm　(2)$9\sqrt{3}\,\pi$ cm³

解き方
この円錐の展開図
をもとに立体を考
えます。

(1) 上の図より，$AC=6$ cm，$OC=3$ cm
　　$\angle AOC=90°$
　　求める高さは AO だから，$AO^2=AC^2-OC^2$
　　$AO=h$ cm とすると，$h^2=6^2-3^2=27$
　　$h>0$ だから，$h=3\sqrt{3}$
(2) 体積を V cm³ とすると，
　　$V=\dfrac{1}{3}\times\pi\times OC^2\times AO$ より，
　　$V=\dfrac{1}{3}\times\pi\times 3^2\times 3\sqrt{3}=9\sqrt{3}\,\pi$

4 (1)$2\sqrt{2}$ cm　(2)$\sqrt{23}$ cm　(3)$\dfrac{4\sqrt{23}}{3}$ cm³

　　(4)$8\sqrt{6}$ cm²

解き方
(1) $\triangle ABC$ は，$\angle ABC=90°$ の
　　直角二等辺三角形だから，
　　$AB:AC=1:\sqrt{2}$ より，
　　$2:AC=1:\sqrt{2}$
　　$AC=2\sqrt{2}$ (cm)
(2) $\triangle OAH$ で，$\angle OHA=90°$ だから，
　　$OH^2+AH^2=OA^2$
　　$AH=\dfrac{1}{2}AC=\dfrac{1}{2}\times 2\sqrt{2}$
　　　　$=\sqrt{2}$ (cm)
　　$OH^2+(\sqrt{2})^2=5^2$
　　$OH^2=23$
　　$OH>0$ だから，$OH=\sqrt{23}$ (cm)

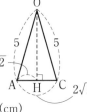

(3)体積を V cm³ とすると，

$$V=\frac{1}{3}\times AB^2\times OH=\frac{1}{3}\times 2^2\times\sqrt{23}=\frac{4\sqrt{23}}{3}$$

(4)側面の △OAB の頂点 O から
AB に垂線 OM をひき，
OM＝h cm とすると，
△OAM で，∠OMA＝90°
OM²＋AM²＝OA² より，
$h^2+1^2=5^2$
$h>0$ だから，$h=2\sqrt{6}$

$$\triangle OAB=\frac{1}{2}\times 2\times 2\sqrt{6}=2\sqrt{6}\ (cm^2)$$

よって，側面積は，$2\sqrt{6}\times 4=8\sqrt{6}\ (cm^2)$

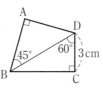

p.146～147　ぴたトレ2

(1)$3\sqrt{3}$ cm　(2)6 cm　(3)$3\sqrt{2}$ cm
(4)$3\sqrt{2}$ cm

特別な角をもつ直角三角
形を組みあわせた四角形
ABCD で，△ABD の3辺
の比は，
1：1：$\sqrt{2}$
△BCD の3辺の比は 1：2：$\sqrt{3}$ です。

(1)△BCD で，CD：BC＝1：$\sqrt{3}$ より，
　3：BC＝1：$\sqrt{3}$　　　BC＝$3\sqrt{3}$ (cm)

(2)△BCD で，BD：CD＝2：1 より，
　BD：3＝2：1　　　BD＝6 (cm)

(3)△ABD で，AB：BD＝1：$\sqrt{2}$ より，
　AB：6＝1：$\sqrt{2}$
　$\sqrt{2}$ AB＝6　　　AB＝$3\sqrt{2}$ (cm)

(4)△ABD で，AD：AB＝1：1 より，
　AD：$3\sqrt{2}$＝1：1　　　AD＝$3\sqrt{2}$ (cm)

(1)150 cm²　(2)60 cm

(1)△ABD で，AD²＋BD²＝AB²
　AD²＋9²＝15² より，AD²＝144
　AD＞0 だから，AD＝12 (cm)
　よって，$\triangle ABC=\frac{1}{2}\times BC\times AD$
　$=\frac{1}{2}\times(9+16)\times 12=150\ (cm^2)$

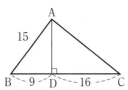

(2)△ADC で，AD²＋DC²＝AC²
　12²＋16²＝AC²　　　AC²＝400
　AC＞0 だから，AC＝20 (cm)
　よって，AB＋BC＋CA＝15＋25＋20＝60 (cm)

③ (1)54 cm²　(2)128 cm²

(1)右の図で，
　$x^2+3^2=5^2$
　よって，$x=4$
　だから，求める面積は，
　$6\times 10-\frac{1}{2}\times 3\times 4=54\ (cm^2)$

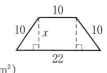

(2)右の図で，
　$x^2+6^2=10^2$　　　$x=8$
　求める面積は，
　$\frac{1}{2}\times(10+22)\times 8=128\ (cm^2)$

④ (1)AB＝$\sqrt{29}$，BC＝$\sqrt{58}$，CA＝$\sqrt{29}$
(2)∠A＝90° の直角二等辺三角形

(1)AB²＝{1－(－4)}²＋(3－1)²＝29
　AB＝$\sqrt{29}$
　BC²＝{3－(－4)}²＋{1－(－2)}²＝58
　BC＝$\sqrt{58}$
　CA²＝(3－1)²＋{3－(－2)}²＝29　　CA＝$\sqrt{29}$

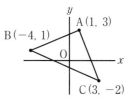

(2)AB²＋CA²＝29＋29＝58　　BC²＝58
　よって，AB²＋CA²＝BC²
　また，AB＝CA
　△ABC は ∠A＝90° の直角二等辺三角形です。

⑤ 40 cm

右の図のように，
AB∥PR となる
ように点 R をと
ります。
PA＝PC＝16 (cm)
QB＝QC＝25 (cm)
QR＝QB－RB＝QB－PA
　＝25－16＝9 (cm)
PR＝AB＝x cm とすると，
△PQR で，PR∥AB より，
∠PRQ＝∠ABQ＝90°
PR²＝PQ²－QR² より，
PR²＝(PC＋CQ)²－QR²
$x^2=(16+25)^2-9^2=1600$
$x>0$ だから，$x=40$

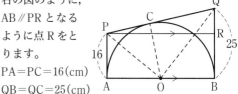

⑥ (1)$18\sqrt{5}$ cm² (2)9 cm

解き方
(1)△BMFで，
　∠MBF＝90°
　MF²＝BM²＋BF²
　　　＝3²＋6²＝45
　MF＝$3\sqrt{5}$(cm)
切り口の四角形
MFGNの面積は，
MN×MF＝$6\times3\sqrt{5}$
　　　　＝$18\sqrt{5}$(cm²)

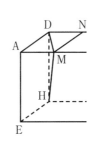

(2)△MDHで，∠MDH＝90°
　MH²＝DM²＋DH² ……①
　△AMDで，∠DAM＝90°
　DM²＝AM²＋AD² ……②
　①，②より，
　MH²＝AM²＋AD²＋DH²
　　　＝3²＋6²＋6²＝81
　MH＞0だから，MH＝9(cm)

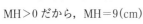

⑦ 体積 $144\sqrt{3}$ cm³，側面積 $72\sqrt{7}$ cm²

解き方
△OAHで，
OH²＋AH²＝OA²より，
OH²＋6²＝12²
よって，OH＝$6\sqrt{3}$(cm)
また，△AHBで，
AH：AB＝1：$\sqrt{2}$ より，
6：AB＝1：$\sqrt{2}$
AB＝$6\sqrt{2}$(cm)
体積は，$\frac{1}{3}$×AB²×OH＝$\frac{1}{3}$×$(6\sqrt{2})^2$×$6\sqrt{3}$
　　　　　　　　　　＝$144\sqrt{3}$(cm³)
△OAMで，OM²＋AM²＝OA²より，
OM²＋$(3\sqrt{2})^2$＝12²　OM²＝126
OM＝$3\sqrt{14}$(cm)
側面積は，$\frac{1}{2}$×AB×OM×4
　　　　＝$\frac{1}{2}$×$6\sqrt{2}$×$3\sqrt{14}$×4＝$72\sqrt{7}$(cm²)

⑧ $36\sqrt{21}\,\pi$ cm³

解き方
おうぎ形の半径を
r cmとすると，おう
ぎ形の弧の長さは底
面の円周と等しいの
で，

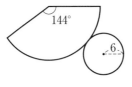

$2\pi r\times\dfrac{144}{360}=2\pi\times6$

$r=6\times\dfrac{360}{144}=15$

おうぎ形の半径rは円錐の母線に
なるので，母線の長さは 15 cm

円錐の高さを h cm とすると，図の △OPH で，
OH²＝OP²－PH² より，$h^2=15^2-6^2$
$h^2=189$　　$h>0$ だから，$h=3\sqrt{21}$
体積は，
$\dfrac{1}{3}\times\pi\times PH^2\times OH$
$=\dfrac{1}{3}\times\pi\times6^2\times3\sqrt{21}=36\sqrt{21}\,\pi$(cm³)

理解の**コツ**

・三平方の定理では，図形の中に直角三角形を見つけて使えるようにしておくとよい。
・平面図形，空間図形でも三平方の定理は広く出題れるので，多くのパターンの問題を練習しておくよい。
・特別な角をもつ直角三角形では，辺の長さの比をえておくとよい。

p.148〜149 ぴたトレ**3**

❶ (1)$x=3\sqrt{5}$ (2)$x=3\sqrt{5}$ (3)$x=\sqrt{30}$
(4)$x=2\sqrt{10}$

解き方
(1)$x^2=3^2+6^2=45$　　$x=3\sqrt{5}$
(2)$x^2=9^2-6^2=45$　　$x=3\sqrt{5}$
(3)$x^2=(2\sqrt{3})^2+(3\sqrt{2})^2=30$　　$x=\sqrt{30}$
(4)30°，60°，90°の直角三角形だから，
　$x:\sqrt{10}=2:1$　　$x=2\sqrt{10}$

❷ (1)$6\sqrt{2}$ cm (2)$4\sqrt{6}$ cm
(3)$36+12\sqrt{3}$ (cm²)

解き方
(1)45°，45°，90°の直角三角形だから，
　AH：12＝1：$\sqrt{2}$　　AH＝$6\sqrt{2}$(cm)
(2)30°，60°，90°の直角三角形だから，
　$6\sqrt{2}$：AC＝$\sqrt{3}$：2　　AC＝$4\sqrt{6}$(cm)
(3)BH＝AH＝$6\sqrt{2}$(cm)
　CH＝$\frac{1}{2}$AC＝$2\sqrt{6}$(cm)
　よって，△ABC＝$\frac{1}{2}$×$(6\sqrt{2}+2\sqrt{6})$×$6\sqrt{2}$
　　　　　　　　＝$36+12\sqrt{3}$(cm²)

❸ (1)$x=12$ (2)$x=4\sqrt{5}$ (3)$x=8$

解き方
(1)△OAHで，
　AH²＝OA²－OH²
　　　＝10²－8²＝36
　AH＝6(cm)
　よって，$x=12$

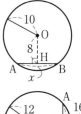

(2)△OAHで，
　OH²＝AO²－AH²
　$x^2=12^2-8^2=80$
　よって，$x=4\sqrt{5}$

(3) $\triangle$OTP で， $OP^2 = OT^2 + TP^2$

$(x+9)^2 = x^2 + 15^2$

$x^2 + 18x + 81 = x^2 + 225$　　$x=8$

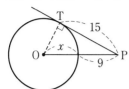

(1) $2\sqrt{58}$　　(2) -2　　(3) 40

(1) $AB^2 = \{8-(-6)\}^2 + (10-4)^2$

　　　　$= 196 + 36 = 232$　　$AB = 2\sqrt{58}$

(2) $P(x,\ 0)$ とします。

　$AP^2 + PB^2 = AB^2$ で，

　$AP^2 = (6+x)^2 + 4^2$

　$PB^2 = (8-x)^2 + 10^2$

　よって，

　$(6+x)^2 + 4^2 + (8-x)^2 + 10^2 = (2\sqrt{58})^2$

　$x^2 - 2x - 8 = 0$

　$(x+2)(x-4) = 0$　　$x = -2,\ 4$

　$x < 0$ だから，$x = -2$

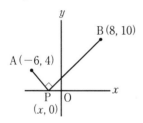

(3) $AP = 4\sqrt{2}$，$PB = 10\sqrt{2}$ だから，

　$\triangle APB = \dfrac{1}{2} \times 4\sqrt{2} \times 10\sqrt{2} = 40$

(1) $336\ \mathrm{cm^2}$　　(2) $2\sqrt{7}\ \mathrm{cm}$　　(3) $96\sqrt{7}\ \mathrm{cm^3}$

(1) 側面は，等しい 2 辺
　が 10 cm で，底辺が
　12 cm の二等辺三角
　形になっています。
　この二等辺三角形の
　高さを x cm とする
　と，$x^2 + 6^2 = 10^2$ より，$x = 8$

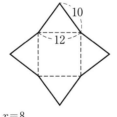

　表面積は，$12^2 + \dfrac{1}{2} \times 12 \times 8 \times 4 = 336\,(\mathrm{cm^2})$

(2) 底面の正方形の対角線の長さ
　の半分は，
　$12\sqrt{2} \div 2 = 6\sqrt{2}\ (\mathrm{cm})$
　立体の高さを h cm とすると，
　$h^2 + (6\sqrt{2})^2 = 10^2$ より，$h = 2\sqrt{7}$

(3) $\dfrac{1}{3} \times 12^2 \times 2\sqrt{7} = 96\sqrt{7}\ (\mathrm{cm^3})$

6　(1) 5 cm　　(2) ⑦

(1) $AE = x$ cm とすると，

　　$AG^2 = 6^2 + 8^2 + x^2 = (5\sqrt{5})^2$

　　$x^2 = 25$　　$x = 5$

(2) 下の図のように展開図の一部を利用して考え
　ます。

　⑦の長さを ℓ cm とすると，

　$\ell^2 = 6^2 + (8+5)^2$ より，$\ell = \sqrt{205}$

　④の長さを m cm とすると，

　$m^2 = (5+6)^2 + 8^2$ より，$m = \sqrt{185}$

　よって，$\ell > m$

　④の方が短い。

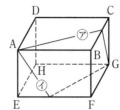 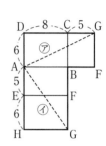

8章　標本調査とデータの活用

p.151　ぴたトレ0

1 (1)0.27　(2)0.60

解き方

1000回の結果を使って相対度数を求めます。

(1)$265 \div 1000 = 0.265$

7

(2)$602 \div 1000 = 0.602$

2

2 (1)0.4倍　(2)2.5倍

解き方

割合＝くらべる量÷もとにする量で求められます。

(1)中庭全体の面積に対する花だんの面積の割合
だから，くらべる量は花だんの面積，もとに
する量は中庭全体の面積です。

$240 \div 600 = 0.4$(倍)

(2)$600 \div 240 = 2.5$(倍)

3 1960円

解き方

3割引きということは，定価の$(10-3)$割で買う
ことになります。

$2800 \times (1-0.3) = 1960$(円)

p.153　ぴたトレ1

1 (1)全数調査　(2)標本調査　(3)標本調査
(4)全数調査　(5)全数調査　(6)標本調査

解き方

調査の目的や合理性から，いずれの調査をおこ
なうのがふさわしいか考えます。

(1)全国民を対象に，人口や世帯数などを調べる
必要があります。

(2)(3)標本調査でおよその予想ができればよいで
す。

(4)受験生全員に対して調査する必要があります。

(5)生徒全員に対して検査する必要があります。

(6)全数調査をすると，商品として売るものがな
くなってしまいます。

2 母集団，標本，標本の大きさの順に，

(1)A市の中学生3748人

　選んだ500人

　500

(2)8000個の製品

　500個目ごとの製品16個

　16

解き方

母集団とは，標本調査をするとき，特徴や傾向
などの性質を知りたい集団全体です。

標本は，調査のために取り出した一部の集団です。

標本の大きさは，取り出したものの数です。

3 (1)ⓒ，ⓔ

(2)13，14，15，16，17，21，22，26，31，32

解き方

(1)母集団を代表するような標本がたいせつです。
かたよりはさけます。

(2)65　95　㉙　97　84　90　14　79　61　55

　　　　　　①

　56　16　88　87　60　32　15　99　67　43

　　②　　　　　　③　④

　13　43　00　97　26　16　91　21　32　41

　⑤　　　　　　⑥　✓　　⑦　✓

　60　22　66　72　17　31　85　33　69

　　⑧　　　　⑨　⑩

p.155　ぴたトレ1

1 およそ90人

解き方

クラスでサッカーを見た人は，

36人中10人だから，$\dfrac{10}{36} = \dfrac{5}{18}$

学年全体では，$324 \times \dfrac{5}{18} = 90$(人)

(別解)　$324 : x = 36 : 10$　　$36x = 3240$　　$x = 90$

2 およそ240個

解き方

12000個の品物を製造したときの不良品をx個と
すると，

$12000 : x = 100 : 2$　　$100x = 24000$　　$x = 240$

3 およそ18枚

解き方

トランプの枚数がx枚あるとすると，トランプ
の全部の枚数と取り出した枚数の比は，2回目
に取り出した枚数とその中にふくまれるメモし
た枚数の比に等しいと考えられます。

よって，$x : 6 = 6 : 2$　　$x = 18$

4 およそ532個

解き方

はじめに箱の中にはいっていた白玉の数をx個
とします。

1回目にコップですくったあと，黒玉を42個入
れたとき，箱の中の白玉と黒玉の比は，

$(x-42) : 42$

2回目にすくったコップの中の白玉と黒玉の比は，

$35 : 3$

これらの比は等しいと考えられるので，

$(x-42) : 42 = 35 : 3$　　$x = 532$

❶ 白玉 およそ 96 個

　 赤玉 およそ 144 個

母集団の白玉と赤玉の比は，標本の白玉と赤玉の数の比に等しいと考えられるので，

白玉の数は，$240 \times \dfrac{12}{30} = 96$（個）

赤玉の数は，$240 \times \dfrac{18}{30} = 144$（個）

❷ およそ 14000 個

ある月の不良品の割合は $\dfrac{3}{1000}$

前の月に生産されたすべての製品の数を x 個とすると，$\dfrac{3}{1000}x = 42$　　$x = 14000$

❸ およそ 105 人

母集団での全体の人数と展示場の見学者数の比は，標本での標本の大きさと展示場の見学者数の比に等しいと考えられるので，展示場の見学者数を x 人とすると，

$875 : x = 50 : 6$　　$50x = 875 \times 6$　　$x = 105$

❹ およそ 500 個

母集団のビー玉全部の数と印のついたビー玉の数の比は，標本として取り出したビー玉の数と印のついたビー玉の数の比に等しいと考えられます。

箱の中にあるビー玉の数を x 個とすると，

$x : 100 = 40 : 8$　　$8x = 40 \times 100$　　$x = 500$

❺ (1) 1 回目　53.8 点

　　 2 回目　69.6 点

　　 3 回目　54.6 点

　　 4 回目　59.6 点

　　 5 回目　67.6 点

(2) 61.04 点　 (3) ほぼ等しい

(1) 1 回目　$(47 + 65 + 58 + 46 + 53) \div 5 = 53.8$（点）

　　 2 回目　$(85 + 68 + 69 + 55 + 71) \div 5 = 69.6$（点）

　　 3 回目　$(26 + 54 + 63 + 75 + 55) \div 5 = 54.6$（点）

　　 4 回目　$(34 + 78 + 54 + 95 + 37) \div 5 = 59.6$（点）

　　 5 回目　$(42 + 80 + 65 + 87 + 64) \div 5 = 67.6$（点）

(2) $(53.8 + 69.6 + 54.6 + 59.6 + 67.6) \div 5 = 61.04$（点）

❻ (1) およそ 160 匹　 (2) およそ 160 匹

はじめに水そうにいたメダカの数を x 匹とします。

(1) $x : 20 = (27 - 3) : 3$　　$3x = 24 \times 20$　　$x = 160$

(2) $(x - 24) : (20 - 3) = (18 - 2) : 2$

　　$(x - 24) : 17 = 16 : 2$　　$x = 160$

理解のコツ

・標本調査では，母集団を推定する問題がよく出題されるので，母集団と標本の比率から比例式をつくる練習をしておくとよい。

・標本の平均から母集団の平均を推定する問題も見られるので，それについても確認しておくとよい。

❶ (1) 全数調査　 (2) 標本調査　 (3) 全数調査

　 (4) 標本調査　 (5) 標本調査　 (6) 全数調査

各調査の特徴と，目的を照らし合わせて選びましょう。

(1) 学級ごとに出席者を調査しなければなりません。

(2) およその結果でも，特に不都合はありません。

(3) 一人一人の点数を知っておく必要があります。

(4) 全数調査が行えず，また，およその結果でも不都合はありません。

(5) およその結果でも，傾向がわかります。

(6) 一人一人の正確な結果を測定する必要があります。

❷ (1) 標本調査　 (2) A 中学校の全生徒　 (3) 標本

　 (4) いえない

　　 (理由) 標本として抽出した女子運動部員全員は，かたよりがあるから。

(4) 全生徒の関心について調べるには，全生徒からかたよりなく標本を抽出しなければいけないことに注意します。

❸ (1) およそ 240 個　 (2) およそ 51 本

(1) 1 日に出る不良品を x 個とすると，

　　$6000 : x = 50 : 2$　　$50x = 6000 \times 2$　　$x = 240$

(2) $60 \times 0.85 = 51$（本）

❹ $3 : 2$

実験 1~5　 白 $15 + 12 + 10 + 12 + 11 = 60$

　　　　　　黒 $5 + 8 + 10 + 8 + 9 = 40$

よって，　白 : 黒 $= 60 : 40 = 3 : 2$

❺ およそ 480 個

袋の中にはいっていた黒玉を x 個とすると，

$x : 150 = (50 - 12) : 12$

$12x = 150 \times 38$　　$x = 475$

一の位を四捨五入して，480 個

❻ およそ 300 匹

池にいるコイの総数を x 匹とすると，コイの総数 x 匹とすくって印をつけた 50 匹の比は，再びすくった 30 匹と印のついたコイ 5 匹の比に等しいと考えられるので，

$x : 50 = 30 : 5$　　$5x = 30 \times 50$　　$x = 300$

出題傾向

式の計算と因数分解の学習は，平方根，二次方程式の学習にも関係する基本になる単元だから，いろいろな問題が出題されるよ。配分としては，計算が4〜5割，因数分解が3割，式の計算の利用が2〜3割くらいになりそうだね。

因数分解の公式は，式の計算の利用で使われることが多いので，計算だけでなく，応用問題などにも対応できるようにしておこう。

① $(1)14x^2-21xy$　$(2)-3a^2+12ab-3a$

$(3)-5x+7$　$(4)45ab+20b^2$

解き方 $(2)-3a(a-4b+1)$

$=-3a\times a-3a\times(-4b)-3a\times1$

$=-3a^2+12ab-3a$

$(4)(18a^2b+8ab^2)\div\dfrac{2}{5}a=(18a^2b+8ab^2)\times\dfrac{5}{2a}$

② $(1)x^2+9x+18$　$(2)x^2-xy-56y^2$

$(3)x^2+18x+81$　$(4)16a^2-16ab+4b^2$

$(5)a^2-49$　$(6)x^2-\dfrac{1}{9}y^2$

解き方 $(2)(x-8y)(x+7y)$

$=x^2+(7y-8y)x+(-8y)\times7y$

$=x^2-xy-56y^2$

$(4)(4a-2b)^2=(4a)^2-2\times4a\times2b+(2b)^2$

$=16a^2-16ab+4b^2$

$(6)\left(x-\dfrac{1}{3}y\right)\left(\dfrac{1}{3}y+x\right)=\left(x-\dfrac{1}{3}y\right)\left(x+\dfrac{1}{3}y\right)$

$=x^2-\left(\dfrac{1}{3}y\right)^2=x^2-\dfrac{1}{9}y^2$

③ $(1)2x-8$　$(2)-20y^2+4xy$　$(3)8a^2-16a-6$

$(4)-16b+16$　$(5)x^2+2xy+y^2+x+y-20$

解き方 $(1)(x+8)(x-1)-x(x+5)$

$=x^2+7x-8-x^2-5x$

$=2x-8$

$(2)(x+4y)(x-4y)-(x-2y)^2$

$=(x^2-16y^2)-(x^2-4xy+4y^2)$

$=x^2-16y^2-x^2+4xy-4y^2$

$=-20y^2+4xy$

$(5)x+y$ を M とすると，

$(x+y-4)(x+y+5)=(M-4)(M+5)$

$=M^2+M-20=(x+y)^2+(x+y)-20$

$=x^2+2xy+y^2+x+y-20$

④ $(1)5a(4x-3)$　$(2)2xy(3y+1)$

$(3)(x+5)(x-5)$　$(4)(y+3)^2$

$(5)(x-8y)^2$　$(6)(x-3)(x-11)$

$(7)(y+9)(y-5)$　$(8)-2(x+10)(x-4)$

$(9)(x+3)(x+4)$

$(10)(a+b+2c)(a+b-2c)$

解き方 (1)共通因数は $5a$

$(3)x^2-25=x^2-5^2=(x+5)(x-5)$

$(5)x^2-16xy+64y^2=x^2-2\times x\times8y+(8y)^2$

$=(x-8y)^2$

$(8)-2x^2-12x+80=-2(x^2+6x-40)$

$=-2(x+10)(x-4)$

$(9)x+1$ を M とすると，

$(x+1)^2+5(x+1)+6$

$=M^2+5M+6$

$=(M+2)(M+3)$

$=\{(x+1)+2\}\{(x+1)+3\}$

$=(x+3)(x+4)$

$(10)a+b$ を M とすると，

$(a+b)^2-4c^2=M^2-(2c)^2$

$=(M+2c)(M-2c)$

$=(a+b+2c)(a+b-2c)$

⑤ $(1)251001$　$(2)90000$　$(3)37$

解き方 $(1)501^2=(500+1)^2$

$=500^2+2\times500\times1+1^2$

$=250000+1000+1$

$=251001$

$(2)a^2+8a+16=(a+4)^2$

$a=296$ を代入すると，

$(296+4)^2=300^2=90000$

⑥ 連続する3つの整数は，整数 n を使って，

$n-1$, n, $n+1$ と表される。

もっとも大きい数の2乗から，残りの2つの数の積をひいた差は，

$(n+1)^2-n(n-1)=n^2+2n+1-n^2+n$

$=3n+1$

したがって，連続する3つの整数のうち，もっとも大きい数の2乗から，残りの2つの数の積をひいた差は，中央の数の3倍より1大きい。

解き方 連続する3つの整数を，n を使って表します。

平方根の学習では，平方根の意味がしっかりとらえられているかどうか，分数をふくめて平方根の計算ができるかどうかをみる問題の出題が中心だよ。分母の有理化の計算問題や乗法の公式，因数分解の公式を利用した問題はしっかりと練習しておこう。
有理数と無理数を区別させる問題にも注意をしておこう。

❶ $\pm\dfrac{4}{5}$

解き方 正の数 a の平方根には，正の数と負の数の 2 つがあることを忘れないように注意しましょう。

❷ (1) 7　(2)0.6, $\sqrt{0.6}$, $\sqrt{2}$, 2　(3)8つ
(4)$\sqrt{490}$, $\sqrt{4.9}$　(5)$2.57\times10^4\,(\text{m})$

解き方 (1)$\sqrt{175a}=\sqrt{5^2\times7\times a}$
　$a=7$ ならば，
　$\sqrt{5^2\times7^2}=\sqrt{(5\times7)^2}=5\times7=35$
　と自然数になります。
(2)$0.6=\sqrt{0.36}$, $2=\sqrt{4}$ で，
　$\sqrt{0.36}<\sqrt{0.6}<\sqrt{2}<\sqrt{4}$ だから，
　$0.6<\sqrt{0.6}<\sqrt{2}<2$
(3)$4=\sqrt{16}$, $5=\sqrt{25}$ で，
　$\sqrt{16}<\sqrt{a}<\sqrt{25}$ だから，$16<a<25$
　求める自然数 a は，
　17，18，19，20，21，22，23，24 の 8 つ。
(4)$\sqrt{\dfrac{9}{49}}=\dfrac{3}{7}$, $\sqrt{49}=7$, $\sqrt{0.49}=0.7$ となり，
　根号を使わずに表せない $\sqrt{490}$, $\sqrt{4.9}$ は無理数です。

❸ (1)$\sqrt{30}$　(2)-5　(3)$6\sqrt{7}$　(4)30

解き方 (3)$\sqrt{2}\times\sqrt{6}\times\sqrt{21}$
　$=\sqrt{2\times2\times3\times3\times7}=6\sqrt{7}$
(4)$\sqrt{40}\div\sqrt{2}\times\sqrt{45}=\dfrac{\sqrt{40}\times\sqrt{45}}{\sqrt{2}}$
　$=\sqrt{\dfrac{40\times45}{2}}=\sqrt{900}=30$

❹ (1)$5\sqrt{2}$　(2)$\dfrac{5\sqrt{2}}{2}$

解き方 (1)$\dfrac{10}{\sqrt{2}}=\dfrac{10\times\sqrt{2}}{\sqrt{2}\times\sqrt{2}}=\dfrac{10\sqrt{2}}{2}=5\sqrt{2}$
(2)$\dfrac{15}{\sqrt{18}}=\dfrac{15}{3\sqrt{2}}=\dfrac{15\times\sqrt{2}}{3\sqrt{2}\times\sqrt{2}}=\dfrac{5\sqrt{2}}{2}$

❺ (1)24.49　(2)4.898

解き方 (1)$\sqrt{600}=\sqrt{10^2\times6}=10\sqrt{6}$
　　$=10\times2.449=24.49$
(2)$\dfrac{4\sqrt{3}}{\sqrt{2}}=\dfrac{4\sqrt{3}\times\sqrt{2}}{\sqrt{2}\times\sqrt{2}}=2\sqrt{6}$
　　$=2\times2.449=4.898$

❻ (1)$2\sqrt{2}$　(2)$-3\sqrt{3}$　(3)$10\sqrt{5}-\sqrt{3}$
(4)$-12\sqrt{6}$　(5)$-\sqrt{7}$　(6)$-2\sqrt{5}$
(7)$15\sqrt{2}$　(8)$-2\sqrt{5}-6\sqrt{3}$

解き方 (2)$4\sqrt{3}-7\sqrt{3}=(4-7)\sqrt{3}=-3\sqrt{3}$
(5)$\sqrt{7}-\sqrt{28}=\sqrt{7}-\sqrt{2^2\times7}=\sqrt{7}-2\sqrt{7}$
　　$=(1-2)\sqrt{7}=-\sqrt{7}$
(6)$\dfrac{5}{\sqrt{5}}-3\sqrt{5}=\dfrac{5\times\sqrt{5}}{\sqrt{5}\times\sqrt{5}}-3\sqrt{5}$
　　　$=\sqrt{5}-3\sqrt{5}=-2\sqrt{5}$
(8)$\sqrt{20}-\sqrt{48}-4\sqrt{5}-2\sqrt{3}$
　　$=2\sqrt{5}-4\sqrt{3}-4\sqrt{5}-2\sqrt{3}$
　　$=-2\sqrt{5}-6\sqrt{3}$

❼ (1)$5\sqrt{2}+8$　(2)$6-2\sqrt{6}$　(3)$7-2\sqrt{6}$
(4)$-3+2\sqrt{5}$　(5)-3　(6)$21-11\sqrt{3}$
(7)$12+6\sqrt{2}$　(8)$7-\sqrt{10}$

解き方 (2)$\sqrt{3}(\sqrt{12}-\sqrt{8})=\sqrt{36}-\sqrt{24}=6-2\sqrt{6}$
(3)$(\sqrt{6}-1)^2=(\sqrt{6})^2-2\times\sqrt{6}\times1+1^2$
　　　　$=6-2\sqrt{6}+1=7-2\sqrt{6}$
(5)$(\sqrt{7}+\sqrt{10})(\sqrt{7}-\sqrt{10})=(\sqrt{7})^2-(\sqrt{10})^2$
　　　　　　　　$=7-10=-3$
(7)$\sqrt{6}(\sqrt{24}-\sqrt{3})+9\sqrt{2}$
　　$=\sqrt{6}(2\sqrt{6}-\sqrt{3})+9\sqrt{2}$
　　$=12-3\sqrt{2}+9\sqrt{2}=12+6\sqrt{2}$
(8)$(\sqrt{5}+\sqrt{2})^2-\dfrac{30}{\sqrt{10}}$
　　$=5+2\sqrt{10}+2-\dfrac{30\times\sqrt{10}}{\sqrt{10}\times\sqrt{10}}$
　　$=7+2\sqrt{10}-3\sqrt{10}=7-\sqrt{10}$

❽ (1) 4　(2)$4\sqrt{21}$

解き方 (1)$xy=(\sqrt{7}+\sqrt{3})(\sqrt{7}-\sqrt{3})$
　　　　$=(\sqrt{7})^2-(\sqrt{3})^2=7-3=4$
(2)$x^2-y^2=(x+y)(x-y)$
　　$=\{(\sqrt{7}+\sqrt{3})+(\sqrt{7}-\sqrt{3})\}\{(\sqrt{7}+\sqrt{3})$
　　　$-(\sqrt{7}-\sqrt{3})\}$
　　$=2\sqrt{7}\times2\sqrt{3}=4\sqrt{21}$

出題傾向

二次方程式の分野では，6〜7割が二次方程式を解く問題で，3〜4割は二次方程式の利用の問題になりそうだね。二次方程式を解くにはいくつかの方法があるので，式の形を見て，どの方法で解くのがよいかを判断することがたいせつだ。二次方程式の利用の問題では，解が問題の条件にあてはまるかを確かめるのを忘れないようにしよう。

① (1)$x=\pm2$ 　　　　(2)$x=\pm5\sqrt{3}$

(3)$x=-6,\ -4$ 　(4)$x=3\pm2\sqrt{7}$

(5)$x=-1\pm\sqrt{6}$ 　(6)$x=2\pm\sqrt{10}$

(7)$x=\dfrac{1\pm\sqrt{41}}{4}$ 　(8)$x=\dfrac{-1\pm\sqrt{7}}{3}$

解き方
(3)$(x+5)^2=1$ 　　$x+5=\pm1$
$x=-5\pm1$ 　　$x=-6,\ -4$

(4)$(x-3)^2=28$ 　　$x-3=\pm2\sqrt{7}$
$x=3\pm2\sqrt{7}$

(5)$x^2+2x-5=0$ 　　　$x^2+2x=5$
$x^2+2x+1=5+1$ 　$(x+1)^2=6$
$x+1=\pm\sqrt{6}$ 　　$x=-1\pm\sqrt{6}$

(6)$x^2-4x=6$ 　　　$x^2-4x+4=6+4$
$(x-2)^2=10$ 　　$x-2=\pm\sqrt{10}$
$x=2\pm\sqrt{10}$

(7)$2x^2-x-5=0$
$x=\dfrac{-(-1)\pm\sqrt{(-1)^2-4\times2\times(-5)}}{2\times2}=\dfrac{1\pm\sqrt{41}}{4}$

(8)$3x^2+2x-2=0$
$x=\dfrac{-2\pm\sqrt{2^2-4\times3\times(-2)}}{2\times3}=\dfrac{-2\pm\sqrt{4+24}}{6}$
$=\dfrac{-2\pm2\sqrt{7}}{6}=\dfrac{-1\pm\sqrt{7}}{3}$

② (1)$x=1,\ 2$ 　　　(2)$x=2$

(3)$a=-5$ 　　　(4)$x=5,\ -8$

(5)$x=-9,\ -6$ 　(6)$x=-1,\ 3$

解き方
(2)$x^2-4x+4=0$ 　　$(x-2)^2=0$
$x-2=0$ 　　　$x=2$

(4)$x^2+3x-40=0$ 　$(x-5)(x+8)=0$
$x-5=0$ より，$x=5$ 　$x+8=0$ より，$x=-8$

(6)$3x^2-6x-9=0$ 　両辺を3でわると，
$x^2-2x-3=0$ 　$(x+1)(x-3)=0$ 　$x=-1,\ 3$

③ (1)$x=-8,\ 2$ (2)$x=4,\ 8$ 　(3)$x=-2,\ 3$

(4)$x=-5,\ 2$ (5)$x=0,\ -3$ (6)$x=-9$

解き方
(1)$x(x+6)=16$ 　　$x^2+6x-16=0$
$(x+8)(x-2)=0$ 　$x=-8,\ 2$

(3)$(x+3)(x-2)=2x$ 　$x^2+x-6=2x$
$x^2-x-6=0$ 　$(x+2)(x-3)=0$ 　$x=-2,\ 3$

(5)$2x^2-4x=x(4x+2)$
$2x^2-4x=4x^2+2x$ 　$2x^2+6x=0$
$x^2+3x=0$ 　$x(x+3)=0$ 　$x=0,\ -3$

(6)$(x+3)(x-21)=2(x^2+9)$
$x^2-18x-63=2x^2+18$ 　$x^2+18x+81=0$
$(x+9)^2=0$ 　$x=-9$

④ (1)$a=\dfrac{1}{2}$ 　(2)4

解き方
(1)方程式に $x=-2$ を代入すると，
$a\times(-2)^2-(-2)-4=0$ 　$4a=2$ 　$a=\dfrac{1}{2}$

(2)$\dfrac{1}{2}x^2-x-4=0$ 　$x^2-2x-8=0$
$(x+2)(x-4)=0$ 　$x=-2,\ 4$

⑤ (1)7 　(2)$a=36$

解き方
(1)$x^2-12x+a=0$ に $x=5$ を代入すると，
$5^2-12\times5+a=0$ より，$a=35$
$x^2-12x+35=0$ 　$(x-5)(x-7)=0$ 　$x=5,\ 7$

(2)解が1つしかないのは，$(x-b)^2=0$ の形になる場合だから，$x^2-12x=-a$
$x^2-12x+36=-a+36$ 　$(x-6)^2=-a+36$
よって，$-a+36=0$ 　　$a=36$

⑥ $6,\ 7,\ 8$

解き方
連続した3つの自然数のうち，中央の数を x とすると，残りの2数は $x-1$，$x+1$ と表されます。
よって，方程式は，
$x+(x-1)(x+1)=55$ 　$x=7,\ -8$
x は自然数だから，$x=-8$ は問題にあいません。
$x=7$ のとき，3つの数は，6，7，8で，これは問題にあっています。

⑦ $x=15$

解き方
方程式は，$2(x+5)=x^2+5-190$
これを解くと，$x=-13,\ 15$
$x>0$ だから，$x=-13$ は問題にあいません。
$x=15$ は問題にあっています。

⑧ $2\ \mathrm{m}$

解き方
道幅を x m とします。
右の図のように，道を土地の端によせて，残った土地の面積について方程式をつくると，

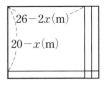
$26-2x\,(\mathrm{m})$
$20-x\,(\mathrm{m})$

$(20-x)(26-2x)=396$ 　$x=2,\ 31$
$0<x<13$ だから，$x=31$ は問題にあいません。
$x=2$ は問題にあっています。

関数 $y=ax^2$ では，すでに学習した一次関数の分野とは異なる変化の割合，変域の問題がかならず出題されるよ。また，関数全体の学習をまとめる意味もあって，比例・反比例や一次関数のグラフと関連する問題の出題率も高いよ。

(1) $y=6x^2$　**(2)** $y=7\pi x^2$

関数 $y=ax^2$ となります。

(1) $y=3x^2$　**(2)** 3　**(3)** 9 倍

(1) $y=ax^2$ に $x=4$，$y=48$ を代入すると，
　$48=16a$　　$a=3$

(2)関数 $y=ax^2$ を a について解くと，$a=\dfrac{y}{x^2}$ となり，比例定数 a となります。

(3) y は x の 2 乗倍になるので，3 の 2 乗倍です。

(1) $a=5$　**(2)** $y=45$　**(3)** $x=-6,\ 6$

(1) $y=ax^2$ に $x=-2$，$y=20$ を代入すると，
　$20=4a$　　$a=5$

(2) $y=5x^2$ に $x=3$ を代入すると，$y=5\times3^2=45$

(3) $y=5x^2$ に $y=180$ を代入すると，$180=5x^2$
　$x^2=36$　　$x=\pm6$

(1) ⑦　**(2)** ⑦　**(3)** ④　**(4)** ⑤

(1)，(3)は上に，(2)，(4)は下に開いています。
(1)と(3)では，(1)の方が，(2)と(4)では，(2)の方が大きく開いています。

(1) $-75\le y\le-27$　**(2)** $-27\le y\le0$
(3) -18　　　　　　**(4)** 18

(2)比例定数が負だから，$x=0$ のとき
　最大値 0 で，$x=-3$ のとき最小値 -27

(3) $x=1$ のとき $y=-3$，$x=5$ のとき $y=-75$
　変化の割合は，$\dfrac{-75-(-3)}{5-1}$

(4) $x=-4$ のとき $y=-48$，$x=-2$ のとき $y=-12$
　変化の割合は，$\dfrac{-12-(-48)}{-2-(-4)}=18$

$a=\dfrac{1}{3}$

$y=ax^2$ で，x の増加量は 3，y の増加量は，
$a\times6^2-a\times3^2=27a$
変化の割合は，$\dfrac{27a}{3}=9a$
一次関数 $y=3x+1$ の変化の割合は 3
$9a=3$ より，$a=\dfrac{1}{3}$

❼ **(1)** 45 m　**(2)** 4 秒後　**(3)** 秒速 60 m

(2) $80=5x^2$　　$x^2=16$
　$x>0$ だから，$x=4$

(3)平均の速さは，$\dfrac{5\times7^2-5\times5^2}{7-5}$ より，
　秒速 60 m

❽ **(1)** A $(-4,\ 4)$，B $(2,\ 1)$　**(2)** $y=-\dfrac{1}{2}x+2$

(3) 14

(1) $y=\dfrac{1}{4}x^2$ に $x=-4$ を代入すると，
　$y=\dfrac{1}{4}\times(-4)^2=4$ より，A の y 座標は 4
　$x=2$ を代入すると，$y=\dfrac{1}{4}\times2^2=1$ より，
　B の y 座標は 1

(2) $y=ax+b$ に $(-4,\ 4)$，$(2,\ 1)$ をそれぞれ代入すると，
$$\begin{cases}4=-4a+b & \cdots\cdots① \\ 1=2a+b & \cdots\cdots②\end{cases}$$
　①，②から，$a=-\dfrac{1}{2}$，$b=2$

(3)点 D の x 座標は，$0=-\dfrac{1}{2}x+2$ より，
　$x=4$
　よって，$\triangle\text{ACD}=\dfrac{1}{2}\times\{4-(-3)\}\times4=14$

平行線と線分の比が理解できているかをみる問題は，かならず出題されるよ。それだけでなく，相似比をもとにして面積を求める問題，体積を求める問題もかならず出題されるよ。相似比，面積の比，体積の比の関係を正しく理解しておこう。

❶ **(1)** $2:5$　**(2)** $x=7.5$，$y=5$

(2) $3:x=2:5$　　$2x=15$　　$x=7.5$
　$2:y=2:5$　　$y=5$

❷ ⑦ECF　④CEF　⑦AEF　⑤CEF
⑦ 2 組の角が，それぞれ等しい
⑦ 4　④ 3.5　⑦ 1.5

$\triangle\text{ABE}$ と $\triangle\text{ECF}$ で，等しい角に着目します。
$\triangle\text{ABE}\backsim\triangle\text{ECF}$ が証明できたあとは，線分の長さの比と，相似比との関係を用いて，CF の長さを求めます。

❸ (1)$x=9$, $y=4$ (2)$x=9$, $y=14$

解き方
(1)AE：AC＝DE：BC より，
$x:12=12:16$ $16x=12^2$ $x=9$
AD：DB＝AE：EC より，
$12:y=9:(12-9)$ $9y=12\times3$ $y=4$
(2)$4:6=6:x$ より，
$x=9$
AC と EF の交点を
G とすると，
$4:(4+6)=EG:20$
より，EG＝8
$9:(9+6)=GF:10$
より，GF＝6   よって，$y=8+6=14$

❹ (1)9 cm (2)4：1

解き方
(1)△BCD で，
中点連結定理より，
BD／／FE，BD＝2FE
よって，
BD＝2×6＝12(cm)
また，△AFE で，GD／／FE，AD＝DE より，
GD＝$\frac{1}{2}$FE＝$\frac{1}{2}$×6＝3(cm)だから，
BG＝BD－GD＝12－3＝9(cm)
(2)G，F はそれぞれ AF，BC の中点だから，
△ABG＝$\frac{1}{2}$△ABF＝$\frac{1}{2}\times\frac{1}{2}$△ABC＝$\frac{1}{4}$△ABC
△ABC と △ABG の面積の比は，4：1

❺ (1)18 cm (2)3000 cm² (3)7776π cm³

解き方
(1)AB：EF＝BC：FG より，20：24＝15：FG
$20FG=24\times15$ FG＝18(cm)
(2)四角形 ABCD と四角形 EFGH の相似比は，
20：24＝5：6 より，面積の比は，$5^2:6^2$
四角形 ABCD の面積を S cm² とすると，
$S:4320=5^2:6^2$ $36S=4320\times25$
$S=3000$
(3)四角形 EFGH を，辺 EF を軸として回転させ
てできる立体の体積を V cm³ とすると，
$4500\pi:V=5^3:6^3$ $125V=4500\pi\times6^3$
$V=7776\pi$

❻ (1)1960π cm³ (2)1000π cm³

解き方
(1)Q の体積は，
{(P＋Q)の体積}－(P の体積)
(P＋Q)の体積と P の体積の比は，$5^3:3^3$
Q の体積を V_1 cm³ とすると，
$(540\pi+V_1):540\pi=5^3:3^3$
$27(540\pi+V_1)=540\pi\times125$
$27V_1=540\pi\times125-27\times540\pi$

$27V_1=540\pi\times98$
$V_1=20\pi\times98$ $V_1=1960\pi$
(2)もとの円錐の体積を V_2 cm³ とすると，
$V_2:(Pの体積)=5^3:3^3$ より，
$V_2:(Qの体積)=5^3:(5^3-3^3)=125:98$
$V_2:784\pi=125:98$ $98V_2=784\pi\times125$
$V_2=8\pi\times125=1000\pi$

❼ 7.5 m

解き方
人と人の影がつくる図形は，木と木の影がつく
る図形と相似になります。
木の高さを x m とすると，
$x:1.5=9:1.8$ $1.8x=9\times1.5$ $x=7.5$

p.172～173   予想問題 **6**

出題傾向

円周角・中心角を求める問題は，かならず出題さ
れるよ。円周角・中心角に対する弧を確認して考
えるようにしよう。また，円周角の定理の逆を利
用して解くような問題もよく出題されるよ。円の
性質を利用する合同，相似の証明の問題も練習し
ておこう。

❶ (1)∠$x=44°$，∠$y=46°$
(2)∠$x=80°$，∠$y=140°$

解き方
(1)∠$x=88°\div2$ ∠$y=(180°-88°)\div2$
(2)∠$x=40°\times2$ ∠$y=(360°-\angle x)\div2=280°\div2$

❷ (1)∠$x=65°$ (2)∠$x=90°$，∠$y=74°$

解き方
(1)右の図のように，円周上
の点を，それぞれ A，B，
C，D とすると，
∠ADB＝∠ACB＝42°
△ABC の内角の性質より，
∠BAC＝180°－(∠ABC＋∠ACB)
∠$x=180°-(73°+42°)$
(2)右の図のように，円周上
の点を，それぞれ，A，B，
C，D，E とすると，
∠BCE は，半円の弧に
対する円周角だから，
∠BCE＝∠$x=90°$
∠ABE＝∠ADE＝32°
△ABE で，
∠AEB＝180°－(∠ABE＋∠BAE)
　　　＝180°－(32°＋90°)＝58°

よって，∠BEC＝∠AEC－∠AEB
　　　　　＝74°－58°＝16°
△BCE で，三角形の内角の性質より，
　∠CBE＝180°－(∠BCE＋∠BEC)
　∠y＝180°－(90°＋16°)＝74°

(1)2：3　(2)13：5　(3)38°

(1)∠CED＝∠BED－∠BEC
　　　　＝∠BED－∠BAC＝65°－26°＝39°
　$\overparen{BC}$：$\overparen{CD}$＝26°：39°＝2：3

(2)∠DOE＝180°－65°×2＝50° より，∠DBE＝25°
　$\overparen{BD}$：$\overparen{DE}$＝65°：25°＝13：5

(3)∠AOB：∠BOC＝2：1 より，
　∠AOB＝26°×2×2＝104°
　よって，∠ABE＝∠ABO＝(180°－104°)÷2＝38°

(1)∠x＝75°　(2)∠x＝45°

(1)三角形の拡大図とみます。
(2)∠x＝90°÷2＝45° です。

(1)∠x＝58°　(2)∠x＝37°

(1)下の図で，
　∠BDC＝∠BAC＝180°－(∠ABC＋∠ACB)
　∠ABC＝∠ABD＋∠DBC
　　　　＝∠ABD＋∠DAC＝64°＋26°＝90°
　∠x＝180°－(90°＋32°)＝58°

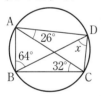

(2)下の図で，∠BCD＝(360°－130°)÷2＝115°
　∠BAC＝∠BDC
　∠BDC＝180°－(∠DBC＋∠BCD)
　∠x＝180°－(28°＋115°)＝37°

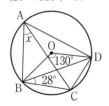

(1)∠x＝70°，∠y＝30°　(2)∠x＝42°，∠y＝28°

(1)∠CAD＝∠CBD＝40° より，4点 A, B, C, D
　は同じ円周上にあります。よって，
　∠BAC＝∠BDC
　∠x＝70°
　∠ACD＝∠ABD
　∠y＝30°

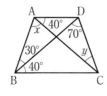

(2)∠BAC＝180°－(56°＋70°)＝54°
　∠BAC＝∠BDC より，
　4点 A, B, C, D は同
　じ円周上にあります。
　よって，
　∠DAC＝∠DBC　　∠x＝42°
　∠ACB＝∠ADB　　∠y＝28°

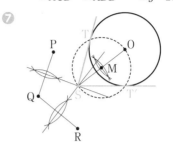

❼

解き方
❶PQ，QR の垂直二等分線の交点を S とする。
❷SO の中点 M をとる。
❸点 M を中心に，半径 SM(MO)の円 M をかく。
❹円 O と円 M の交点を T(T')とする。
❺直線 ST(直線 ST')が求める接線である。

❽ (1)△ABE と △ACD で，
　$\overparen{AD}$ に対する円周角だから，
　　∠ABE＝∠ACD　　……①
　　仮定より，AB＝AC　……②
　　　　　　　BE＝CD　　……③
　①，②，③から，2組の辺とその間の角が，
　それぞれ等しいので，△ABE≡△ACD

(2)76°

解き方
(2)△ABC は二等辺三角形だから，
　∠ABC＝∠ACB＝76°
　また，∠ADC＝∠ADB＋∠BDC
　　　　　　　　＝∠ACB＋∠BAC
　　　　　　　　＝76°＋28°＝104°
　(1)より，∠AEB＝∠ADC だから，
　∠AEB＝104°
　よって，∠AED＝76°

p.174～175　予想問題 7

出題傾向

三平方の定理の分野では，直角三角形の2辺の長さをもとに他の1辺を求める問題がかならず出題されるよ。また，三平方の定理の逆を利用して，直角三角形をみきわめる問題も出題されるよ。平面図形や空間図形にも，三平方の定理が使われるのでそれらも練習しておこう。

❶ (1)$x=\sqrt{7}$ (2)$x=\sqrt{11}$ (3)$x=4\sqrt{5}$
(4)$x=5$

解き方 (2)$x^2+5^2=6^2$ より，$x=\sqrt{11}$
(4)$4^2+(10-7)^2=x^2$ より，$x=5$

❷ ⑦，⑨

解き方 もっとも長い辺の長さの2乗が，残りの辺の長さの2乗の和と等しければ，直角三角形です。
⑦$3^2+5^2=34$，$6^2=36$ より，
　直角三角形ではありません。
④$9^2+12^2=225$，$15^2=225$ より，
　直角三角形です。
⑨$7^2+10^2=149$，$13^2=169$ より，
　直角三角形ではありません。
⑤$2^2+(2\sqrt{3})^2=16$，$4^2=16$ より，
　直角三角形です。

❸ $AB=\sqrt{10}$，$BC=5\sqrt{2}$，$CA=2\sqrt{10}$

解き方 $AB^2=3^2+1^2$ より，$AB=\sqrt{10}$
$BC^2=5^2+5^2$ より，$BC=5\sqrt{2}$
$CA^2=2^2+6^2$ より，$CA=2\sqrt{10}$

❹ (1)$x=6$ (2)$x=2\sqrt{6}$

解き方 (2)円の接線は，接点を通る半径に垂直だから，
$\angle OBA=90°$
$x^2+5^2=(5+2)^2$ より，$x=2\sqrt{6}$

❺ (1)$x=4\sqrt{6}$ (2)$32+16\sqrt{3}$ (cm²)

解き方 (1)$8\sqrt{2}:x=2:\sqrt{3}$ より，$x=4\sqrt{6}$
(2)$\dfrac{1}{2}\times 8\times 8+\dfrac{1}{2}\times 4\sqrt{2}\times 4\sqrt{6}=32+16\sqrt{3}$ (cm²)

❻ (1)$21-x$ (2)12 cm

解き方 (1)△ABH で，$AH^2=20^2-x^2$
△AHC で，$AH^2=13^2-(21-x)^2$
よって，$20^2-x^2=13^2-(21-x)^2$
(2)(1)の方程式を解くと，$x=16$
$AH^2=20^2-16^2$ より，$AH=12$(cm)

❼ (1)$x=5\sqrt{5}$ (2)$x=5\sqrt{2}$

解き方 (1)直方体の縦，横，高さの長さをそれぞれ a，b，c とすると，対角線の長さ x は，
$x^2=a^2+b^2+c^2$ より，$x=\sqrt{a^2+b^2+c^2}$
となります。
$x^2=6^2+8^2+5^2=125$　　$x=5\sqrt{5}$
(2)底面の正方形の対角線の半分の長さは，$5\sqrt{2}$ cm だから，
$x^2=10^2-(5\sqrt{2})^2$
　$=50$　　$x=5\sqrt{2}$

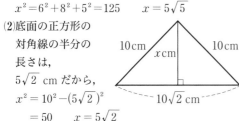

❽ (1)6 cm (2)$36\sqrt{5}\,\pi$ cm³

解き方 (1)側面のおうぎ形の弧の長さと底面の円周は等しいから，底面の半径を r cm とすると，
$2\pi\times 9\times\dfrac{240}{360}=2\pi r$　　$r=6$
(2)高さを h cm とすると，$h^2+6^2=9^2$ より，
$h=3\sqrt{5}$
体積は，$\dfrac{1}{3}\times\pi\times 6^2\times 3\sqrt{5}=36\sqrt{5}\,\pi$ (cm³)

p.176 ▶ 予想問題 8

出題傾向

母集団や標本といった用語の意味を理解しておこう。標本調査の結果から，比率をもとにして母集団の特徴や傾向を推測する問題がかならず出題されるよ。標本の比から母集団の比を推定する比例式を正しくつくる練習をしよう。

❶ (1)A 中学校の生徒 580 人
(2)選び出された 50 人の生徒
(3)50 (4)④と⑨

解き方 (1)A 中学校の生徒 580 人の読書量を調査することが目的です。
(2)調査のために一部の人を選び出したとき，その一部の集団を標本といいます。
(3)標本の大きさは選び出した人(もの)の数です。
(4)標本を選ぶためにたいせつなことは，無作為に抽出することです。
⑦図書館利用者とそうでない人の間に読書に関するかたよりがありえます。
④男女の区別なく選ぶ必要があります。

❷ およそ 250 個

解き方 およそ x 個の不良品があるとすると，取り出した品物の個数と不良品の個数の比を考えると，
$10000:x=200:5$ より，$x=250$

❸ およそ 950 個

解き方 袋にはいっていた黒玉を x 個とすると，袋の中での黒玉と白玉の比は，取り出した黒玉と白玉の比に等しいと考えられるので，
$x:300=(50-12):12$
$12x=38\times 300$　　$x=950$

❹ およそ 200 匹

解き方 2回の標本調査をあわせて考えます。
$28+22=50$，$4+2=6$ より，50 匹の中に印をつけたコイが6匹いたので，コイの総数を x 匹とすると，$x:25=50:6$　　$x=208.33\cdots$
よって，およそ 200 匹と推定できます。